香辛料
原理与应用

The Second Edition
第二版

王建新　衷平海　编著

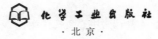

化学工业出版社

·北京·

图书在版编目(CIP)数据

香辛料原理与应用/王建新，衷平海编著. —2 版. —北京：化学工业出版社，2017.7（2025.1重印）
ISBN 978-7-122-30120-8

Ⅰ.①香⋯ Ⅱ.①王⋯ ②衷⋯ Ⅲ.①香料-基本知识 Ⅳ.①TQ65

中国版本图书馆 CIP 数据核字（2017）第 157570 号

责任编辑：张　彦　　　　　　　　　　文字编辑：陈　雨
责任校对：边　涛　　　　　　　　　　装帧设计：王晓宇

出版发行：化学工业出版社（北京市东城区青年湖南街 13 号　邮政编码 100011）
印　　装：河北延风印务有限公司
710mm×1000mm　1/16　印张 20　字数 388 千字　2025 年 1 月北京第 2 版第 12 次印刷

购书咨询：010-64518888　　　　　　　售后服务：010-64518899
网　　址：http://www.cip.com.cn
凡购买本书，如有缺损质量问题，本社销售中心负责调换。

定　　价：68.00 元　　　　　　　　　　　　　版权所有　违者必究

前言

　　随着我国都市化、城市化进程的加速，食品的社会化已是必然趋势，对食品风味的追求也已达到了一个全新的高度。从传统食品中分化出诸如轻盐食品、轻脂轻油食品、轻糖食品甚至是无糖食品、轻热量食品、素食食品等，这些食品对风味料的要求就更高了。而在整个食品风味中，香辛料堪称其灵魂，所谓的异域风味和风味创新更是依赖于香辛料的设计和协调，因为食材几乎是固定的了。

　　可以这么说，香辛料是世界文明交流的媒介。香辛料的发展与人类文明的提升同步，并且这种发展至今还在继续着，因为愉快和健康的食品，可能比任何药物治疗都重要和有效。如今我国已经与世界深深的交融，这从食品的种类和风味上可深切地感受到这一点。是外来的食品和风味进入中国多，还是中国风味食品出口多呢？原有的风味在延续光大，还是在逐渐消亡呢？新风味是如何产生的呢？应该如何提高人们的品味能力呢？相信各位读者自有看法。

　　随着我国的发展，作为我国传承文化之一的中国风味应该在世界上有更多的风采。但事实是，我们对香辛料的处理、使用、欣赏和描述都嫌粗糙、笼统和随意。对小作坊、家庭而言，可能影响不大，或许许多国人就喜欢如此；但对较大规模的企业而言，可能是致命的。因此需要从根本上、理论上、化学上、规范上来解释香辛料较深层次的问题。在我们的生活中需要有理由的味道、异国的情调、和谐的美感、激情的厨艺和烹饪的喜悦。

　　此书的第 2 版是在第 1 版的基础上，引入了近十多年来的新研究、新进展和新应用，更注重从化学、生化的层面上说清香辛料的本质，加强特色的和辅助性香辛料的认识和应用，并强调香辛料的严肃性和安全性，以利于国际间的交流。欢迎读者批评指正。

江南大学　王建新
南昌大学　裘平海
2017. 6

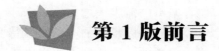

第1版前言

香辛料在中国食品中的应用可追溯到五千年前，据说伏羲是最早使用香辛料的人物。香辛料由最早的驱瘟疫、避邪祟开始，慢慢地渗入到民族食品，成为各地土著文化的一部分，并且各有各的代表人物。有历史记载的擅长调和香辛料并用于烹调和以食谱形式传至后世的要数春秋时期的齐国名厨易牙，临淄县志《人物志》中记载："易牙，善和五味，渑淄之水，尝而知之。"文中之和，即现在香料术语中的调香和配方。从记载的易牙十三香来看，易牙是香辛料的调和大师，是混合香辛料用于烹调的开创性人物。从现今全国各地众多的以十三香来冠名的调和香辛料来看，可见十三香这一名谓的流传之久和影响之深。

转化为现代计量单位的易牙十三香的配比如下：

花椒 5g	大料 1g	山柰 1g
良姜 2g	陈皮 1g	肉桂 3g
小茴香 1g	木香 0.2g	豆蔻 1g
干姜 4g	大茴香 1g	白芷 0.5g
丁香 0.1g		

这一配方以现在的评判标准来看，除了有相当不错的风味外，还有抗菌性和抗氧性。这说明香辛料在当时食品烹调中运用的技术水平和熟练程度，已足使今人称道。

随着社会的发展，人们除了对食品的营养和卫生质量有更高的要求外，希望在口味和风味上更能满足感官上的需要，因此风味食品获得了极大的发展。所谓风味食品，大多是以香辛料作风味料的，近几年来，中国香辛料的生产和使用的增长率均在6％以上，这一趋势将持续相当时期。

香辛料持续大规模发展的原因可能有如下几点：

（1）随着人们生活条件的改善，品味水平普遍提高，嗜好不断更新，对风味的要求更细致、更地道。风味的演进是食品发展的主要原因之一。

（2）工作和生活节奏的加快，人们需要重香料的食品来刺激食欲，以舒缓紧张的情绪或调节神经和体力。

（3）食品原料的品质与前有不同，如禽畜喂以配合饲料；蔬菜以温室栽培，因此其内在成分有很大不同。从风味的角度来看，原料的质量下降了，为了达到原来的风味水平，不得不加大香辛料的用量。

（4）随着国际交流的日益扩大，西式餐点在中国比以前更深入到中国的平民阶层，以肉食为主的西式饮食大都是以重香辛料为特色的食品，中国饮食的西化使香辛料的需求大增。

笔者是以复杂的心情来看待西式餐点诸如肯德基、汉堡包等大规模进入中国这一现象的。西式餐点可以在中国平民化和社会化，说明世界各地区人民对美好风味食品的需求是一致的，只要风味独特、营养科学，该食品就肯定有市场。但令人不解的是，中国一向以烹饪古国自诩，从神农氏尝百草的记载就可以看出中国人民对饮食的孜孜追求，各个民族、各个地区甚至各个村落都有各自的风味食品，然而，中国为什么至今没有如肯德基那样有国际影响的、规模很大的快餐食品呢？笔者认为这与中国习惯百菜百味、风味料使用的随意个性发挥有一定关系。香辛料是风味的主角，香辛料使用的科学性和规范性对风味有极大的影响。虽然香辛料的正确使用方法是人们在长期使用过程中的错误和不当中发展起来的，但从现代的科学角度来看，有必要仔细研究各种香辛料的化学和风味，它们之间的配合以及它们在烹饪过程中的变化特征规律，要善于用香，精于和味。我们还应当想到，世界上没有哪一个民族不说自己的食品风味好的，他们的民族食品大多是以当地的香辛料为原料，在长期的实践中得出的宝贵经验。因此我们收集国内外有关香辛料的资料，编写了这本《香辛料原理与应用》，以期给全球化的今天从事香辛料行业、食品行业或相关行业的同志有一些参考，希望读者提出宝贵意见。本书编写分工主要如下：衷平海（南昌大学食品和生命科学学院）主要编写第六章和第十章，其余由王建新（江南大学）编写，江南大学研究生贾爱群（现中国科学院）、王建国（现九江学院）和刘海峰（江南大学）参加了部分工作。

由于作者水平有限，有关香辛料的技术发展很快，新的研究成果不断涌现，书中难免存在一些不妥之处，欢迎广大读者批评指正。

2003 年 10 月

目录

第一章

香辛料基本知识

香辛料也可称为辛香料。食品行业常以香辛料称之，因为特别需要它们的香气引导；而香料行业则以辛香料这一名称为主，因为看重的是辛这种香韵。它们对应的英文单词都是 spice。本书重点在食品的风味，所以以香辛料称之。

第一节　香辛料的定义

香辛料这一术语指的是广泛用于食品的一类物质：它们或有强烈的香气，或有刺激性的味道，或可用于着色，或可用于提高食欲，或有利于消化。但如涉及到细节部分，香辛料的范围常因国家不同而不同。有的国家把不管是新鲜的还是干燥的这类物质都称为香辛料；有的由于历史、宗教或传统的原因，把不具有上述感官性质的某些物质也归入香辛料之列。因此很难给出一致的香辛料的精确定义。现通常指的香辛料大都是香料植物的干燥物，它们可以是该植物的根、花蕾、枝、皮、叶、果等，它们能给食物带来特有的风味、色泽和刺激性的味感。

但有一点要着重说明的是，本书所罗列的香辛料基本上来自国际标准化相关组织的目录，并采用他们规定的命名。与香辛料这一术语很难区分、易于混淆的是另一个术语：香草。香草大多是一年生草本植物，使用其干燥或新鲜的枝叶。本书为方便起见，将香草也一并归入香辛料。

将香辛料碾磨成粉，或提取出精油或油树脂，可单独或与其他香辛料混合，再与糖、盐、醋等调味料复配在一起使用。这类产品有两种使用方法：在食品加热烹调或其他加工阶段加入，以提高原食物风味的称为佐料；在食品食用过程中加入的称为调味料。如腌制肉用香辛料的混合物称为佐料，辣酱称为调味料。在我国，这两类产品的性能和使用场合的区分不怎么明确，有时可以互相换用，如五香粉等。一般而言，调味料比佐料的使用要普遍些，但佐料的使用比调味料困难，因为它与烹调的工艺有关。

佐料和调味料都是以香辛料为基础的，是香辛料深加工的产物。有关佐料和调味料的具体细节在以后介绍。

第二节 香辛料的分类

为研究和学习方便，需将香辛料进行分类，分类的方法主要有三种。

将香辛料所属植物科目进行分类属植物学范畴。这有利于各种香辛料的优良品种的选择、香辛料之间的取代和香辛料新品种的开发，见表1-1。

表1-1 香辛料的植物学分类

科目		香辛料名
双子叶植物	唇形科	薄荷、甘牛至、罗勒、百里香、鼠尾草、迷迭香、牛至、香薄荷、海索草、藿香、柠檬香蜂草、紫苏
	茄科	红辣椒、菜椒、枸杞
	脂麻科	芝麻
	菊科	龙蒿、洋甘菊、广木香、印蒿
	胡椒科	黑胡椒、白胡椒、荜拔、荜澄茄
	肉豆蔻科	肉豆蔻、肉豆蔻衣
	樟科	月桂叶、肉桂
	木兰科	八角、辛夷
	十字花科	芥菜、辣根
	豆科	葫芦巴、甘草
	芸香科	花椒、陈皮、调料九里香、芸香
	桃金娘科	众香子、丁香、番石榴、香桃木
	伞形科	欧芹、芹菜、香旱芹、莳萝、枯茗、茴香、小茴香、葛缕子、芫荽、阿魏、白芷、川芎、独活、欧当归
单子叶植物	百合科	大蒜、洋葱、韭菜、大葱
	鸢尾科	番红花
	姜科	小豆蔻、白豆蔻、草豆蔻、香豆蔻、草果、砂仁、山柰、姜、姜黄、良姜、高良姜、凹唇姜、芒果姜
	兰科	香荚兰、塔希提香荚兰

可利用香辛料植物学的分类来对配方进行微调以形成自己的风格，使风味多样性。一般而言，属于同一科目的香辛料在风味上有类似性，如有时大茴香和小茴香可以互换使用，属于亚种间的互换。

香辛料按风味分类是最有实际应用价值的分类法。但是，有些香辛料有多种风味特征，很难把它归属于某种风味。表1-2是香辛料的粗略分类，有关香辛料各自独特的介绍见第二章。

表 1-2　香辛料的风味分类

风味特征	香辛料名
辛辣和热辣	黑胡椒、白胡椒、芥菜、辣根、辣椒、姜等
辛甜风味	八角、中国桂皮、丁香、斯里兰卡肉桂等
甘草样风味	甜罗勒、小茴香、茴香、龙蒿、细叶芹等
清凉风味	罗勒、牛至、薄荷、留兰香等
酸涩样风味	续随子等
坚果样风味	芝麻子、罂粟子等
苦味	芹菜子、葫芦巴、酒花、肉豆蔻衣、甘牛至、肉豆蔻、牛至、迷迭香、姜黄、番红花、香薄荷等
芳香样风味	众香子、鼠尾草、芫荽、莳萝、百里香等

根据香辛料的使用频率、使用数量和使用范围，可将香辛料分为常规香辛料和区域性香辛料两大类，见表 1-3。

表 1-3　香辛料的重要性分类

类别	香辛料名	可利用部位
常规香辛料	八角（*Illicium verum* Hook. f.） 芥菜（*Brassica juncea* L.） 芫荽（*Coriandrum sativum* L.） 甘牛至（*Origanum majorana* L.） 肉桂（*Cinnamomum cassia* Presl）	干燥果实 新鲜全草和种子 新鲜全草和种子 干叶和花 干燥树皮
次要香辛料	草果（*Amomum tsaoko* Crevost et Lemorie） 山奈（*Kaempferia galanga* L.） 杜松（*Juniperus rigida* S.et Z.） 辛夷（*Magnolia denudata* Desr.）	干燥果实 干燥根茎 果实 花蕾

常规香辛料和区域性香辛料的区分随地区、民族、国家、风俗等不同而变化很大。某种香辛料在这个地区是常规香辛料，而在另一个地区就很少使用。表 1-4～表 1-14 为不同国家和地区常规香辛料的统计情况。

表 1-4　东方食品烹调中的常规香辛料

功能	香辛料名
风味	欧芹、肉桂、莳萝、薄荷、枯茗、八角、大茴香、小茴香、肉豆蔻、肉豆蔻衣、芝麻、葫芦巴、小豆蔻、芹菜
辛辣	红辣椒、芥菜、辣根、生姜、胡椒、花椒
祛臭或掩盖	大蒜、月桂叶、丁香、韭菜、小豆蔻、洋葱、芫荽
着色	青椒、姜黄、番红花

表 1-5　西方食品烹调中的常规香辛料

功能	香辛料名
风味	欧芹、肉桂、众香子、莳萝、薄荷、龙蒿、枯茗、甘牛至、罗勒、茴芹、肉豆蔻、肉豆蔻衣、小茴香、香荚兰、芹菜

续表

功能	香辛料名
辛辣	芥菜、生姜、辣椒、红辣椒、胡椒
祛臭或掩盖	生姜、香薄荷、月桂叶、丁香、韭菜、百里香、迷迭香、葛缕子、鼠尾草、牛至、洋葱、芫荽
着色	青椒、姜黄、番红花

表 1-6　中国食品烹调中的常规香辛料

功能	香辛料名
风味	欧芹、八角、芝麻、肉桂、枯茗
辛辣	花椒、生姜、红辣椒、胡椒
祛臭或掩盖	大蒜、韭菜、芫荽
着色	红辣椒、青椒、姜黄

表 1-7　日本食品烹调中的常规香辛料

功能	香辛料名
风味	芝麻
辛辣	花椒、芥菜子、生姜、辣根、辣椒
祛臭或掩盖	大蒜、韭菜、洋葱
着色	姜黄、青椒

表 1-8　印度食品烹调中的常规香辛料

功能	香辛料名
风味	欧芹、肉桂、莳萝、薄荷、枯茗、茴香、肉豆蔻、肉豆蔻衣、小茴香、葫芦巴、小豆蔻
辛辣	芥菜、生姜、红辣椒、胡椒
祛臭或掩盖	大蒜、丁香、葛缕子、洋葱、芫荽
着色	姜黄、番红花

表 1-9　东南亚食品烹调中的常规香辛料

功能	香辛料名
风味	欧芹、肉桂、枯茗、八角、芹菜
辛辣	生姜、红辣椒、胡椒
祛臭或掩盖	大蒜、月桂叶、韭菜、葛缕子、洋葱
着色	青椒、姜黄

表 1-10　美国食品烹调中的常规香辛料

功能	香辛料名
风味	欧芹、肉桂、众香子、莳萝、薄荷、龙蒿、枯茗、罗勒、茴芹、肉豆蔻、芹菜子
辛辣	芥菜、红辣椒、胡椒
祛臭或掩盖	大蒜、月桂叶、丁香、百里香、迷迭香、鼠尾草、牛至、洋葱

续表

功能	香辛料名
着色	青椒

表 1-11 英国食品烹调中的常规香辛料

功能	香辛料名
风味	欧芹、肉桂、众香子、薄荷、甘牛至、肉豆蔻、肉豆蔻衣、小茴香、芹菜子
辛辣	芥菜、生姜、辣根、红辣椒
祛臭或掩盖	大蒜、月桂叶、丁香、百里香、迷迭香、葛缕子、鼠尾草、洋葱
着色	姜黄

表 1-12 德国食品烹调中的常规香辛料

功能	香辛料名
风味	欧芹、肉桂、众香子、莳萝、龙蒿、甘牛至、肉豆蔻、芹菜
辛辣	芥菜、辣根、胡椒
祛臭或掩盖	大蒜、香薄荷、月桂叶、丁香、百里香、迷迭香、葛缕子、洋葱、芫荽
着色	青椒

表 1-13 意大利食品烹调中的常规香辛料

功能	香辛料名
风味	欧芹、众香子、薄荷、甘牛至、罗勒、肉豆蔻、香荚兰、芹菜
辛辣	胡椒
祛臭或掩盖	大蒜、月桂叶、丁香、韭菜、百里香、迷迭香、鼠尾草
着色	番红花

表 1-14 法国食品烹调中的常规香辛料

功能	香辛料名
风味	欧芹、肉桂、莳萝、龙蒿、肉豆蔻、芹菜
辛辣	芥菜、胡椒
祛臭或掩盖	生姜、月桂叶、丁香、韭菜、百里香、迷迭香、洋葱
着色	番红花

第三节 香辛料中的油细胞

香辛料与植物的其他部位一样，主要成分是淀粉、脂肪、蛋白质、纤维素、无机物等，但这些物质相对香辛料而言则为次要成分。香辛料中有作用的成分是那些能产生香气和形成风味或提供色泽的化合物，它们是各种萜类化合物（以单萜和倍半萜化合物为主）、萜的衍生物、小分子的芳香化合物、小分子的酚类物质以及含杂原子的化学成分，这些成分大多聚集在植物中的一特定组织即油细胞内，它们的具体性质在以后的各章中予以讨论。

若干个油细胞排列成线状的称为油腺；组成较大团块的称为油囊。油细胞或油细胞组成的这些组织崩溃时，就释放出香气或其他风味成分。

图 1-1～图 1-4 是较有特征的油细胞在若干香辛料中的分布情况。

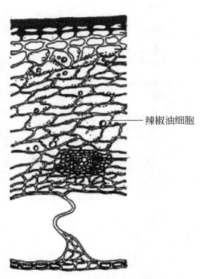

图 1-1　辣椒油细胞分布

图 1-2　小豆蔻油细胞分布

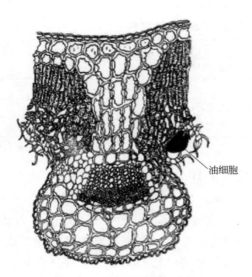

图 1-3　迷迭香油细胞分布

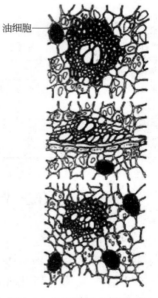

图 1-4　生姜的油细胞分布

由图可见，叶类香辛料的油囊位于表面，体积也大；而木质香辛料的油细胞处于深层，油细胞小而密。鉴于油细胞在香辛料中的不同分布情况，因此在加工或烹调过程中，为了要充分利用香辛料的风味功能、辛辣功能、祛臭功能和着色功能，要采用不同的烹调处理方法。

第四节　香辛料的使用形式

可以将香辛料以其原始的形态用于食品加工，如把整个辣椒用于泡菜；也可将香辛料粉碎后用，如胡椒粉。以化学方法将香辛料中有用成分提取出来后使用，是香辛料应用的高级形式，这种精加工的产品形式又可分为精油、油树脂、强化油树脂、乳化油树脂、胶囊化油树脂等多种形式。香辛料不同的使用形式见图1-5。

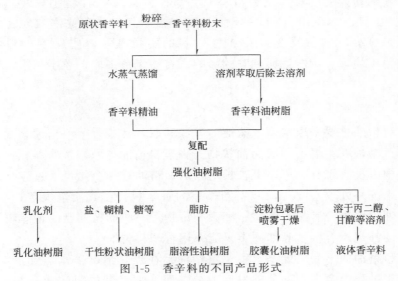

图1-5　香辛料的不同产品形式

1　原状香辛料

将香辛料未经任何处理而用于烹调是最经典和最原始的方法，很符合传统的饮食习惯。用原状香辛料的好处是：①在高温加工时，风味物质也能慢慢地释放出来；②味感纯正；③易于称重和加工，有时在食物加工好以后，从食物中去除残留的香辛料也容易；④原状香辛料常具独特的外形标志，一般难以掺杂和掺假。

使用原状香辛料的不利之处如下。①香辛料受产地、种植地点、收割时间等影响较大，其风味质量和强度常有不同，因此经常需要调整香辛料的用量。②风味成分的含量在香辛料中的所占比例一般很小，香辛料中有许多无用的部位。因为所占体积、质量大，在运输和储藏过程中易受沾污，需大仓库来存放。③香辛料含很多其他成分，如鞣质会在加工过程中引起色变、新鲜的香辛料中酶的活动可影响原状香辛料的口感。④新鲜的香草类香辛料在干后会失去香味，有一些香草则有草青气或青滋气。⑤原状香辛料上都带有数量不少的细菌，即使进行杀菌，仍有死昆虫的卵或蛹残留在香辛料上。⑥易霉变和变质。

2　粉状香辛料

将香辛料粉碎后用于烹调也是古老的使用方法。与整个香辛料相比，粉状香辛料的风味更均匀，也更容易操作，符合传统的饮食习惯。但它与原状香辛料一样也有受产地影响、风味含量低、带菌多等缺陷。其余不足之处是：①粉碎的香辛料在几天或几周内会失去部分挥发性成分；②易受潮、结块和变质；③易于掺杂；④在食品中会留下不必要的星星点点的香辛料残渣，不过有时这种残渣是受欢迎的。

香辛料的粉碎程度对其风味和辛辣度都有影响。Mori 将小豆蔻和白胡椒分别粉碎成 14 目、28 目和 80 目三种不同的粒度，用于红肠来考察粒径对风味的影响，结果显示，28 目粒度的风味比 80 目的要强得多，而 14 目的粒度似乎太大，不能粉碎均匀，不能观察到它的影响。在一定范围内，粒子稍粗，其风味就越强。

3　香辛料精油

香辛料精油主要采取水蒸气蒸馏的方法制取，常规香辛料精油和油树脂产率见表 1-15。精油在室温下一般为油状物。香辛料精油与原状香辛料相比，所占空间小，其中因没有水分，所以可较长期存放；精油这种产品可通过建立严格的质量标准，来统一处理不同产地和不同季节的香辛料，使其质量恒定；易于配方；香辛料精油中不再含有酶、鞣质、细菌和污物；一般的精油制品色泽较浅，不会影响食品的外观；有些食品如酒类只能采用香辛料精油。

香辛料精油的不利之处是，香辛料精油是在加热情况下水蒸气蒸馏所得的，所以在加工过程中会失去部分挥发性成分，而非挥发性的风味成分却无法得到，有些水溶性的成分因溶于水而流失，有些热敏的成分发生变化，因此其香气与原物有一些区别，有时还会带有一些蛋白质和糖类化合物受热分解产生的杂气。有一些精油易于氧化，因为在加工过程中将一些植物中的天然抗氧剂除去了。由于香辛料精油中香成分浓度高，须精确称量，目前常采用的是每克精油相当于多少原香辛料，这给使用带来一定的难度。精油难于在干的食品中分散。香辛料精油的使用与某些食品的饮食习惯有关。

表 1-15　常规香辛料精油和油树脂产率一览

品名	精油产率/%	油树脂产率/%
茴香	1.0～4.0	—

续表

品名	精油产率/%	油树脂产率/%
葛缕子	3.0~6.0	—
小豆蔻	4.0~10.0	10.0
中国肉桂皮	1.0~3.8	3.3~4.0
芹菜子	1.5~2.5	9.0~11.0
肉桂	1.6~3.5	7.0~12.0
丁香	14.0~21.0	<15.0
芫荽	0.1~1.0	—
枯茗	2.5~5.0	—
姜黄	2.0~7.2	7.9~10.4
莳萝子	2.5~4.0	—
小茴香	4.0~6.0	—
大蒜	0.1~0.25	—
生姜	0.3~3.5	3.5~10.3
月桂叶	0.5~1.0	17.0~19.0
肉豆蔻衣	8.0~13.0	22.0~32.0
甘牛至	0.2~0.3	—
肉豆蔻	2.6~12.0	18.0~37.0
牛至	约1.0	—
欧芹叶	0.05~0.2	—
胡椒	1.0~3.5	5.0~15.0
薄荷	0.2~0.3	—
迷迭香	0.5	—
番红花	0.5~1.0	—
鼠尾草	—	0.6~1.2
香薄荷	0.5~1.2	14.0~16.0
留兰香	约0.6	—
八角	2.0~3.0	—
罗勒	0.1	—
龙蒿	0.3~1.5	—
百里香	0.5~1.2	14.0~16.0
香荚兰	—	20.0~47.0

4 香辛料油树脂

用溶剂浸提香辛料，然后蒸去溶剂所得的液态或膏状制品称为油树脂。它们通常是色泽较深、黏度较大的油状物，其产率见表1-15。同精油一样，香辛料油树脂所占空间小，质量上也可标准化；无酶、细菌和其他污物，产品中水分含量极小，但仍含有天然抗氧剂，因此保藏期相应要长些。与精油相比，香辛料油树脂有更完全和丰富的风味，十分接近于原状天然香辛料，在风味物的利用价值上，可比原状香辛料节省一半。

常用浸提香辛料的溶剂有乙醇、异丙醇、二氯甲烷、己烷、正丙醇、乙酸甲酯、丙酮、丁酮、石油醚、丙/丁烷、乙醚、二氧化碳等。溶剂的选择对香辛料油树脂风味的质量影响极大。如姜油树脂可采用乙醇、丙酮和异丙醇制取，但用丙酮制作的风味质量最好，这是因为丙酮的极性较其余两种为小，可将极性较小的风味成分提取出来。辣椒油树脂可采用己烷、乙醇、异丙醇和二氯甲烷来提取，对辣椒中关键成分辣椒素来说，二氯甲烷的提取效率最好，己烷最差，这是因为对非挥发性成分来说，二氯甲烷和二氯乙烷比乙醇更有效率。由此可见，选择香辛料油树脂时，除了知道其产地外，还要了解其制作方法。

香辛料油树脂的缺点是，在回收溶剂时会带走一部分挥发性成分，头香尚有不足；由于黏稠，难以精确称量，有时会在容器壁上黏附残留而影响食品风味；不同的油树脂有不同的黏稠度，要混合均匀相当费时；易于以次充好，用质量不高的香辛料代替好的香辛料，影响质量；香辛料油树脂中仍有鞣质等存在，色泽较重，除非经进一步的加工；仍有部分溶剂的残留，除非将溶剂回收得相当彻底。

溶剂残留量是评判香辛料油树脂质量的重要指标（表1-16）。

表 1-16　香辛料油树脂中溶剂所允许残留量

溶剂	允许残留量/(mg/kg)	说明
甲醇	≤50	
丙/丁烷	≤25	
丙酮	≤30	
乙酸乙酯/乙酸丁酯	≤30	
二氧化碳	≤30	
异丙醇	≤50	
二氯甲烷	≤30	仅限于脱咖啡因的茶叶和咖啡
正丙醇	≤1	
丁酮	≤1	与己烷不能共同使用；食用油中可达5mg/kg,脱咖啡因的茶叶和咖啡中可达20mg/kg
丁醇	≤1	
乙醚	≤2	
己烷	≤1	

5　强化油树脂

强化油树脂是同一种香辛料的精油和油树脂的复配物，以弥补在加工过程中香气的损失，或平衡不同批次产品质量的些许差别，使其在风味上更接近原物。

6　乳化油树脂

由水、乳化剂、稳定剂、抗氧剂、防腐剂、香辛料油树脂等配在一起就组成乳化油树脂。与油树脂相同的是基本符合原有风味，质量上可标准化。与香辛料油树脂不同的是黏度小了一些，并且各种乳化油树脂的黏度可以调配得差不多，便于混合；乳化油树脂在水、酒和糖浆中易分散，能很好地用于液体调料。不足之处是易在原料阶段以次充好，影响风味；由于产品中含有多量水，风味强度不到原油树脂的一半，使用成本提高了；同油树脂一样，也存在溶剂和鞣质的残留问题。

7　胶囊化精油或油树脂

胶囊化精油或油树脂由亲油性的核心材料和亲水性的包裹材料两部分组成，然后经喷雾干燥成品。由于胶囊化油树脂的香成分被包裹在微胶囊中，因而抑制了挥发损耗，可在较长时间内保持其风味；无酶、无菌和无污染物；该粉末的流动性好，易于称重和后加工，可用于粉状食品；相当于干性可溶性香辛料，不含盐和糖，可用作特种食品的添加剂。

胶囊化香辛料由于工艺相对较复杂，能源消耗较大，价格较高；有一些挥发性较大的成分在喷雾干燥中损失，通常胶囊化香辛料的香气价值只有原物的1/5；另外，它不适合用于液状或烘烤型产品。

8　干性可溶性香辛料

将油树脂与盐、糖、糊精、葡萄糖、玉米粉等材料混合，搅拌均匀，碾碎过筛后所得的产物即为干性可溶性香辛料。

第五节　香辛料的深加工

将香辛料中的有效风味成分萃取分离称为香辛料的深加工。

传统的常规加工方法有水蒸气蒸馏、溶剂萃取、脂肪浸渍、冷磨冷榨法等。由第四节可知，经深加工后的香辛料制品，有风味成分含量高、易于标准化、安全卫生等优点，但与原状香辛料比较，有时候风味方面总有不足，这也是香辛料深加工品在相当程度上无法取代原状香辛料的原因。图1-6为不同萃取方法所得制品风味成分的得失情况。

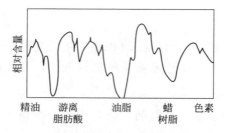

(a) 原香辛料风味成分的相对含量

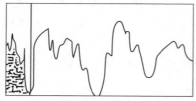

(b) 水蒸气蒸馏物的风味成分

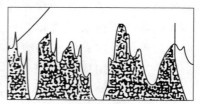

(c) 乙醇浸提物的风味成分

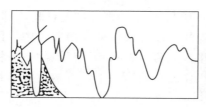

(d) 二氯甲烷萃取物的风味成分

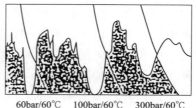

(e) 二氧化碳萃取物的风味成分

图 1-6　不同萃取方法所得制品其风味成分的得失情况

注：1bar＝10^5Pa。

由图 1-6 可知，如用二氧化碳进行临界萃取的话，可最大限度地提取有效风味成分；二氧化碳的压力越大，萃取的效果越好。以二氧化碳为溶剂在高压下进行的萃取称为临界流体萃取（SCFE）。

二氧化碳临界流体萃取的优点是：①在临界点时，二氧化碳的密度与液体相近，黏度非常接近于气体，而扩散力是气体的 300 倍，渗透性好，萃取效率高，制品风味与原物质相同。②与其他气体相比，其临界温度和压力相对较低，可减少设备投资。③可方便地调节不同的温度和压力以获得不同的流体密度，提高萃取的选择性。④二氧化碳化学惰性大，另外萃取在较低温度下进行，因此热敏物质或生理活性物质被氧化或分解的机会很少。⑤二氧化碳不会像其他溶剂一样残留在产品中。⑥二氧化碳不可燃，无毒无味，使用安全。⑦二氧化碳价格较便宜，来源广泛。

利用二氧化碳进行临界流体萃取的香辛料报道有芹菜子、丁香、芫荽子、姜、肉豆蔻、肉豆蔻衣、胡椒、众香子、香荚兰、辣根、迷迭香、紫苏、酒花、葛缕子和茴香等。但由于以二氧化碳进行临界流体萃取需在高压（6080kPa）下进行，其中涉及到香辛料萃提、二氧化碳气体的回收、低压二氧化碳的压缩、液体二氧化碳的存储、冷冻冷却等工序，对设备的要求很高，因此香辛料以二氧化碳流体萃取还处于小规模的生产阶段。

如果该香辛料没有热敏物质，油细胞包埋较深，并且含有较大比例的高沸程风味物质如倍半萜类成分，可应用连续水临界萃取（CSWE）。水临界萃取即以水为溶剂在高压高温下萃取。应用此方法，高馏分风味成分的萃取效率比常规的水蒸气蒸馏优越得多，并节省时间。如在温度250℃、压力40kg下，水萃取的效率与酒精萃取的效果相同。

利用超声波原理的方法称为UAE。超声波萃取的优点是可以节省时间和提高效率。合适频率的超声波有助于提高扩散的速度，可以打破细胞壁，瓦解植物组织间的联系；如果是干物质，可使润湿过程和肿胀过程加速，提高萃取的效果。

利用微波来进行萃取的方法称为MAE。微波方法是加热过程中热供给的改进。利用微波加热，以新鲜香辛料为原料、直接水蒸气蒸馏获取精油的话，可减少时间，提取率也有提高。MAE同样适合于溶剂萃取，介电常数小的溶剂，提高效率更明显，并且节省溶剂。

第六节　香辛料的采收和储藏

这里仅仅是简单介绍香辛料的采收和后处理方法，以及方法不同对香辛料品质可能的影响。作为香辛料使用者或者管理者，应该了解这方面的知识。

一、采收

天然香辛料的种类繁多，产地各异，收获季节也不尽相同，目前已发现的百余种天然香辛料，其收获期的差异也十分明显，有年年采收的，也有一年两收的，还有几年一收的。收获期的长短也不一样，有些香辛料的收获期仅有三四周，而有些香辛料则可以常年采收。世界上大多数国家目前仍沿用人工采收这一古老的方法，即使使用机械，也是一些操作较容易、机械化程度十分低下的简单机械。多数人一般认为，手工摘取的香辛料有利于香辛料香气的保持。

香辛料采集后，必须进行干燥处理，以便保持其品质，并便于储藏。香辛料的干燥没有一个固定的模式可循，要根据其自身的特点区别对待。有些香辛料要在较高的温度下或阳光下才能干燥好，而有些香辛料则不能让太阳直晒。干燥温度不得超过32℃，不同的品种干燥的方法有所不同。目前香辛料的干燥方式有自然干燥和人工干燥两种，而更多的香辛料是采用自然干燥。自然干燥分晒干和风干；人工干燥一般采用热风干燥。

二、储藏和运输

天然香辛料的品味差异很大，性质也迥然不同。就储藏而言，其差别也十分明显。有些香辛料即使储藏几年也不会变质，而有些香辛料则十分娇贵，只要湿度稍大一些，就会引起霉变；温度稍高一些就会生虫。香辛料的储藏，目前也没有十分可行的先进技术和办法。一般干燥后分别堆放储存，用麻袋和纸箱包装。但储藏期间的防虫害和霉变需严格注意。

三、害虫的去除

有许多昆虫对农作物是有害的，其中也包括香辛料作物。在种植期间，这些害虫可由农药控制。但香辛料与农产品如面粉、豆类不一样的地方是，它们需要储存较长时间，所以一些害虫包括螨虫类在储存期间仍会为害香辛料。在害虫中，对香辛料危害最大和最典型的是蛾子和甲虫。

害虫的生长和繁殖速度取决于当地的气温、湿度、香辛料的种类和害虫的种类。红辣椒和罗勒是在储存期间最易受到害虫侵袭的香辛料，而欧芹、生姜和甘牛至则不受害虫侵袭。Seenappa 等人考察了面粉甲虫对香辛料侵袭的情况，发现它们居然能咬破牛皮纸和塑胶纸片。

Miyazima 等人则研究了蛾子对若干香辛料（红辣椒、芫荽子、月桂叶、陈皮和蒜头）的选择性侵袭行为，时间无论长短，蛾子对红辣椒和月桂叶侵袭的最多，对蒜头最少。

如条件合适，害虫在香辛料上的生长和繁殖非常迅速，除非在早期采取预防措施，否则后果不堪设想。如米蛀虫一次大约可产卵 200 枚，这种害虫的整个生长期为 40 天，可以预料，在短时间内，这种害虫的增长是爆炸性的。

在香辛料仓库中控制害虫的最常用方法是烟熏。烟熏的优点是它能均匀地渗透到仓库的每一个角落。最常用的香辛料烟熏剂是溴甲烷和磷化氢。

溴甲烷的沸点是 3.6℃，甚至可作为冬季用烟熏剂。

提高烟熏效率可通过延长烟熏时间和加大烟熏剂的浓度来解决。溴甲烷烟熏剂的缺点是对蛾子和一些害虫虫卵的杀灭作用不如磷化氢有效，尽管它对成年害虫的杀灭效率很强。溴甲烷用作农作物和香辛料的烟熏剂已有几十年的历史了，已经积累了丰富的经验来掌握烟熏的效果；溴甲烷对人体的毒害相对较小；烟熏所需时间也短，从几小时到最多 2 天。但由于它对大气臭氧层有破坏作用，1992年在丹麦哥本哈根举行的世界环境保护会议上正式作出决定，将溴甲烷列为破坏臭氧层的化学品，美国在那次会议后决定在数年后停止使用溴甲烷。

磷化氢是磷化铝的水解产物。磷化铝是固体物质，很方便使用。磷化氢有极强的烟熏能力，对多种害虫，不管是蛾子还是虫卵，均有烟熏作用，但磷化氢对人体的毒害较强。另外，从磷化铝中释放出磷化氢的速度较慢，所以烟熏需要较长时间。由于溴甲烷现不可使用，应该加强对磷化氢烟熏的应用研究。

尚有其他方法可用于香辛料的储存。如大多数害虫在空气中氧气的含量小于2%时会窒息死亡，所以在一些国家采用二氧化碳和氮气置换氧气来保存香辛料。二氧化碳对一些害虫有显著的杀灭效果，可以预料这些方法在将来会有所发展。另外大多数来自热带的害虫不能在低于 15℃ 的气温下存活（蛾子则除外，蛾子在 10℃ 时还能繁殖），低温保存也被认为是一种杀灭害虫的有效方法。

第七节　香辛料的消毒

大部分的香辛料生长在热带和亚热带，香辛料在收割、晾晒、分拣、筛选、粉碎和储存等过程中并不能严格地按照卫生标准操作，因此香辛料上可发现相当高的微生物数量。许多香辛料在收割后摊铺在田间日晒，以达到所需的干燥度，由于泥土中存在大量的微生物，如孢子型细菌以杆菌为例，在泥土中的含量达到每克一百万至一亿细胞的水平，所以日晒就会造成大量的细菌污染。地下茎类香辛料如生姜、姜黄等也是如此。

未经消毒的 1g 粉碎了的香辛料中微生物数量见表 1-17。由表 1-17 可知，香辛料中存在的细菌数要大于真菌数。细菌和霉菌的种类取决于香辛料的类型、种植区域和加工地点。一般而言，孢子类细菌如杆菌总是占多数。葡萄球菌（Staphylococcus）和链球菌（Streptococcus）类细菌几乎在所有的香辛料中均可发现，然而香辛料中携带的致病菌却不多，如大肠杆菌（Escherichia coli）和肠炎沙门菌（Salmonella enteritidis）在香辛料上就不多见。

表 1-17　1g 粉碎的香辛料中微生物数量

香辛料名	放线菌	细菌	霉菌
茴香	0	1.9×10^3	9.5×10^3
黑胡椒	0	5.2×10^7	6.4×10^5
小豆蔻	2.5×10^3	7.6×10^6	1.6×10^3
葛缕子	0	5.2×10^4	1.5×10^3
红辣椒	0	2.2×10^6	3.9×10^4
芹菜子	0	2.6×10^6	1.2×10^4
斯里兰卡肉桂	0	3.5×10^5	8.7×10^4
丁香	6.0×10^2	4.3×10^4	0
芫荽子	0	3.7×10^6	1.3×10^5
枯茗	0	2.1×10^5	1.5×10^4
小茴香	2.5×10^3	1.6×10^5	6.7×10^3
葫芦巴	6.5×10^2	6.2×10^4	2.5×10^3

续表

香辛料名	放线菌	细菌	霉菌
生姜	1.0×10^2	8.7×10^6	1.7×10^3
众香子	0	6.8×10^6	7.0×10^4
肉豆蔻衣	0	6.4×10^4	8.0×10^2
芥菜子	0	5.8×10^6	2.7×10^3
肉豆蔻	4.0×10^3	1.1×10^5	6.2×10^4
菜椒	0	6.6×10^6	5.5×10^2
姜黄	0	4.8×10^6	0.5×10^2
白胡椒	0	6.8×10^4	6.5×10^4

　　有极少数香辛料上的微生物含量很低，如丁香。丁香上细菌和霉菌的含量都很低这一事实也为不少研究者所证实，这要归功于丁香的强抗菌性和丁香精油细胞在香辛料中的位置，丁香的精油细胞主要分布在其表面。

　　虽然香辛料上几乎没有致病微生物，但需强调的是，有一些霉菌会生成毒性物质，典型的例子是黄曲霉（*Aspergillus flavus*）和赭曲霉（*Aspergillus ochraccus*）。黄曲霉已被证明在多种香辛料中存在。它们都能产生毒性物质黄曲霉毒素和赭曲霉毒素，可分为黄曲霉毒素 B_1、B_2、G_1、G_2 型。黄曲霉毒素和赭曲霉毒素可致癌，其结构见图 1-7。大多数欧洲国家对香辛料中的黄曲霉毒素含量有限定，不得超过 10mg/kg。在四种黄曲霉毒素中，以 B_1 毒性最大，1971 年日本设立的黄曲霉毒素 B_1 的标准是 10mg/kg。根据长期对香辛料的研究，发现最可能超标的香辛料是红辣椒和肉豆蔻。1985 年，日本对肉豆蔻和红辣椒的黄曲霉毒素的含量都作出了规定。

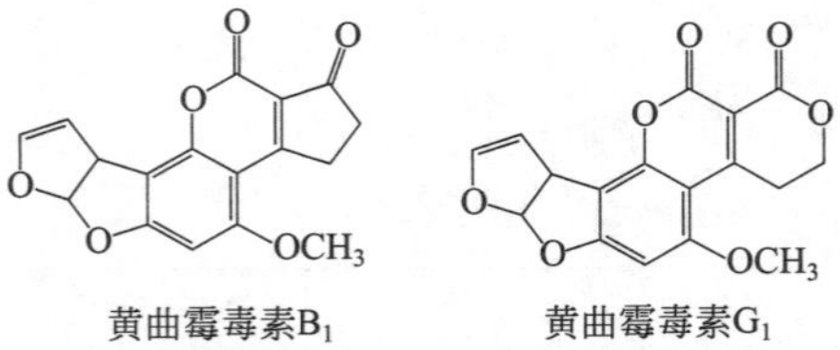

黄曲霉毒素 B_1　　黄曲霉毒素 G_1

图 1-7　黄曲霉毒素的结构

　　灰绿曲霉（*Aspergillus glaucus*）和黑曲霉（*Aspergillus niger*）是受污染的香辛料中最常见的霉菌，虽然此两霉菌在数量上比黄曲霉菌多许多，但危害性却大大小于黄曲霉菌。除此以外，青霉（*Penicillium*）类微生物也是在葫芦巴、生姜和茴香上大量发现的霉菌。

　　上述附着在香辛料上的霉菌在储存期间会不断地繁殖以增加数量，有一些害虫也会携带和运输霉菌和细菌。害虫传递的微生物主要是曲霉（*Aspergillus*）类微生物，以红辣椒被害的情况最多。因此为了控制霉菌的生长，控制湿度与杀灭害虫一样重要。Seenappa 等人考察了曲霉类微生物在不同湿度下的繁殖情况，在储存温度为 28℃、相对湿度为 85％时，主要的霉菌是黑曲霉；当湿度达到 95％时，香辛料的主要霉菌是黄曲霉和赭曲霉，因此黄曲霉毒素的生成量也增加了。

香辛料内部霉菌的生长对香辛料的色泽也有损害。例如一些香辛料含有黄曲霉，一段时间后，香辛料可从原来的象牙色变化为橄榄绿色；如含有黑曲霉，颜色则变为黑色。在红辣椒上霉菌的褪色作用最明显，在红辣椒储存期间，除去变色的红辣椒是防止红辣椒产生黄曲霉毒素的有用措施。

香辛料的灭菌和消毒方法主要有环氧乙烷法、辐射法和蒸汽消毒法三种。现分别介绍如下。

一、环氧乙烷法

环氧乙烷消毒是应用最广的冷法消毒，特别适用于香辛料，因为它对香辛料的香气影响最小。环氧乙烷对蛋白质中的活性基团如羧基、羟基、巯基和胺基都有极活泼的反应性，因此能改变害虫和微生物的蛋白质结构，从而起到杀灭和消毒作用。

使用环氧乙烷灭菌时的温度对环氧乙烷的消毒效果影响很大，有研究报告认为，环氧乙烷在 25～30℃ 之间使用效果最好，在 10℃ 以下，其消毒效果将大幅度下降。

尽管环氧乙烷有很强的杀菌性，但在它的消毒浓度范围中，对人体有伤害毒性，因此有许多西方国家限制环氧乙烷在食品消毒中的使用。环氧乙烷的沸点很低，为 10℃ 左右，环氧乙烷及其相关物质的沸点见表 1-18。

表 1-18　环氧乙烷、氯乙醇和乙二醇的沸点

品名	沸点/℃
环氧乙烷	10.8
氯乙醇	128.8
乙二醇	197.6

由于沸点低，可以设想在经过长时间的储存后，环氧乙烷在香辛料中的残留量不会很大，一般而言，在储存 1 周后，环氧乙烷的残留量已降低到消毒时的 1/10 以下。但有报告称，由于环氧乙烷的活性太大，它能与食物中的营养成分反应而改变这些营养成分的性质，如维生素 C 和维生素 B_1 能与环氧乙烷反应而分解。有些香辛料经环氧乙烷消毒后对其色泽有影响，如辣椒的色泽将暗淡枯竭。表 1-19 为环氧乙烷法和辐射法对辣椒色素的影响比较。

表 1-19　环氧乙烷法和辐射法对辣椒色素的影响

处理方法	粉碎辣椒的色泽			水溶性物质的光密度(450nm)	水不溶性物质（ASTA 单位）
	亮度	红色	黄色		
未经处理辣椒	24.8	22.7	12.2	0.23	85.7

处理方法	粉碎辣椒的色泽			水溶性物质的光密度(450nm)	水不溶性物质(ASTA 单位)
	亮度	红色	黄色		
环氧乙烷法	22.26	16.3	9.7	0.33	81.0
辐射法	24.9	23.6	12.3	0.23	85.7

二、辐射法

现用于食品辐射的放射性元素仅有 ^{60}Co 和 ^{117}Cs 两种。

1980 年，辐射食品的安全性专家委员会（JECFT）作出的决议是，任何用于食用商品的辐射总平均量应在 10kGy（千戈瑞）以下，否则就有毒性反应。1983 年，国际辐射食品的一般处方标准和辐射食品的操作规范予以采纳。到 21 世纪初，已有近 40 个国家公开承认对 40 多种食品进行了食品辐射。

辐射食品的种类随国家补贴而变化。作为香辛料来说，有 32 个国家已明文规范了对香辛料的操作条例，但日本至今仍禁止对任何香辛料进行辐射处理。

有消毒学者对辐射的杀菌效果和对香辛料品质以及成分的影响进行了研究。

Vajdi 等人研究了 γ 射线以 10kGy 和 4kGy 的辐射剂量，对六种香辛料进行处理。这些香辛料上耐热细菌数在每克一千至十万之间，需氧细菌数在每克一百至十万之间。处理后发现细菌数均有大幅减少，表 1-20 为若干香辛料用环氧乙烷和 γ 射线杀菌对耐热细菌和需氧细菌的效果。

表 1-20　环氧乙烷和 γ 射线杀菌对耐热细菌和需氧细菌的效果

香辛料名	微生物总数					
	未处理		环氧乙烷消毒		γ 射线杀菌	
	耐热细菌	需氧细菌	耐热细菌	需氧细菌	耐热细菌	需氧细菌
黑胡椒	1.58×10^6	6.34×10^4	4.3×10^2	0	0	0
菜椒	3.24×10^5	3.0×10^3	0	0	0	0
牛至	1.8×10^3	1.0×10^2	0	0	0	0
众香子	1.5×10^6	1.05×10^3	0	0	0	0
芹菜子	1.3×10^5	3.94×10^3	0	0	0	0
蒜头	9.0×10^2	0	3.5×10^2	0	0	0

Eiss 的研究报道为，平均剂量为 6.5～10kGy 足够杀灭香辛料上的大肠杆菌类细菌和霉菌，微生物数量可减少至每克 3000 个。Bachman 等人研究了辐射对香辛料质量的影响，大多数香辛料在 10kGy 的剂量辐射下其香气没有改变，除了芫荽子和小豆蔻，这两种香辛料在 7.5kGy 的剂量下其风味已有改变。

采用 ^{60}Co 以 5～10kGy 进行辐射，有些香辛料的挥发性化合物的总量要减少50％以上，特别是其中八碳和含硫的风味成分将显著减少，而一些次要的香气成分的含量却增加了。对黑胡椒经 γ 射线辐射分析其香气成分后发现，有一些挥发性成分如蒎烯和莰烯具抗辐射性，而一些萜类成分如 α-松油烯、γ-松油烯和松油萜烯甚至在辐射剂量 7.5kGy 时就会降解。对一些经辐射过的香辛料提取其油脂，然后测定其过氧化值时发现，辐射的剂量越大，其油脂的过氧化值也越高，见图 1-8。从图可知，当剂量小于 10kGy 时，其过氧化值的增加极微小。这些研究的结论是，辐射剂量在 7～10kGy 之间时，辐射对油脂过氧化值的增加可忽略不计，但却能大大降低微生物的数量，而不改变其精油的质量。表 1-21 为各种香辛料所需辐射剂量表。

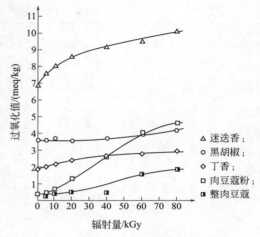

图 1-8　若干香辛料过氧化值
与辐射剂量的关系

迷迭香；
黑胡椒；
丁香；
肉豆蔻粉；
整肉豆蔻

表 1-21　若干香辛料所需辐射剂量

香辛料名	剂量/kGy	香辛料名	剂量/kGy
葛缕子	12.5	甘牛至	7.5～12.5
芫荽子	7.5	黑胡椒	12.5
小豆蔻	7.5	胡椒粉	12.5
芥菜子	10.0	众香子	15.0
杜松子	15.0		

辐射消毒的另一个缺点是可使带色的香辛料如迷迭香和黑胡椒褪色。如在无氧气的情况下使用辐射消毒，可减少上述的不良变化。

三、蒸汽消毒法

对大多数食品来说，加热水煮或用水蒸气来消毒是最常用的方法，但对需要保持低湿度的香辛料来说，这种方法并不可取。

与水蒸气热消毒法（即湿热法）相对应的是干法加热消毒法（即干热法）。干热法，即饱和或过饱和的水蒸气消毒，过饱和水蒸气称为干蒸汽。由于热在干的固体产品中传导速度很慢，如对耐热的孢子型细菌产芽孢梭状芽孢杆菌（*Clostridium sporogenes*）来说，其热灭菌的 D_{50} 值（即微生物数量减少一半所需时间），湿热法为 115～195min，而干热法为 0.14～1.4min，因此饱和或过饱和蒸汽曾被认为是减少香辛料上微生物的最有效方法。在此温度下，即使最耐热的细菌也被杀死。另外，在灭菌过程中，干蒸汽也不会使已干燥了的香辛料变湿，或使它们变僵硬。过饱和蒸汽的杀菌效果见表1-22。

表 1-22　过饱和蒸汽对香辛料的杀菌效果

香辛料名	消毒工艺	湿度/%	细菌数/个	大肠杆菌是否存在	香辛料质量
黑胡椒（粒）	未消毒	11.7	3.5×10^7	是	精油含量3.0%
	消毒(3/180/7)	11.0	<300	否	精油含量3.0%
菜椒（粉末）	未消毒	10.9	1.6×10^6	否	胡萝卜素含量9.49%
	消毒(1/135/7)	11.2	<300	否	胡萝卜素含量9.04%
姜黄（粉末）	未消毒	10.1	8.1×10^6	是	姜黄素含量3.1%
	消毒(1.5/140/5)	7.6	7.3×10^2	否	姜黄素含量2.9%
月桂叶（粉末）	未消毒	—	6.8×10^3	否	精油含量2.5%
	消毒(0.2/120/3)	—	<300	否	精油含量2.0%

注：消毒工艺参数分别为蒸汽压力（kg）、消毒温度（℃）、消毒时间（s）。

　　水蒸气消毒的缺点是可能使一些香辛料的精油含量下降。与环氧乙烷法和辐射法相比，其对香辛料的穿透力不如前两者。一般而言，水蒸气消毒耗用时间短，但如要达到满意的消毒效果，消毒时间因香辛料不同而有区别，特别是那些表面不光滑的和一些种子类香辛料，耗用时间要长一些。水蒸气消毒的另一个缺点是此法可使带绿色的香辛料如罗勒和欧芹变色，变为不受人欢迎的棕色。

参考文献

[1] Kenneth T，Farrell. Spice，condiments and seasonings. USA：The AVI Publishing Company，1985.

[2] Kenji Hirasa，Mitsuo Takemasa. Spice science and technology. New York：Marcel Nekker Inc，1998.

[3] Y R Sarma. Spices and Aromatics-Encyclopedia of Agriculture and Food Systems. USA：Academic Press，2014.

[4] K V Peter. Handbook of Herbs and Spices (Second edition). UK：Woodhead Publishing，2012.

[5] A Taylor. Modifying flavour in food. UK：Woodhead Publishing Ltd，2007.

第二章

常规香辛料

本章中将对常规香辛料在产地、标准、风味、成分、安全性、应用等方面作尽可能详细介绍。需要说明的是，很少有常规香辛料只能在一个小区域内种植的。但随着产地、气候、种植方式、收获方法、收割时间、加工方法的不同，香辛料会有变化甚至会变种。我们最关心的香辛料的风味也总有一些改变，许多品种的变化还相当惊人。它们风味的介绍一般以全球最大产地的香辛料或原产地的香辛料为主。

≫≫ 1 八角茴香 Star anise

八角茴香（*Illicium verum* Hock. f.）为木兰科植物八角茴香的干燥成熟果实。主产地是中国、越南和老挝。又名大料、唛角、大茴香、八角，我国许多地方将其简称为茴香，这易与学名为茴香的香辛料混淆。下文中所有提到的茴香，均是学名茴香，而非八角，此两者的价格相差也大。

香辛料采用八角的干燥种子，所用形态有整八角、八角粉和八角精油。八角的主要质量标准见表 2-1。

表 2-1　八角的主要质量标准

项目	我国标准	FDA 标准
总灰分	＜5.0％	＜4.0％
湿度	＜14.0％	＜10.0％
挥发油	＞10％（其中茴香脑的含量 85％～90％）	＞8mL/100g

中国、越南和老挝三地所产八角茴香占全球总产量的 90％以上。其中我国的产量近 50％，并且三者的香气也差不多。但西方人一般认为越南的八角风味略优，这可能是由于越南八角进入欧洲市场较早。应注意的是，八角由种子和籽荚组成，种子的风味和香气的丰满程度要比籽荚差。反式大茴香脑是八角的主要香气成分，而莽草酸是八角中的非挥发性特征成分。我国八角的主要香气成分见表 2-2。

表 2-2　我国八角的主要香气成分分析　　　　　　　　　单位：%

成分名	含量	成分名	含量
α-蒎烯	0.4	顺式大茴香脑	0.1
月桂烯	0.2	大茴香醛	0.3
α-石竹烯	0.1	反式大茴香脑	91.8
δ-3-蒈烯	0.2	对异丙基卓酚酮	0.3
柠檬烯	2.6	顺式石竹烯	0.1
γ-松油烯	0.1	β-香柠檬烯	0.1
芳樟醇	0.3	甲基异丁香酚	0.1
松油醇	0.5	β-红没药烯	0.1
甲基黑椒酚	0.9	小茴香灵	1.0

　　八角为强烈的甜的茴香样的香气，有甘草似的暗韵。与茴香相比，除了香气较粗糙、缺少些非常细腻的酒样香气外，八角的香气与茴香类似，但更强烈，为口感愉悦的甜的茴香芳香味。

　　八角精油可以其干燥种子为原料经水蒸气蒸馏法提取，得率约 8%。八角精油的香味与原状香料区别不大，也为甜浓的茴香香味。八角精油为无色至淡黄色液体，没有八角油树脂这种产品。

　　整八角和八角精油是 FEMA 允许使用的食品风味料。

　　八角是我国和东南亚人们喜欢使用的香辛料，印度以西地区就很少在烹调中使用八角，东亚的日本除外。八角主要用于调配作料，如它是我国有名的五香粉的主要成分之一，这些作料中有肉食类作料（如牛肉、猪肉和家禽），蛋和豆制品的作料，腌制品作料，汤料，酒用风味料，牙膏和口香糖风味料等。

2　百里香 Thyme

　　百里香（*Thymus mongolicus* Ronn.）为唇形科百里香属植物，又名五助百里香、山胡椒等。百里香在欧洲南部广为栽种，主要产地为南欧的法国、西班牙，中美洲的牙买加和北非的摩洛哥。我国西北地区所栽种的百里香是它的亚种，多产于黄河以北地区，成分和风味都有不同。

　　香辛料所用百里香是其整干叶、粉碎的干叶、百里香精油和百里香油树脂。干叶为绿褐色，干叶的主要质量指标见表 2-3。

表 2-3　百里香的主要质量标准

项目	我国标准	FDA 标准
总灰分	<11.0%	<10.0%
酸不溶性灰分	<5.0%	<3.0%
湿度	<9.0%	<10.0%
挥发油	>0.9mL/100g	>0.8%

　　以百里香命名的植物很多，其香气的主要成分有以百里香酚为主的，也有以芳樟醇、桉叶油素、松油烯、香叶醇等为主的，只有以百里香酚为主的百里香才有烹调上使用的意义。一般认为南欧产的百里香较为正宗，其中以西班牙的最好，因为西班牙产的百里香基本是野生的，而其他国家的则是规模种植。可用作烹调的百里香的香气成分及其含量见表 2-4。

表 2-4　烹调用百里香主要香气成分范围

成分名	含量	成分名	含量
α-侧柏烯	0.2%～1.5%	β-月桂烯	1.0%～3.0%
α-松油烯	0.9%～2.6%	对伞花烃	14.0%～28.0%
γ-松油烯	4.0%～12.0%	芳樟醇	1.5%～6.5%
4-香芹蓋烯醇	0.1%～2.5%	香芹酚甲醚	0.05%～1.5%
百里香酚	37.0%～55.0%	香芹酚	0.5%～5.5%

　　新鲜的百里香为辛辣的有薄荷气息的药草香，但其干叶则为强烈的药草样辛香气，与鼠尾草类似；味感为些许刺激性辛辣香味，味感多韵丰富，很有回味。百里香精油为强烈的有点儿药草气的甜草香和辛香，干了以后是甜的酚样气息和微弱药草香；百里香油树脂的香味更强烈，辛辣味更强和尖刻，也兼有药草等多种风味。

　　百里香精油为淡黄色至红色液体。百里香油树脂为暗绿色或暗棕色有些黏稠的半固体状物质，每 100g 油树脂中含精油约 50mL，1g 油树脂相当于 25g 新粉碎的干叶。百里香精油可以干燥的百里香叶经水蒸气蒸馏制取，得率一般在 0.6%～1.0%。

　　百里香叶、百里香油都是 FEMA 允许使用的食品风味料。

　　百里香在烹调中的应用，西方大大多于东方，尤以法国和意大利为甚。法国菜常用一种叫 Bouquet garni 的作料，它是由百里香、欧芹和月桂叶组成的。美国新奥尔良地区的特色菜肴是以百里香为基础的。百里香用于法国的勃兰地酱油，专用于鸡、鹅、火鸡、禽类肉制品冷菜的调味，煎炸作料（家禽），水产品作料（用于海虾、河虾和牡蛎等），汤料（甲鱼、鱼丸），沙拉调味料（小量用于胡萝卜、甜菜、蘑菇、青豆、土豆和番茄）。东方使用百里香的目的主要是增香和遮腥，用于炖鱼、炖肉和炖鸡。百里香精油除用于上述场合外，也用于软饮料和酒风味（如法国 Benedictine 甜酒就是以百里香风味为主的）。百里香香味强烈，使用时要小心。

3　薄荷 Mint

　　薄荷为唇形科薄荷属二年生草本植物，又名苏薄荷、南薄荷、水薄荷等。以植物学分类来看，薄荷主要有黑种和白种两个品种。黑种薄荷即椒样薄荷

（*Mentha piperita*），主产地为美国和欧洲；白种薄荷即薄荷（*Mentha haplocalyx* Brig.），主产地为中国和印度。从风味角度来看，白种薄荷比黑种薄荷好，在辛香料使用中已趋向于以白种薄荷取代黑种薄荷，本书所说薄荷即白种薄荷。现在印度是世界上最大的薄荷生产国，其薄荷产量是我国的数倍。

香辛料可用薄荷的鲜叶、干叶和精油。新鲜薄荷经脱水后的含水量小于4%，色绿，可粉碎。

薄荷的主要香气成分可见表 2-5。

表 2-5　薄荷和椒样薄荷的主要香气成分分析　　　　单位：%

成分名	薄荷	椒样薄荷	成分名	薄荷	椒样薄荷
β-蒎烯	0.3	0.1	乙酸薄荷酯	—	9.2
桧烯	0.1	—	新薄荷脑	2.03	4.7
月桂烯	0.06	—	β-石竹烯	痕量	0.1
柠檬烯	0.35	0.3	薄荷脑	77.67	64.0
1,8-桉叶油素	0.20	1.3	胡薄荷酮	0.44	—
异薄荷脑	—	0.5	辛-3-醇	0.45	0.2
薄荷酮	8.74	4.5	叶醇	0.15	痕量
薄荷呋喃	—	痕量	顺式蓝-2-烯-1-醇	—	0.5
异薄荷酮	3.92	1.5	新胡椒酮	痕量	—
樟脑	0.12	—	乙酸新薄荷酯	1.19	0.5
乙酸异薄荷酯		0.4	4-香芹蓝烯醇		0.3

薄荷叶为甜凉的薄荷特征香气，味觉为薄荷样凉味，极微的辛辣感，后味转为甜的薄荷样凉（黑种薄荷的凉感比白种薄荷更明显和持久，辛辣味也多一些）。薄荷精油为清新、强烈的薄荷特征香气，口感中薄荷样凉味为主（黑种薄荷稍有些甜和膏样后味）。

薄荷精油以新鲜薄荷叶经水蒸气蒸馏制取。

薄荷叶、薄荷油、椒样薄荷叶和椒样薄荷叶油都是 FEMA 允许使用的食品风味料。

薄荷一般适合西餐中的甜点，用于烹调，在英国和美国较为多见，如美国的薄荷酱和薄荷风味羊肉。另外印度、阿拉伯地区也喜欢在烹调中添加薄荷，其他地区则很少用。薄荷对多种香气都有促进作用，如可增强柠檬的风味；与香荚兰的风味配合，能提高其嗜好性；在牛肉或汉堡中加入，会产生新鲜的感觉；新鲜整薄荷叶可给水果拼盘和饮料增色，粉碎的新鲜薄荷常用于威士忌、白兰地、汽水、果冻、冰果子露等，也可用于自制的醋或酱油等调味料。薄荷精油与丁香、小豆蔻等调和，常常会有有趣的效果，用于口香糖、糖果、牙膏、烟草、冰激凌等。

>>> **4** 藏红花 Saffron

藏红花（*Crocus sativus* L.）又名番红花，是鸢尾科番红花属球根类多年生草本植物。最早的原产地可追溯到 4000 年前的埃及，然后扩展到南亚、伊朗和希腊，现在世界各地都有批量栽种。我国在浙江、江苏、上海、山东、北京等地均有栽培。伊朗藏红花的产量最大，占全球总产量的 90%，其次是印度。南亚、伊朗和希腊此三地出产的藏红花为三个烹调用品种，以伊朗红至橙色的番红花风味最强。香辛料用藏红花干燥的花柱头，其萃取物应用很少。藏红花的主要质量标准见表 2-6。

表 2-6　藏红花的主要质量标准

项目	我国标准	FDA 标准（一级品）
总灰分	<5.4%	<8.0%
湿度	<11.9%	<12.0%
挥发油	>1.0mL/100g	—
酸不溶性灰分	—	<1.0%
冷水中可溶物质	—	>65%
化学类色素	—	不得检出

藏红花含藏红花素约 2%，含藏红花苦素约 2%，这两者是色素；含挥发油 0.4%～1.3%，主要是藏红花醛、异藏红花醛、异佛尔酮、氧化异佛尔酮等化合物，其中以藏红花醛占绝对优势。

藏红花的香气随品种的不同有很大的变化，也与干燥过程的工艺有关，如淡黄至橙色的藏红花风味就很弱，红橙色番红花的香气就稍强。

在烹调中，藏红花是以给出强烈亮丽的黄色为主的，但也具宜人的强烈甜辛甜香，并有精致的花香气；入口有点儿苦，但这苦极有回味，是烹调中有时所需要的那种风味，稍含泥土味、脂肪样和药草样味道。色泽和风味是藏红花在烹调过程中都必须体现出来的特点。藏红花精油为非常强烈的朗姆酒样辛香气，味感并不愉快，似有些碘酒的味道。

藏红花和藏红花浸提物都是 FEMA 允许使用的食品风味料。

藏红花在印度、意大利用得较多，在欧美其他地区仅有适度的应用。藏红花是最昂贵的香辛料，因此大多只用于有特色的地方菜肴，如西班牙的鳕鱼、斯堪的纳维亚半岛地区的糕饼等，它也用于牛羊肉作料、调味料和汤料。浸提物用于巧克力制品、软饮料、冰激凌、凝乳、糖果（如德国的杏仁糖）、砂糖果子、果子冻、果酱、橘子酱、肉冻、醋等及烘烤面食类食品，也用于西方的一些花式酒如意大利苦杏酒（Amaretto）。长时间加热会影响到藏红花给菜肴赋予的金黄色泽，藏红花浸提物入锅的最佳时机是菜肴出锅前 10s。

▶▶ 5　丁香 Clove

丁香（*Syzygium aromaticum*）属桃金娘科，又名公丁香、丁子香。主产于印度、马来西亚、印度尼西亚、斯里兰卡和非洲接近赤道地区，我国栽培丁香的地区是广东和广西。用作香辛料的是丁香的干燥整花蕾（以下简称丁香）、丁香粉（越细越好）、丁香精油、丁香油树脂。不要用其叶或茎掺入，当然丁香的茎叶也有近似的香气。香辛料用丁香花蕾的质量标准见表 2-7。

表 2-7　丁香花蕾的主要质量标准

项目	我国标准	FDA 标准
茎秆	<5.0%	<5.0%
总灰分	<6.0%	<5.0%
酸不溶性灰分	<0.5%	<0.5%
湿度	<8.0%	<8.0%
挥发油	>15mL/100g	>16.0%（粉状丁香为 14.0%）

丁香的香气随产地不同而不同。热带地区产的丁香如印度尼西亚丁香风味质量较好，丁香的风味一般以印度尼西亚丁香作参照，印度尼西亚丁香产量占全球丁香产量的近 60%。印度尼西亚丁香、马达加斯加丁香和中国广东丁香的香气成分见表 2-8。对丁香香气和风味影响最大的是丁香酚、乙酸丁香酚酯和 β-石竹烯这三个成分的含量。

表 2-8　丁香主要挥发性成分分析　　　　　　　　　　单位：%

成分名	印度尼西亚丁香	马达加斯加丁香	中国广东丁香
α-荜澄茄烯	0.15	痕量	0.55
α-古珀烯	0.62	痕量	0.98
β-石竹烯	14.0	3.65	14.41
α-忽布烯	1.75	0.50	痕量
α-杜松烯和 γ-杜松烯	0.35	痕量	痕量
α-石竹烯	0.86	1.30	2.28
丁香酚甲醚	0.11	1.00	痕量
氧化忽布烯	0.13	痕量	痕量
丁香酚	71.00	71.00	57.13
乙酸丁香酚酯	痕量	7.60	17.93

丁香是所有香辛料中芬芳香气最强的品种之一，它为带胡椒和果样香气的强烈的甜辛香，略带些酚样气息、木香和霉气；丁香的香味与此类似，为强烈丁香特征的甜果辛香味，有点儿苦和涩，舌头上有强烈麻感。丁香精油和油树脂的香气为清甜浓烈的带丁香特征花香的辛香香气，口感与原香料相似。

　　丁香精油为黄色或棕黄色液体，丁香油树脂为棕至绿色黏稠状液体，每100g油树脂中含有70mL精油，每克油树脂相当于16.7g的原香料。丁香精油可以干燥丁香整花蕾经水蒸气蒸馏制取，得率一般在15%～20%。丁香油树脂以粉碎了的干燥丁香整花蕾为原料，以酒精为溶剂提取，得率一般在22%～30%。

　　丁香萃取物、丁香油、丁香油树脂、整丁香、丁香叶油、丁香茎油都是FEMA允许使用的食品风味料。

　　除了日本以外，丁香是众多地区都常用的香辛料之一，印度尤甚之，主要用其芳香气和麻辣味。在烹调中，经常使用丁香粉这一产品形式，整个丁香很少用，除了制作泡菜。即使是丁香粉，也要浸渍一段时间，风味效果会更好。丁香粉久置易丧失其风味成分，最好在用前即时粉碎。丁香可用于烘烤肉类作料（如火腿、汉堡牛排、红肠等）、汤料（番茄汤和水果汤）、蔬菜作料（胡萝卜、南瓜、甘薯、甜菜等）、腌制品作料（肉类及酸泡菜）、调味料（茄汁、辣酱油等）。丁香精油则用于酒和软饮料的风味料、口香糖、面包风味料等。另外，由于丁香的香气强烈，应控制使用量，如在肉食中加入量要小于0.02%。在汤或食物中使用丁香粉或丁香油，可消除大部分的蒜臭，也可抑制蒜的分解。

6　甘牛至 Marjoram

　　甘牛至（*Origanum majorana* L.）为唇形科牛至属多年生草本植物，又名墨角兰、花薄荷、马月兰花、牛膝草等。原产于地中海沿岸地区如希腊、意大利、埃及和西亚阿拉伯地区，现在欧洲中南部、南美洲、中国、印度等都有栽种。我国的甘牛至是一亚种，野生于西北和西南山区。风味质量以原产地的为最好。

　　香辛料使用甘牛至为干燥的植物上端的叶、茎和花部分。作香辛料的话，花的比例要小一些。干叶及花可直接用，也可粉碎后用，或制作成精油和油树脂后使用。用作香辛料的甘牛至主要的质量标准见表2-9。

表 2-9　甘牛至的主要质量标准

项目	我国标准	FDA 标准
茎秆	<10.0%	<10.0%
总灰分	<13.0%	<15.0%
酸不溶性灰分	<4.0%	<5.0%
湿度	<10.0%	<10.0%
挥发油	>0.8mL/100g	>1.0%（粉剂0.8%）

　　甘牛至的香气成分随产地有很大的不同，一般认为，甘牛至的香气与4-松油醇、芳樟醇和乙酸芳樟酯的含量直接相关，其中4-松油醇的含量最高。意大利甘牛至香气成分见表2-10。

表 2-10　意大利甘牛至主要香气成分分析　　　　　单位：%

成分名	含量	成分名	含量
α-苧烯	1.3	芳樟醇	5.4
桧烯	7.8	反式-β-松油醇	1.2
月桂烯	2.3	顺式-β-松油醇	0.8
δ-3-蒈烯	0.7	4-松油醇	26.2
α-松油烯	10.5	α-松油醇	5.0
对伞花烃	7.0	乙酸芳樟酯	3.4
柠檬烯	0.3	乙酸橙花酯	3.4
γ-松油烯	15.5	乙酸香叶酯	0.5
顺式-对蓋-2-烯-1-醇	1.1	β-石竹烯	2.3
异松油烯	3.7	γ-榄香烯	1.7

　　甘牛至为优美的带些花香的甘牛至特征辛香，有较明显的薄荷样甜；味感为有点儿尖锐的强烈芬芳香味，略含些许苦和樟脑样药味。甘牛至精油具强烈辛香，有花香气，穿透性好，有薰衣草油香气的感觉，后感有一点儿苦。甘牛至油树脂的风味与精油相仿。

　　甘牛至精油为黄色至绿黄色液体，用水蒸气蒸馏所得的产率很低，以新鲜甘牛至叶为原料提取的得率为 0.3%～0.4%，以干甘牛至叶为原料提取的得率为 0.7%～3.5%。市售的甘牛至精油也称为甘牛至油，是以干甘牛至叶为原料制成的。甘牛至油树脂为暗绿色半固体状物质，100g 油树脂中含挥发油约 40mL，1g 油树脂相当于 40g 新粉碎的干甘牛至。

　　甘牛至、甘牛至精油、甘牛至油树脂都是 FEMA 允许使用的食品风味料。

　　甘牛至主要用于西式烹调（以英国、德国和意大利为主），东方饮食中罕用，在协调多种香辛料风味时特别有效。用于英国式的肉类卤汁（特适合于小羊肉和羊肉、小牛肉和牛肉、鹅、鸭、野禽、蛋等），西班牙风格的汤料，意大利、希腊和法国的河海产品作料（鱼、牡蛎等），西式蔬菜作料（青豆、豌豆、茄子、胡萝卜、南瓜、菠菜、番茄、蘑菇、卷心菜、花菜等）。像意大利比萨饼一类重用香辛料的面食，则将粉碎了的甘牛至直接洒在饼面上。甘牛至精油用于肉食调味料（如德国酱油、墨西哥辣椒粉等）、酒类风味添加剂（如苦艾酒）等。与一些香辛料一样，甘牛至的香气很强烈，千万不要用过量。甘牛至的香气也不耐久煮，极易散去，应在起锅前加入。

❖❖❖　7　葛缕子 Caraway

　　葛缕子（*Carum carvi* L.）为伞形科葛缕子属二年生草本芳香植物，又名藏茴香，主产地是荷兰，在欧洲许多国家（如德国和波兰）、西亚、印度和中国北部地区都有种植。欧洲的葛缕子为冬葛缕子，西亚的是春葛缕子。香辛料用其干燥的整种子、籽粉碎物、精油和油树脂。葛缕子的主要质量标准见表2-11。

表2-11 葛缕子的主要质量标准

项目	我国标准	FDA标准
总灰分	<8.0%	<6.0%
酸不溶性灰分	<1.0%	<0.5%
湿度	<9.0%	<11.0%
挥发油	>2.0mL/100g	>1.5%(粉剂1.0%)

葛缕子的风味随产地的不同而有变化，风味最好的要数荷兰产葛缕子。荷兰的葛缕子也有区别，荷兰北部的比南部的好。葛缕子的主要香气成分是香芹酮和柠檬烯。葛缕子的香气成分见表2-12。

表2-12 葛缕子主要香气成分分析

成分名	荷兰的葛缕子/%	中国西藏的葛缕子/%
γ-松油烯	0.1	—
6-庚烯-2-酮	0.2	—
二氢香芹酮	1.0	—
二氢香芹醇	1.4	—
反香芹醇	1.01	0.36
二氢肉桂醛	0.2	—
α-蒎烯	0.03	—
桧烯	0.06	—
月桂烯	0.3	0.35
柠檬烯	45.4	38.26
对伞花烃	0.2	—
香芹酮	50.1	51.62
丁香酚	—	0.64

葛缕子为香气很特别的清新的甜辛香，似有一些薄荷般清凉气，有些像茴香一样的持久的药味；口味，有些涩和肥皂样味，有苦的后味。葛缕子精油也为强烈的独特的甜辛香，有些药草气息。

葛缕子精油为黄色液体，油树脂为绿黄色油状物，100g油树脂中至少含精油60mL，1g油树脂约相当于20g新粉碎的葛缕子粉。以粉碎了的葛缕子为原料，以水蒸气蒸馏法可制备葛缕子精油，得率5.0%~7.5%。用溶剂提取法来制取葛缕子油树脂，常用的溶剂是酒精、己烷、乙酸乙酯或二氯乙烷。

葛缕子和葛缕子精油都是FEMA允许使用的食品风味料。

葛缕子适合于西方烹调，尤为德国人喜爱，在印度、东南亚也有相当多的应用，在中国和日本用得不多。一般而言，葛缕子可减轻重味荤食品如猪内脏、猪排骨、羊、鹅等的肉腥味，德国熟食店在酱肉、香肠、牛排、熏鱼等中加入会使其特别味美，澳大利亚牛排中也常加入葛缕子；在烘烤类面食品中加入可引入异趣的甜味，用于吐司、面包、馅饼等多种糕点及奶酪，荷兰奶酪以葛缕子为特征风味；还可用于配制各式调料和作料。葛缕子精油可用作酒和软饮料的风味物，如德国甜酒"Kummel"中就有葛缕子明显的独特风味。

▶ 8　胡椒 Pepper

胡椒（*Piper nigrum* L.）为胡椒科胡椒属攀援状藤本植物，多年生常绿热带植物。越南、印度尼西亚、印度和巴西是世界上最主要的胡椒生产国，四者的产量相仿。胡椒在我国福建、广东、海南、广西、云南等省区均有种植，总产量相当于越南的1/3。香辛料用胡椒的干燥整籽、籽粉碎物、胡椒精油和油树脂。胡椒收获后依处理方法的不同，可得黑胡椒和白胡椒两种产品。高质量的黑胡椒来自泰国、马来西亚、印度和巴西等地；白胡椒以苏门答腊和沙捞越这两地区的最好。除产地外，胡椒的颗粒是否均匀、饱满、坚实、完整等，对其质量也有很大影响。黑、白胡椒干籽主要质量标准见表2-13。

表2-13　黑、白胡椒干籽的主要质量标准

项目	黑胡椒		白胡椒	
	我国标准	FDA标准	我国标准	FDA标准
总灰分	<7.0%	<5.0%	<1.6%	<1.5%
酸不溶性灰分	<1.0%	<0.5%	—	<0.3%
湿度	<12.0%	<12.0%	<12.0%	<13.0%
挥发油	>2.0mL/100g	>2.0%（粉剂1.5%）	—	>1.5%

从风味角度来看，胡椒含的胡椒碱、挥发油及其组成是最重要的。胡椒一般含胡椒碱4%以上。黑、白胡椒油的香气成分可见表2-14，有人认为其中α-蒎烯、β-蒎烯、柠檬烯和桧烯、β-石竹烯等是胡椒中最主要的呈香成分。产地不同，胡椒风味稍有变化。

表2-14　黑、白胡椒油的主要香气成分分析　　　　单位：%

成分名	黑胡椒油（中国）	白胡椒油（中国）	黑胡椒油（越南）
α-苧烯	0.10	—	1.01
莰烯	0.13	—	—
β-蒎烯	9.63	9.31	2.61
α-石竹烯	3.71	4.55	1.85
γ-松油烯	—	0.26	0.73

续表

成分名	黑胡椒油（中国）	白胡椒油（中国）	黑胡椒油（越南）
α-松油醇	0.10	—	—
4-松油醇	0.10	—	—
δ-榄香烯	2.65	2.09	0.79
β-石竹烯	28.36	23.45	21.77
芳樟醇	0.34	0.20	0.42
α-蒎烯	5.33	3.98	4.10
桧烯	19.04	25.25	11.64
月桂烯	2.44	2.72	7.70
δ-3-蒈烯	1.03	0.98	—
对伞花烃	1.07	1.05	1.77
柠檬烯	17.44	22.60	19.82
α-古珀烯	1.87	0.79	1.32
α-忽布烯	1.79	0.97	1.47
δ-3-蒈烯	—		14.35

黑胡椒为刺激性的芳香辛辣香气，有明显的丁香样香气，味觉粗冲火辣，主要作用在唇、舌和嘴的前部。与黑胡椒相比，白胡椒的辛辣香气要弱些，其辛辣味比黑胡椒小许多，香味更精致谐和。黑胡椒精油具胡椒特征的刺激性甜辛辣香气，有萜类烯和丁香气息，有木香和霉似的底韵，味觉甜辛芳香不辣，略有些木、干果和霉似的后味；白胡椒精油的花香气和蘑菇样香气比黑胡椒精油要多一些，而芫荽和丁香样的气息则弱，其余与黑胡椒精油相同。黑白胡椒油树脂的风味特征与原物相似，与精油不同的是，也为极端的辣。

黑胡椒精油为无色至淡绿色液体，黑胡椒油树脂为暗绿色的固液夹杂的油状物，100g油树脂中含挥发油20～30mL，1g油树脂约相当于19g原物。黑胡椒精油可经水蒸气蒸馏制得，黑胡椒油树脂由溶剂萃取，常用的溶剂是酒精、乙酸乙酯或二氯乙烷等。

黑白胡椒、黑白胡椒精油和黑白胡椒油树脂都是FEMA允许使用的食品风味料。

黑白胡椒在东西方烹调中都十分重要，被誉为香辛料之王，几乎可用于所有肉类、禽类、海鲜、腌制品、汤料、作料和调味料等，黑胡椒主要用于经热加工菜肴的作料，白胡椒主要用于调味料。黑白胡椒按一定比例可配制各种辣度不同的胡椒粉。胡椒甚至用于南瓜馅饼、布丁等中。胡椒的独特风味是不可取代的。

9 葫芦巴 Fenugreek

葫芦巴（*Trigonella foenum-graecum* L.）系豆科蝶形花亚科一年生草本植

物，又名芦巴子、苦豆等。原产于地中海沿岸地区、西亚，现在世界各地都有种植，主要生产地区是东南欧和印度，以印度产量最大，法国、黎巴嫩、摩洛哥等地的产量次之，中国主要种植在西北地区，产量不大。香辛料用葫芦巴干燥的种子、其粉碎物、酊剂和油树脂。葫芦巴子的主要质量标准见表2-15。

表 2-15　葫芦巴子的主要质量标准

项目	我国标准	FDA 标准
总灰分	<5.0%	<3.0%（粉剂 4.0%）
酸不溶性灰分	<1.0%	<0.25%（粉剂 0.5%）
湿度	<8.5%	<12.0%（粉剂 11.0%）
挥发油	—	>0.25%

葫芦巴子精油的含量很低，一般小于 0.02%，但气息极其尖刻，其精油的主要香气成分可见表2-16。葫芦巴碱是其特有成分，为一种生物碱。

表 2-16　印度葫芦巴子精油主要香气成分分析（水蒸气蒸馏法制得）

成分名	含量/%
1,2,3,4-四氢异喹啉-6-醇-1-羧酸	1.66
顺-菖蒲萜烯	1.86
5-氟-1,1,3,3-四甲基异苯并呋喃	3.54
二氢茉莉酮酸甲酯	10.99
2,2,7,7-四甲基-4,5-二丁基辛烷	19.58
依兰烷-3,9(11)-二烯-10-过氧化物	2.95
6,10,14-十五烷-2-酮	1.82
十六酸甲酯	18.81
5,10-二乙氧基-2,3,7,8-四氢化-1H,6H-联吡咯吡嗪	5.81
环(L-脯氨酰-L-亮氨酰)	3.63
十六酸乙酯	2.84
6-十八烯酸	1.14
十八酸甲酯	3.28
3-辛基环氧乙烷基辛酸甲酯	3.05

但要说明的是如 3-羟基-4,5-二甲基-2(5H)呋喃酮的含量很低，但在葫芦巴的风味中起着十分重要的作用，其他有明显作用但含量较低的成分有榄香烯、依兰油烯、γ-内酯、δ-γ-内酯等。

粉碎的葫芦巴子为非常强烈的槭树般的甜辛香香气，有苦味，这是由葫芦巴子中的生物碱（如葫芦巴碱和胆碱）引起的，有浓烈的焦糖味，似有些烤肉的香味，香味悦人。葫芦巴的酊剂香气比原物更透发芬芳，风味与原物相似，因此常与其他香辛料配合以模仿槭树的风味。将此酒精萃取物蒸去酒精，得油树脂，香气与葫芦巴相同，有水解植物蛋白的风味，有点儿像蟹和虾的味道。葫芦巴的酊剂和油树脂因处理方法不同，风味随之有很大变化。

葫芦巴子、葫芦巴萃取物和葫芦巴油树脂都是 FEMA 允许使用的食品风味料。

葫芦巴是印度人喜欢使用的烹调香辛料之一，在中国、美国、英国和东南亚也有相当数量的应用。印度人主要将葫芦巴用于咖喱粉的调配；制作印度式的酸辣酱（由苹果、番茄、辣椒、糖醋、葱姜、葫芦巴等香辛料组成）；用于猪牛等下脚的炖煮作料。英美则用于蛋黄酱。葫芦巴与其他香辛料配合使用，使其口感柔和多味，可用于腌制品和烘烤食品的调料；少量葫芦巴粉掺入面粉制作的面包中，有意想不到的阿拉伯风味；用于咖啡，可使咖啡的香气更浓郁；葫芦巴萃取物可用于口香糖、糖果、仿槭树风味和朗姆酒风味的饮料，或用于配制烟用香精。

10　花椒 Pricklyash Peel

花椒（*Zanthoxylum bungeanum* Maxim.）是芸香科花椒属常绿灌木，又名秦椒、风椒、川椒、红椒、蜀椒等，主产于中国西北和西南各省。西方人称花椒为四川胡椒（Szechuan pepper）。花椒的品种很多，常用的以川椒和秦椒为主。日本有一花椒亚种称为日本花椒（*Zanthoxylum piperitum*），也用作香辛料，在日本流行，也被称为山椒，风味与花椒相似。我国花椒这一大类有青花椒和红花椒两个品种，以风味而言，后者为优。

花椒的使用形式为整粒和花椒粉，以整粒为主，因为粉状花椒易失去其风味。为方便使用，粉碎后的花椒粉立即用植物油提取，制成花椒油，则可保存，并且风味损失不大。其精油和油树脂一类的产品生产量不大。

花椒质量标准见表 2-17。

表 2-17　花椒的主要质量标准

项目	我国标准
总灰分	<4.85%
湿度	<17.1%
挥发油	2%~4%

花椒挥发油的主要香气成分见表 2-18。

表 2-18　花椒挥发油的主要香气成分分析　　　　单位：%

成分名	红花椒(陕南)含量	青花椒(重庆)含量
β-松油烯	3.80	0.36
β-侧柏烯	2.64	—
枞油烯	12.0	0.65

续表

成分名	红花椒(陕南)含量	青花椒(重庆)含量
乙酸芳樟酯	6.19	0.77
柠檬烯	11.89	18.97
丙酸芳樟酯	3.16	—
芳樟醇	53.34	56.77
4-松油醇	2.57	0.55
α-松油烯醇	0.68	0.21
对蓋-1(7)-烯-9-醇	0.90	1.20
β-石竹烯	0.40	0.64
α-石竹烯	0.25	—
β-荜澄茄烯	0.71	0.97
β-水芹烯	—	11.98
β-月桂烯	—	2.97

与中国花椒相比，日本花椒的主要香气成分是香茅醛，而不是芳樟醇，因此日本花椒的气息不如中国花椒那么冲。

花椒具特殊的尖刺强烈香气，味微甜，有些药草芳香，主要是麻辣味强而持久，对舌头有刺痛感。其麻辣味由山椒脑引起，山椒脑是一种酰胺类成分，花椒中山椒脑及其衍生物的含量约为3%。

中国花椒和日本花椒都是FEMA允许使用的食品风味料。

花椒主要在中国、日本和朝鲜使用，在腌制肉类时可以其香气驱除肉腥味；可少量用于各种家禽类、牛羊肉用调味料，量一定要控制好，以免过分突出而影响原味；日本人常在鱼和海鲜加工时加入花椒，以解鱼腥毒。

11 茴香 Anise

茴香（*Pimpinella anisum* L.）属伞形科，又名大茴香、茴芹、欧洲茴香，原产于土耳其周边地区，现在西班牙、俄罗斯和西亚是茴香的主要生产地区，中国新疆乌鲁木齐和伊犁、南方诸省也有种植。香辛料用其干燥的整籽、籽粉碎物、精油和油树脂。茴香子的主要质量标准可见表2-19。

表 2-19　茴香子的主要质量标准

项目	我国标准	FDA 标准
总灰分	<7.0%	<6.0%
酸不溶性灰分	—	<1.0%
湿度	<9.5%	<10.0%
挥发油	>2mL/100g	>2.5%（粉剂 2.0%）

　　茴香优劣的另一个标准是分析反式大茴香脑的含量。反式大茴香脑是茴香中的主要成分，其与八角的差别就在这里，茴香挥发油中反式大茴香脑的含量一般在 80% 以上。其余重要的呈香成分是甲基黑椒酚、对甲氧基苯乙酮和 β-石竹烯，都须有一定的含量。比较各地的茴香，西亚产的茴香风味较好。西亚茴香的香气成分见表 2-20。

表 2-20　西亚茴香主要香气成分分析　　　　单位：%

成分名	含量	成分名	含量
柠檬烯	0.3	对甲氧基苯乙酮	0.78
β-石竹烯	2.37	大茴香醛	2.50
芳樟醇	0.22	大茴香醇	0.22
反式大茴香脑	86.25	大茴香酸	0.26
甲基黑椒酚	4.95	丁香酚	0.12

　　新粉碎的茴香子为强烈甘草样大茴香特征甜辛香气，味感也以甜辛为主，有些许坚果和樟脑味，可感到一丝凉的后味，味极留长。茴香精油与八角精油比较，具有更精致、柔和的强烈甜辛香气，香气和味感均优于八角精油。茴香油树脂的风味与原物相同。

　　茴香精油为淡黄色液体，1g 精油约相当于 40g 新粉碎的茴香子；茴香油树脂为黄绿色或棕色油状物，100g 油树脂中含精油 15～18mL，1g 油树脂约相当于 12g 原物。茴香精油用水蒸气蒸馏法制得。

　　茴香子和茴香精油都是 FEMA 允许使用的食品风味料。需要注意的是，茴香精油经常被价格便宜得多的八角精油掺假。这两者香气类似，在中国常常混用。

　　茴香是东西方都喜爱的香辛料，在美国和印度茴香的消耗量最大。茴香香味强烈，使用时千万不要过量。在各种肉类如香肠、腊肠、红肠、热狗（以意大利和德国为主）等的加工中，茴香是必不可少的作料，也是红烧肉类的必需香辛料，西方人认为加了茴香的肉类在回锅时会产生新鲜的香感；茴香在烘烤面食品中可增味，如北欧燕麦面包、意大利蛋糕、德国式曲奇和法国式面包；调制各式调味料和作料，广泛用于沙拉、果酱、果汁、咖啡、腌制品等。茴香萃取物用于酒类（如法国的大茴香酒、苦艾酒、威士忌等）、糖果、软饮料、牙膏等。

12　姜 Ginger

　　姜（*Zingiber officinale* Rosc.）属姜科，又称生姜、白姜。姜可分为片姜、黄姜和红爪姜三种。片姜外皮色白而光滑，肉黄色、辣味强、有香味、水分少、耐储藏。黄姜皮色淡黄，肉质致密且呈鲜黄色，芽不带红，辣味强。红爪姜皮为淡黄色，芽为淡红色，肉呈蜡黄色，纤维少，辣味强，品质佳。姜在中国大部分地区和世界许多国家都有栽种，印度是姜的最大生产国，中国第二。姜是中国最常用的香辛料之一，民间以鲜姜为主。姜的其他使用形式有整干姜、干姜粉碎物（一般 50～60 目）、精油和油树脂。干姜的主要质量标准见表 2-21。

表 2-21　干姜的主要质量标准

项目	我国标准	FDA 标准
总灰分	<7.0%	<5.0%
酸不溶性灰分	<1.0%	<1.0%
湿度	<12.0%	<12.0%
挥发油	>1.5mL/100g	>2.0%（粉剂 1.5%）
淀粉	<42.0%	—

　　姜随产地的不同香味变化很大，如中国姜和印度姜精油香气成分的比较可见表 2-22。这两者都有高含量的姜烯和芳姜黄烯，它们给出姜的辛辣气息。姜的另一类辣味物质是姜酚类化合物。姜总酚含量和种类因生姜的产地变异很大，每 100g 干姜中的总姜酚量为 0.96～2.96g，各品质的干姜中姜总酚含量平均含量在 1.95%。而生姜的总姜酚量大于干姜。

表 2-22　中国姜和印度姜精油香气成分的比较　　　　　　单位：%

成分名	中国姜	印度姜	成分名	中国姜	印度姜
α-蒎烯	1.3	1.4	α-松油醇	0.80	0.32
莰烯	4.65	4.46	β-石竹烯	0.50	0.30
β-蒎烯	0.17	0.12	龙脑	2.16	2.82
月桂烯	0.57	0.43	姜烯	38.12	40.20
α-水芹烯	0.15	0.23	β-红没药烯	5.16	6.00
柠檬烯	0.95	0.91	β-倍半水芹烯	7.20	7.30
β-水芹烯	2.45	3.41	芳姜黄烯	17.06	17.08
1,8-桉叶油素	2.07	1.70	香叶醇	0.66	0.50
松油烯	0.16	0.13	橙花叔醇	0.37	0.41
6-甲基-5-庚烯-2-酮	0.35	0.17	顺-倍半水合桧烯	0.23	0.22
β-榄香烯	1.65	0.71	姜醇	0.34	0.30
2-十一酮	0.10	1.43	反-β-倍半水芹醇	0.14	0.16

　　中国干姜的芳香气较弱，有些辛辣的姜特征的辛香气，味为刺激性的辣味。其他国家产的姜如印度姜有较明显的柠檬味；非洲姜的辛辣味更强。姜精油的辣味要小一些，油树脂则与原物一般辣而又有甜味。姜油树脂为黑或棕绿色半固体状物质，100g 油树脂中约含精油 28mL，1g 油树脂约等于 25g 干姜。

　　姜精油以新鲜的生姜为原料，经水蒸气蒸馏制得，得率为 2% 左右。姜油树脂则以干姜为原料，用溶剂提取，常用的溶剂是酒精、丙酮和二氯乙烷，得率为

6%左右。姜、姜萃取物、姜油和姜油树脂都是 FEMA 允许使用的食品风味料。

　　姜的使用面极广，几乎适合各国的烹调，尤其在中国和日本等国家，而在西式餐点中应用一般。姜能融合其他香辛料的香味，能给出其他香辛料所不能给出的新鲜感，在加热过程中显出独特的辛辣味。新鲜姜或干姜粉几乎可给所有肉类调味，是必不可少的辅料，适合于炸、煎、烤、煮、炖等多种工艺；是东方鱼类菜肴的必用作料；可用于制作各种调味料，如咖喱粉、辣椒粉、酱、酱油等；可用于烘烤食品，是姜面包和南瓜馅饼等的主要风味料；姜萃取物主要用于酒类、软饮料、冰激凌、糖果等。

13　姜黄 Turmeric

　　姜黄（*Curcuma longa* L.）为姜科姜黄属植物，又称郁金、黄姜，香辛料用其根茎。姜黄的主要产地为印度、中国西南部和越南等，但印度是姜黄的最大生产国和出口国。香辛料常用干姜黄的粉碎物（一般的规格是 60～80 目）和油树脂，姜黄精油在食品中使用的场合很少。姜黄的主要质量标准见表 2-23。

表 2-23　姜黄的主要质量标准

项目	我国标准	FDA 标准
总灰分	<7.0%	<8.0%
酸不溶性灰分	<0.5%	<1.0%（粉剂 1.0%）
湿度	<9.0%	<10.0%
挥发油	>3.5mL/100g	>3.5mL/100g（粉剂）
姜黄素	5.0%～6.6%	>5.0%

　　姜黄中的特有成分是姜黄素及其类似结构，它们是姜黄中的色素部分，含量占干姜黄的 4%。此外姜黄中挥发油的作用也很重要，姜黄精油的主要香气成分可见表 2-24。中国姜黄和印度姜黄在色泽上区别不大，但在气息上有不同。

表 2-24　姜黄精油主要香气成分分析　　　　　　单位:%

成分名	中国四川姜黄挥发油	印度姜黄挥发油
姜黄烯	7.2～26.0	0.3
姜烯	22.1	0.2～2.3
α-姜黄酮	2.0～11.3	1.3～44.1
β-姜黄酮	0.8～8.9	0.5～18.5
芳姜黄酮	8.2～25.8	0.3～5.4
β-蒎烯	—	0.1～6.3
β-倍半水芹烯	0.3～15.2	1.0～1.8
α-柠檬烯	—	0.2
桉叶素	—	1.9～18.1

续表

成分名	中国四川姜黄挥发油	印度姜黄挥发油
芳姜黄烯	—	0.5
β-没药烯	4.0～5.4	—
莪术烯醇	1.5～3.2	—

姜黄为有胡椒样气息的姜黄特征的强烈辛香气，味辣，带点儿苦。姜黄精油为强烈沉重的刺激性辛香，有点儿土气，并不受人欢迎；味为苦、辣和辛香味，有些金属味和土味。油树脂的风味与原物相像。

姜黄精油为橙黄色液体。姜黄油树脂为红棕色、黏度很大的油状物，1g 油树脂约相当于 12g 新粉碎的姜黄粉。姜黄油树脂以粉碎了的姜黄为原料，丙酮为溶剂提取，得率在 7%～15%。姜黄精油可以水蒸气蒸馏法制取，得率在 3%～5%。

姜黄、姜黄萃取物和姜黄油树脂都是 FEMA 允许使用的食品风味料。

姜黄在东西方烹调中均有广泛应用，东南亚和印度最为偏爱。姜黄与胡椒能很好地融合，在一起使用时可增强胡椒的香气。姜黄主要用于给家禽、肉类、蛋类着色和赋予风味，同样可用于贝壳类水产、土豆、饭食（如咖喱饭）、沙拉、泡菜、芥菜、布丁、汤料、酱菜等；用于多种调味料和作料的制备。

14 芥菜 Mustard

芥菜［*Brassica juncea*（L.）Czern. et Coss.］属十字花科，又名大芥，在世界各地都有种植。芥菜有三个品种，黄芥菜（*Brassica alba* Boiss.）、黑芥菜（*Brassica nigra* Koch.）和棕芥菜［*Brassica juncea*（L.）Czern. et Coss.］。黄芥菜（另一拉丁名为 *Sinapis alba*，也名欧白芥）原产于南欧，现广泛栽种于中国、日本、澳大利亚、美国西部、加拿大、智利、北非、意大利、丹麦等地；棕芥菜原产于中国，现广泛栽种于中国、印度、南亚和东南亚地区；黑芥菜仅在阿根廷、意大利、荷兰、英国和美国有种植。三种芥菜中，以黄芥菜为主，其消耗量占芥菜总量的 60%。芥菜是一种绿叶蔬菜，香辛料用其干燥的整籽、粉碎物（即芥末）和油树脂。

黄、棕和黑芥菜子的主要质量标准见表 2-25。

表 2-25　三种芥菜子的主要质量标准

项目	黄芥菜子	棕芥菜子	黑芥菜子
总灰分	<6.0%	<5.0%	<5.0%
酸不溶性灰分	<1.0%	<1.0%	<0.5%
湿度	<10.0%	<6.0%	<10.0%

芥菜子的风味成分主要以异氰酸酯类为主，其中含量较为集中的是异氰酸烯

丙酯，如黑芥菜子中异氰酸烯丙酯的含量为 $0.25\%\sim1.4\%$，芥菜子的辣味就是由于异氰酸酯类的存在，详细可见第三章。

芥菜子的风味成分与品种有极大的关系，但干芥菜子的挥发性成分很少或几乎没有。如干黄芥菜子基本无气息，即使在粉碎时也是如此，遇水以后变为十分辛辣的气息；一上口有点儿苦，后转化为强烈的而又使人适意的火辣味。棕、黑芥菜子在干的时候就有芥菜子特征性的辛辣刺激性气息，在湿的时候气息更重，味道开始也为苦，后为极端刺激性的辣。棕芥菜子和黑芥菜子的辣度相似，可以换用，但都比黄芥菜子厉害，一般认为黑芥菜子是最辣的。使用者经常将这三种芥菜子按不同的比例调和，以制取不同辣味的调味品。

黑芥菜子、黄芥菜子和棕芥菜子都是 FEMA 允许使用的食品风味料。

芥菜子油树脂为黄至棕色油状物，100g 油树脂中含挥发油 5mL 左右，1g 油树脂相当于 22.2g 原物。芥菜子油树脂以芥菜子末为原料，采用溶剂提取法制取。芥菜子精油可用水蒸气蒸馏法制得，但只限于棕芥菜子和黑芥菜子。

整粒芥菜子仅用于腌制用作料、熬煮肉类、浸渍酒类等少数几个目的。以芥菜子末的使用为主。芥菜子末主要用于给出辣味的肉食品，如意大利式香肠、肝肠、腊肠、火腿等；烧烤肉类如烤全牲、牛羊肉串等；烘烤豆类如怪味豆等；蔬冷菜的拌料，主要用于白菜、黄瓜和甜菜等；各种调味料如海鲜、沙拉等。芥菜子末可与其他香辛料配合，配制许多独异风味的调料，体现各民族食品的风味，如咖喱与芥菜子末、姜黄与芥菜子末、龙蒿与芥菜子末的组合等。

15　枯茗 Cumin

枯茗（*Cuminum cyminum* L.）为伞形科孜然芹属香料作物，又名孜然。中国有人将其与葛缕子混淆。枯茗原产和主产于埃及、地中海沿岸、伊朗和印度，现在许多地区都有种植，中国新疆也有栽种。香辛料用枯茗干燥的整籽、籽粉碎物、精油和油树脂。枯茗子主要质量标准见表 2-26。

表 2-26　枯茗子的主要质量标准

项目	我国标准	FDA 标准
总灰分	$<9.5\%$	$<8.0\%$
酸不溶性灰分	$<2.0\%$	$<1.0\%$
湿度	$<9.0\%$	$<9.0\%$
挥发油	$>2.2mL/100g$	$>2.5\%$（粉剂 2.0%）

伊朗枯茗和中国新疆枯茗的主要香气成分可见表 2-27，两者的区别还是很大的。枯茗的特征香气成分是枯茗醛，需注意的是原产地伊朗、印度的枯茗，它们的枯茗醛含量只有 30% 左右，而在其他地区都特别高，中国新疆的达 70%，墨西哥的在 60% 以上。

表 2-27　两种枯茗的主要香气成分分析　　　　　单位:%

成分名	中国新疆枯茗	伊朗枯茗
柠檬烯	0.06	9.5
α-蒎烯	0.28	0.5
β-蒎烯	6.49	13.0
γ-松油烯	7.88	19.5
异松油烯	0.31	痕量
月桂烯	0.88	0.3
对伞花烃	6.05	16.5
石竹烯	0.22	0.8
反式二氢香芹酮	0.43	—
枯茗醛	71.88	32.4
对蓋-3-烯-7-醇	0.45	0.7
对蓋-1,4-二烯-7-醇	0.25	5.6
芳樟醇	0.22	—
桂醇	1.29	—
乙酸芳樟酯	1.56	—
乙酸-α-松油酯	1.29	—
1,8-桉叶油素	—	0.2
β-红没药烯	—	0.9
β-水芹烯	—	0.3
紫苏醛	—	6.5
枯茗醇	—	2.8
金合欢烯	—	1.1

　　枯茗为强烈的、不怎么和谐的青辛香气，有些发霉的葛缕子样、脂肪样和臭虫样气息，稀释一些转化为强烈的芳香气息；味为枯茗特征性的芳辛香味，有一些苦涩似的药味。枯茗精油为强烈沉重的带脂肪气的特有辛香，开始有些硫化物或氨气样气息，也带些咖喱粉样香气，香气扩散力强而又持久，其味感与枯茗相同。

　　枯茗精油为淡黄色或棕色液体，枯茗油树脂为黄绿色油状物，100g 油树脂中约含精油 60mL，1g 油树脂约等于 20g 新粉碎的枯茗子粉。枯茗精油以干燥的枯茗子为原料，以水蒸气蒸馏法制得，得率 2.5%～4.5%。

　　枯茗和枯茗精油都是 FEMA 允许使用的食品风味料。

　　枯茗特别适合阿拉伯地区、印度和东南亚等清真食品的烹调，除了在美国还有一些使用外，枯茗的风味不符合西方的饮食习惯，在日本也用得不多。枯茗是埃及、印度和土耳其咖喱粉的必不可少的组成成分，在许多墨西哥菜肴中也常使用。撒在烧烤的肉禽（以鸡、火鸡、羊肉和猪肉为主）上，可带有西域化的风味；在淀粉类食品（如面包）中有很好的使用效果，能给出不一般的味道；可用于制作一些特色调料，如印度的芒果酱和酸辣酱等。使用时要十分小心地掌握用量。枯茗精油用于调配酒类。

⬡ 16　辣根 Horseradish

辣根（*Armoracia rusticana* P.）为十字花科辣根属，又名马萝卜。原产于东欧北部的冷寒地区，现在大多数温带国家都有栽种，主产于中东、南欧和美国，中国也有引种。香辛料用其新鲜的地下茎和根，切片磨糊后使用，或制成辣根粉、辣根油和辣根膏。

日本辣根，也称为瓦萨比、山蓊菜。原产于日本的北海道和俄罗斯的东部地区，现在许多地区（如新西兰、中国的台湾、韩国、以色列、巴西、泰国、哥伦比亚、加拿大的温哥华地区和美国的俄勒冈州）都有规模种植。使用方法与辣根相同。

辣根和瓦萨比可以互为替代，因为它们之间的区别不大。异氰酸烯丙酯是它们的标志性成分，见表 2-28。

表 2-28　日本辣根（瓦萨比）和南欧辣根风味成分的对比
（每 100g 新鲜根茎中各成分的含量）　　单位：mg

成分名	日本辣根（瓦萨比）	南欧辣根
异硫氰酸烯丙酯	111.0	96.6
异硫氰酸正丁酯	1.74	0.42
异硫氰酸-3-丁烯酯	1.83	0.81
异硫氰酸-4-戊烯酯	3.9	0.10
异硫氰酸-5-己烯酯	1.02	0.18
异硫氰酸苯乙酯	—	22.5
异硫氰酸-5-甲硫基戊酯	0.48	0.81
异硫氰酸-6-甲硫基己酯	1.89	0.9
异硫氰酸-7-甲硫基庚酯	1.44	—
异硫氰酸-5-甲基亚磺酰戊基酯	2.17	0.81
异硫氰酸-6-甲基亚磺酰己基酯	7.8	0.9
异硫氰酸-7-甲基亚磺酰庚基酯	1.41	0.78

辣根和瓦萨比都具芥菜样火辣的新鲜气息，味觉也为尖刻灼烧般的辛辣风味。辣根和瓦萨比的主要香气成分与芥菜相似，为由黑芥子苷水解而产生的异氰酸烯丙酯、异氰酸苯乙酯、异氰酸丙酯、异氰酸酚酯、异氰酸丁酯和二硫化烯丙

基等。但与芥菜不同的是，辣根和瓦萨比的辣味在口腔中会很快消退，留下十分愉悦的柔和的辣味，再没有灼烧般感觉。

辣根和瓦萨比都是 FDA 允许使用的食品风味料。

瓦萨比是日本人最喜爱的香辛料之一，在西式饮食中也有相当多的应用。辣根和瓦萨比常与芥末配合带给海鲜、冷菜、沙拉等火辣的风味，用于制作味道精美的各种肉用或蔬菜用酱油。可以与辣根和瓦萨比配合的香辛料还有芝麻、姜汁、蒜末、洋葱、胡椒等。

17　辣椒 Capsicum 和甜椒 Paprika

辣椒（*Capsicum annuum*）属茄科植物，几乎在世界各地都有规模种植或野生，品种也极多。辣椒的主要种植国是中国、印度、巴基斯坦、墨西哥、匈牙利、西班牙和美国，其中印度辣椒的产量最大，而印度魔鬼椒（naga jolokia）、墨西哥辣椒（jalapeno）或夏宾奴辣椒（habanero）最辣。

辣椒品种不同，其果实的大小、形状、辣度、色泽和风味都有很大的不同，但从香辛料的角度看，辣椒最值得关注的是其辣度和色泽，尤以辣度为重。在这里把辣椒简单地分成两类，辣的椒以红辣椒（干了以后呈红色，长度 5cm 左右）为代表，不辣的或辣度很小的那类以甜椒或菜椒为代表。辣椒的辣度和色泽在以后的章节中介绍。

红辣椒（*Capsicum frutescens*）是辣椒中最常见的品种，可以鲜用，但香辛料用干整椒、辣椒粉和辣椒油树脂。干红辣椒的主要质量标准见表 2-29。

表 2-29　干红辣椒的主要质量标准

项目	我国标准	FDA 标准
总灰分	<8.0%	<8.0%
酸不溶性灰分	<1.0%	<1.0%
湿度	<10.0%	<11.0%
挥发油	—	不予设定

干红辣椒还有辣度和色泽的标准，因产地和品种各异。

红辣椒的挥发油含量极小，但气息仍很强烈，初为宜人的胡椒样辛辣香气，以后为尖刻刺激性辛辣；具强烈并累积性和笼罩性的灼烧般辣味，辣味持久留长，主要作用在舌后部及喉咙口。辣椒油树脂的风味与原物相同。

辣椒油树脂依据原料不同，可为红色至深红色稍黏稠液体，1g 油树脂约相当于 17g 新粉碎的干椒。使用辣椒油树脂时要十分小心，它会对皮肤和眼睛产生刺激性伤害。

辣椒油树脂可由溶剂提取法制取，以干的红辣椒为原料，溶剂一般为己烷（残留量小于 25×10^{-6}）、二氯乙烷（残留量小于 30×10^{-6}）、异丙醇（残留量小于 50×10^{-6}）、丙酮（残留量小于 30×10^{-6}）等。

除中国外，喜爱辣椒的色泽和辣味的国家和地区有墨西哥、印度、意大利和美国南部等。主要用于制作各种辣酱、辣酱油、汤料、咖喱粉、辣酱粉、腌制作料等；辣椒是意大利风味香肠、墨西哥风味香肠中的必用作料。

甜椒〔*Capsicum annum* L. var. grossum（Willd.）sendtn.〕同辣椒一样，品种也很多。品种不同，其色泽和辣味也不同。与红辣椒不同的是，采用甜椒的目的主要是利用其色泽和风味，而不是辣味，因此高质量的甜椒应色泽鲜艳（干后为红色）而辣味很弱或没有。甜椒可以鲜用，香辛料可用其干整椒、甜椒粉和油树脂。干甜椒的主要质量标准可见表 2-30。

表 2-30　干甜椒的主要质量标准

项目	我国标准	FDA 标准
总灰分	<8.5%	<8.0%
酸不溶性灰分	<1.0%	<3.0%
湿度	<10.0%	<12.0%
色素	>100　ASTA 单位	>110　ASTA 单位

甜椒的香气很弱，但具特征性，其主要香气成分可见表 2-31。需要说明的是，3-异丙基-甲氧基吡嗪是甜椒的特有成分，但含量极低，在 $0.1×10^{-9}$ 级的水平，仪器检测不到，但人鼻可以感知。

表 2-31　匈牙利甜椒主要香气成分分析　　　　单位：%

成分名	含量	成分名	含量
己醛	0.41	十六酸	2.64
2-庚烯酮	1.88	亚油酸	3.89
反-2,4-癸二烯醛	0.75	亚麻酸	0.98
顺-2,4-癸二烯醛	0.77	壬酰基香兰胺	6.72
香兰素	0.40	辣椒素	39.57
壬酰胺	0.40	二氢辣椒素	22.37
阿魏酸	0.58	高辣椒素	0.33
十五酸	2.59	二氢高辣椒素	1.08

甜椒油树脂为深红色油状物，具甜辛香味，有点辣。1g 油树脂相当于 12.5g 左右的新粉碎干甜椒。甜椒油树脂的制备方法与辣椒油树脂相同。

甜椒可给肉类（包括禽类）食品、海鲜、蛋类食品、汤料、调味料、腌制作料、白色蔬菜、沙拉等赋予色泽；甜椒油树脂大多用于冷菜调料，因其中色素成分易为热、盐或光而破坏。

红辣椒、红辣椒油树脂、甜椒、甜椒油树脂都是 FEMA 允许使用的食品风味料。

18　留兰香 Spearmint

留兰香（*Mentha spicata* Linn.）为唇形科草本植物，原产于英国北部，现在世界许多地区都有种植，较重要的地区是美国、俄罗斯、德国、澳大利亚和中国。我国河北、广东、江苏等地大规模栽培，也名香花菜。香辛料使用留兰香新鲜的青叶和精油。

留兰香约有 25 个变种，它们的香气都有差别，以风味而言，英国留兰香最好，而美国的留兰香产量最大。美国留兰香和中国广东留兰香的主要香气成分可见表 2-32。

表 2-32　美国留兰香和中国广东留兰香主要香气成分分析　　　　单位：%

成分名	美国留兰香	中国广东留兰香
α-蒎烯	0.5～0.9	—
β-蒎烯	0.9～4.4	—
柠檬烯	13.3～20.5	—
1,8-桉叶油素	2.9～4.4	—
乙酸顺式香芹酯	0.5～2.6	—
顺式香芹醇	0～1.0	—
香芹酮	59.1～68.1	52.83
3-辛醇	0.7～1.4	—
芳樟醇	0.7～1.4	0.11
薄荷脑	0.1～0.5	—
异薄荷脑	0～0.1	—
乙酸二氢香芹酯	0.5～4.1	—
香芹蓋酮	0.7～1.3	—
二氢香芹酮	3.4～5.5	—
胡薄荷酮	0.3～0.9	—
间伞花烃	—	5.59
γ-松油烯	—	9.98
β-石竹烯	—	15.35
α-佛手柑烯	—	8.69
α-石竹烯	—	2.29
氧化石竹烯	—	1.11

新鲜留兰香叶为清新锐利的留兰香特征香气，稍有柔甜、薄荷和膏香气，口感为令人愉快的弱辛辣味，有些许青叶、甜和薄荷凉味。留兰香精油的风味与原植物相似。

以新鲜留兰香叶为原料，采用水蒸气蒸馏法可制取留兰香精油，得率 1.0%～1.5%。

留兰香、留兰香浸提物和留兰香精油都是 FEMA 允许使用的食品风味料。

留兰香都用于西方饮食，如粉碎的新鲜留兰香叶同薄荷一样能给鸡尾酒、威士忌、汽水、冰茶、果子冻等赋予色泽和风味；它们也用于制作沙拉、汤料和肉用调料。留兰香精油用于糖果、口香糖、牙膏、酒类、软饮料等。

19　龙蒿 Tarragon

龙蒿（*Artemisia dracunculus* L.）为菊科龙蒿属多年生半灌木草本植物，在世界各地都有栽种。栽种量较大并有出口的地区是俄罗斯的东南方和南欧（以法国为主），与南欧产的龙蒿相比，俄罗斯龙蒿的香气较弱，但更粗砺些，有一些不和谐的杂气，因此法国龙蒿的香气最有代表性，烹调中以此为主。龙蒿在我国分布较广，全国大部分地区均有分布，尤以北部及西北部较多，如中国新疆地区。

香辛料主要采用龙蒿干叶、精油和油树脂这三种产品。龙蒿干叶的主要质量标准见表 2-33。

表 2-33　龙蒿干叶的主要质量标准

项目	我国标准	FDA 标准
总灰分	＜15.0%	＜12.0%
酸不溶性灰分	＜1.5%	＜1.0%
湿度	＜10.0%	＜10.0%
挥发油	＞1.3mL/100g	＞0.2%

以龙蒿为名称的植物很多，它们的成分和香气有较大的不同。如南欧龙蒿香气以黑椒酚甲醚（约 50%）为主，而俄罗斯龙蒿以 β-蒎烯（约 30%）为主，表 2-34 为意大利龙蒿和中国新疆喀什龙蒿的主要香气成分分析，中国新疆喀什龙蒿属于俄罗斯龙蒿一支。

表 2-34　意大利龙蒿和中国新疆喀什龙蒿主要香气成分分析　　单位：%

成分名	意大利龙蒿	中国新疆喀什龙蒿
α-侧柏烯	0.01	—
α-蒎烯	1.44	3.4
莰烯	0.11	—
桧烯	0.14	—
β-蒎烯	0.19	36.96
月桂烯	0.25	38.43
柠檬烯	4.65	6.33
罗勒烯（若干异构体混合物）	13.54	—

成分名	意大利龙蒿	中国新疆喀什龙蒿
γ-松油烯	17.01	—
甲基丁香酚	0.51	0.14
乙酸桂酯	0.14	—
芳樟醇	0.03	—
α-侧柏酮	0.09	—
β-侧柏酮	0.09	—
薄荷酮	0.14	—
黑椒酚甲醚	60.46	8.57
乙酸龙脑酯	0.14	0.16
丁香酚	0.30	—
对甲氧基苯甲醛	0.11	—

　　龙蒿为芬芳的辛香气，有点儿像茴香和甘草；其味道与香气类似，但后味也很尖刻而香味浓烈。龙蒿精油为具龙蒿草特征的优美辛香，似甘草和甜罗勒；其油树脂的香味与其相仿。

　　龙蒿精油为淡黄色或琥珀色液体，从干草中提取的得率为 1%～2%。龙蒿油树脂为暗绿色、黏稠样液体，每 100g 油树脂中含精油 12～15mL，1g 油树脂相当于 40g 新粉碎的干龙蒿叶。龙蒿精油可以阴干的龙蒿叶为原料，水蒸气蒸馏法制取，得率约 1%。

　　龙蒿和龙蒿精油都是 FEMA 允许使用的食品风味料。

　　龙蒿这种香辛料适用于西方饮食，法国和美国人尤其喜欢龙蒿的风味，东方饮食也开始慢慢使用，如韩国的炸猪排酱（pork cutlet sauce），日本的风味煎炸油（frying oil of flavor）。龙蒿是著名的法国芥菜中专用添加料；法国的 Bearnaise 酱油即以龙蒿的风味为特色，主要用于家禽、牛肉、蛋卷、奶酪、烤鱼、海鲜及其他肉食菜的加味。龙蒿细粉可直接用于法式沙拉，沙拉如含萝卜、豌豆、芹菜、青豆、胡萝卜、龙须菜、洋葱、番茄、绿叶蔬菜等时风味效果极好。龙蒿细粉也可用作汤料。龙蒿可与细香葱、细叶芹和欧芹等复配，风味效果极佳。龙蒿精油除用于日用香精外，可用作软饮料和酒的香精调配，配制多种调味料、汤料和作料。

20　甜罗勒 Basil

　　甜罗勒（Ocimum basilicum L.）为唇形科罗勒属一年生草本植物，又名九层塔、兰香、香菜、丁香罗勒、紫苏薄荷等。原产于印度，现在世界各地气候炎热和温暖的国家包括法国、匈牙利、希腊和其他南欧国家、埃及、摩洛哥、印度尼西亚、美国都有栽种，中国有少量种植。我国主产于云南、河南、安徽、四川、新疆等地。本书主要介绍最常用的法国甜罗勒。香辛料用甜罗勒干燥的整叶（不要带花）及其粉碎物、精油和油树脂。干甜罗勒叶的主要质量标准见表 2-35。

表 2-35 干甜罗勒叶的主要质量标准

项目	我国标准	FDA 标准
总灰分	＜14.3％	＜15.0％
酸不溶性灰分	—	＜2.5％
湿度	＜6.4％	＜12.0％
挥发油	＞0.3mL/100g	＞0.5％（粉剂 0.5％）

甜罗勒随产地的不同风味成分也有很大的不同。比利时和法国等地种植的甜罗勒以芳樟醇的香气为主；科摩罗岛产的甜罗勒有明显的樟脑气；保加利亚的甜罗勒以桂酸甲酯的香气为主；印度尼西亚爪哇地区的为丁香酚样香气。烹调以法国产甜罗勒最好，也应用最多，其主要香气成分为芳樟醇，含量在 40％～50％之间。中国新疆吐鲁番地区产的甜罗勒与法国的在主成分上相似，它们的主要香气成分可见表 2-36。

表 2-36 两种甜罗勒主要香气成分分析比较　　　　单位：％

成分名	法国产甜罗勒	中国新疆吐鲁番地区产甜罗勒
α-蒎烯	0.3～0.5	—
莰烯	0.1	—
β-蒎烯＋桧烯	0.7～0.8	—
月桂烯	0.2～0.5	0.28
1,8-桉叶油素	4.0～4.2	2.22
罗勒烯	0～0.1	—
γ-松油烯	0.1～0.3	—
芳樟醇	46.0～50.0	47.98
乙酸芳樟酯	0.1～0.2	—
甲基胡椒酚	8.1～16.5	14.50
α-松油醇	0.6～2.8	—
香叶醇	0.1～0.2	0.14
乙酸香叶酯	0.9～1.6	0.43
丁香酚	2.5～2.6	—
乙酸龙脑酯	0.4～1.0	—
杜松烯醇	—	7.40
樟脑	—	1.40
表圆线藻烯	—	7.57

　　新鲜的甜罗勒为带薄荷香的甜罗勒特征甜辛香，略有丁香暗韵。干甜罗勒叶为甜美强烈的罗勒辛香，有点儿辛辣感，有茴香样底韵，带些苦的后味。甜罗勒精油为清甜的茴香样辛香，略具凉感和花香气，风味与原物相仿，回味留长。其油树脂的风味十分接近新粉碎的干甜罗勒叶。

　　甜罗勒精油为黄色液体，甜罗勒油树脂为暗绿色、黏稠的几乎近固体样物质，100g 油树脂中至少含有精油 40mL，1g 油树脂约相当于 130g 的新粉碎甜罗勒叶。甜罗勒精油可以新鲜的甜罗勒茎叶为原料，用水蒸气蒸馏法制取，得率约 0.5%；甜罗勒油树脂以干甜罗勒叶为原料，用溶剂萃取提取。

　　甜罗勒、甜罗勒精油和甜罗勒油树脂都是 FEMA 允许使用的食品风味料。

　　美国人和意大利人最喜爱用甜罗勒，甜罗勒在烹调中也主要应用在西式餐点中，东方国家除印度外很少使用。甜罗勒可用于肉类（牛肉、猪肉）作料，美国人喜欢在罐头牛肉回烧时加入些甜罗勒以赋予家常菜风味；蛋类作料（法国式蛋卷）；鱼用作料（以海鱼为主）；奶酪调味料；面食调味料（意大利细通心粉、比萨饼）；与其他香辛料配合用于各类调味料，如番茄汁，法国的甜罗勒醋、酱油和酱等；沙拉调味料。甜罗勒精油用于糖果、烘烤食品、布丁、软饮料、酒类和调味料。

❖❖❖ 21　迷迭香 Rosemary

　　迷迭香（*Rosmarinus officinalis* L.）系唇形科迷迭香属香料植物，原产于西班牙至巴尔干半岛一带的南欧地区，现在欧洲和北非，我国贵州、福建等地已有规模栽培。香辛料用迷迭香干燥的叶子、叶的精油和油树脂。干迷迭香叶的主要质量标准见表 2-37。

表 2-37　干迷迭香叶的主要质量标准

项目	我国标准	FDA 标准
总灰分	<7.0%	<8.0%
酸不溶性灰分	<0.5%	<1.0%
湿度	<7.0%	<10.0%
挥发油	>1.1mL/100g	>1.5%（粉剂 0.8%）

　　迷迭香的香气成分随产地不同而有较大的不同，一般而言，法国产的迷迭香香气质量最好，它的主要香气成分龙脑的含量为 16%～20%，1,8-桉叶油素的含量为 27%～30%，这两个成分的含量也是判断其优劣的标准。法国迷迭香和中国贵州迷迭香的香气成分比较可见表 2-38。

表 2-38　两种迷迭香主要香气成分分析　　　　　　　　　　单位：%

成分名	法国迷迭香	中国贵州迷迭香
α-侧柏烯	0.35	—

续表

成分名	法国迷迭香	中国贵州迷迭香
α-蒎烯	0.44	32.26
莰烯	3.81	7.58
桧烯	0.24	—
β-蒎烯	0.44	5.10
月桂烯	0.38	—
α-水芹烯	0.38	3.82
α-松油烯	3.29	1.65
对伞花烃	10.50	—
柠檬烯	0.82	
1,8-桉叶油素	36.91	31.58
γ-松油烯	1.52	1.56
顺式水合桧烯	1.93	—
樟脑	7.63	6.16
反式水合桧烯	1.44	—
龙脑	17.50	3.07
4-松油醇	3.63	—
α-松油醇	0.83	
反式胡椒脑	0.38	
顺式胡椒脑	0.54	
甲酸龙脑酯	0.32	
胡椒酮	0.76	
乙酸龙脑酯	1.64	1.28
百里香酚	0.90	—
香芹酚	1.73	
β-石竹烯	1.22	0.57
α-忽布烯	0.25	
芳樟醇	—	2.98
α-石竹烯		0.52

迷迭香新粉碎的干叶为宜人的桉叶样清新香气，并有清凉的和樟脑似的香韵；有点儿辛辣和涩感的强烈芳香药草味，有些苦涩和樟脑样的后味。迷迭香精油和油树脂的风味与原植物相似。

迷迭香精油为淡黄色液体，油树脂为棕绿色半固体状物质，100g 油树脂中含有精油 10～15mL，1g 油树脂的风味约等于 19.5g 新粉碎的迷迭香叶。迷迭香精油可以新鲜或阴干了的迷迭香叶为原料，采用水蒸气蒸馏法提取，前者的得率接近 1％，后者为 3％ 左右。迷迭香油树脂采用溶剂法提取。

迷迭香和迷迭香精油都是 FEMA 允许使用的食品风味料。

迷迭香特别适合西式烹调，西方人认为它是最芳香和最受欢迎的香辛料之一，相对而言，以法国和意大利用得最多，东方人很少用。迷迭香香气强烈，使用少量就足以提升食品的香味。它可用于西方的大多数蔬菜，如豌豆、青豆、龙须菜、花菜、土豆、茄子、南瓜等；它能给海贝、金枪鱼、煎鸡、炒蛋、巴比烤肉、沙拉等增味。迷迭香萃取物可用于烘烤食品、糖果、软饮料和调味品。

22　牛至 Oregano

牛至（*Origanum vulgare* L.）为唇形科牛至属植物。牛至有两个品种，希腊型和土耳其型。希腊型主要生产在地中海沿岸国家，以希腊、意大利和西班牙为主，其中希腊的产量最大；土耳其型的主产国是土耳其和墨西哥，这两者之间仍有区别。

香辛料用牛至干燥的地上部分（包括茎、叶和花）及其粉碎物、精油和油树脂。牛至的主要质量标准可见表 2-39。

表 2-39　牛至的主要质量标准

项目	我国标准	FDA 标准
总灰分	＜9.5％	＜10.0％
酸不溶性灰分	＜2.0％	＜2.5％
湿度	＜10.0％	＜10.0％
挥发油	＞3.0mL/100g	＞3.0％（墨西哥）；＞2.0％（希腊和土耳其）（粉剂各降低 0.5％）

牛至的香气成分随产地不同而有很大的不同，有的牛至以百里香酚为主要成分，有的则以香芹酚为主要成分。烹调主要采用西班牙或希腊品种，它的主要成分是香芹酚和蒎烯。西班牙牛至和土耳其牛至的主要香气成分见表 2-40。

表 2-40　西班牙牛至和土耳其牛至的主要香气成分分析　　　　单位：％

成分名	西班牙牛至	土耳其牛至
月桂烯	0.3	0.38
对伞花烃	0.63	3.90
龙脑	0.81	1.25
4-松油醇	0.52	—
β-松油醇	0.36	—
α-松油醇	0.60	0.25
香芹酮	0.30	0.10
香芹酚	86.33	83.80

续表

成分名	西班牙牛至	土耳其牛至
丁香酚	0.30	—
4,5-二甲基-2-乙基苯酚	0.70	—
β-石竹烯	2.78	0.94
β-红没药醇	0.64	—
α-红没药醇	0.36	—
榄香醇	1.36	—
α-侧柏烯	—	0.18
α-蒎烯	—	0.30
莰烯	—	0.23
α-松油烯	—	0.43
柠檬烯	—	0.1
γ-松油烯	—	1.60
芳樟醇	—	1.79
樟脑	—	0.70
百里香酚	—	1.39

牛至为强烈的芳辛香气，稍有樟脑气息，味感辛辣，有点儿苦，但此苦又似转化为宜人的甜味。与甘牛至相比，牛至的风味更好。牛至精油为清新爽洁的甜辛香气，带点儿花香，有桉叶样清凉后韵，香气持久；味感为强烈的辛香味，稍有涩和苦味，同原植物一样，此苦可演变为甜味。要注意的是，牛至很容易与甘牛至混淆，后者有价格的优势。

牛至精油为淡黄色液体，油树脂为暗棕绿色、半固体状很黏的物质，100g油树脂中含精油17～20mL，1g油树脂约相当于25g新粉碎的干牛至。牛至精油可以干的牛至根上部分为原料，用水蒸气蒸馏法制取，得率3%～7%。牛至油树脂用溶剂法提取。

牛至、牛至精油和牛至油树脂都是FEMA允许使用的食品风味料。

牛至适用于西方饮食，特别是意大利、中美洲和拉美国家，东方烹调基本不用此香辛料。广泛用于各种肉类调料、炸鸡、汤料、卤汁、番茄酱、熟食酱油等调味料；牛至与黑胡椒的配合，为比萨饼的必用香料，随着比萨饼的流行，牛至的需求量大增。使用时应注意用量，控制在肉食品的1/200以内；粉碎了的牛至叶不宜久放，应用前即时粉碎，需加热烹调的，应在起锅前一刻放入。

23 欧芹 Parsley

欧芹［*Petroselinum crispum*（Mill）Nym.］为伞形科欧芹属的二年生草本，又名法国香菜、香芹菜、荷兰芹、石芹、洋芫荽等。原产于地中海沿岸地区，现在世界温带和亚热带地区都有种植，以欧美为主。欧洲产欧芹中，又以意大利欧芹为代表。我国在京沪两地有种植，但规模不大。

香辛料主要用干燥欧芹叶的碎片、欧芹叶精油、欧芹叶油树脂。欧芹叶的主要质量标准见表 2-41。

表 2-41　欧芹叶的主要质量标准

项目	我国标准
总灰分	<12.5%
湿度	<4.5%
色泽	亮绿色,无黄叶和其他变色叶

欧芹的产地不同，其香气也随之变化。意大利欧芹叶、美国欧芹叶和中国欧芹叶的主要香气成分见表 2-42。中国欧芹叶与意大利欧芹叶和美国欧芹叶相差很大，而美国欧芹叶在菜肴中的主要作用也仅是添加装饰性色泽，给于清香新鲜的气息，而意大利欧芹叶的应用远非如此。

表 2-42　三种欧芹叶的主要香气成分分析　　　　　　单位:%

成分名	意大利欧芹叶	美国欧芹叶	中国欧芹叶
α-侧柏烯	2.4	—	—
β-蒎烯	1.4		11.5
月桂烯＋α-水芹烯	1.5	3.3	
柠檬烯	1.7		
β-水芹烯	13.3	2.9	1.2
异丁基苯＋γ-松油烯	0.2	—	—
异松油烯	2.6	3.5	—
1,3,8-盖三烯	50.0	47.5	
γ-榄香烯	1.2	—	4.1
β-石竹烯	0.36	18.3	—
顺-β-金合欢烯	0.2		
肉豆蔻醚	17.0	19.5	32.6
2-对甲基苯基丙醇	0.17		
水芹醛	0.49		
对甲基苯乙酮	0.23		
α-蒎烯	—	—	16.6
烯丙基四甲氧基苯	—	—	10.0
芹菜脑		0.1	12.1

意大利欧芹叶为清新芬芳的欧芹特征辛香气，风味与此类似，口感宜人，略带些青叶子味。欧芹精油现有两个品种，应把它们区分开来，一种是欧芹子油，

另一种是欧芹叶油。欧芹叶油取自除根以外的欧芹全草，包括开花部分，它的香气比欧芹子油要粗糙得多，有明显的青叶香气，味也极苦，为浓郁的欧芹特征香味。其油树脂的风味十分接近原植物。

欧芹叶油为黄色至淡棕色液体，欧芹叶油树脂为深绿色半黏稠液体，100g油树脂中含12～15mL精油，此油树脂的香气非常强烈，1g油树脂相当于300g新鲜的欧芹叶，相对于约34g干欧芹叶。

欧芹叶油和欧芹子油都采用水蒸气蒸馏法制取，从新鲜欧芹叶制得欧芹叶油的得率约为0.3%。

欧芹、欧芹精油和欧芹油树脂都是FEMA允许使用的食品风味料。

欧芹叶主要用于西式烹调，是西式风味的代表之一。中国人喜欢用芫荽叶给菜肴以色泽，而西方人则用欧芹叶代替。在西式饮食中，欧芹叶给几乎所有的菜肴赋予色泽和风味，如沙拉、蛋卷、清汤、肉食、水产品、海鲜、蔬菜（如土豆、洋葱、甜椒）等；用于制作调味料，如西方特有的欧芹酱、以欧芹为特色的卤汁等。欧芹精油主要用于软饮料。日本人对欧芹的兴趣渐长，他们认为欧芹可分解酒精，对排解酒醉有效。

24 酒花 Hop

酒花（*Humulus lupulus* L.）为大麻科葎草属植物，又名酵母花、啤酒花、蛇麻花、唐花草等。酒花在世界许多地方均可以生长，大部分种植区域集中在南、北纬35°～55°，主产于德国、美国和英国，现中国也有多地栽种。我国种植酒花的地区位于北纬40°～50°，分布在东北、华北、山东和新疆。香辛料主要采用干酒花、酒花精油、酒花浸膏和油树脂。酒花的主要质量标准见表2-43。

表2-43 酒花的主要质量标准

项目	我国标准
色泽	绿色至绿带微黄色
湿度	<10.0%
挥发油	0.3～1.0mL/100g
α酸	>6.5%
总苦味树脂	13%～26%
鞣质	>3.5%

酒花的香气成分因产地而异，变化极大，德国酒花和中国新疆酒花的主要香气成分可见表2-44，两者相差较大。

表2-44 德国酒花和中国新疆酒花主要香气成分分析　　　　　单位:%

成分名	德国酒花	中国新疆酒花
β-月桂烯	28～46	10.20

续表

成分名	德国酒花	中国新疆酒花
α-石竹烯	2～3	—
β-石竹烯	0.5～1	16.77
芳樟醇	5～8	0.70
芳樟醇酯	2～5	—
月桂醇酯	22～35	0.74
α-葎草烯	15～25	29.26
葎草烯酮	3～5	6.28
甲基壬基酮	0.5～1	0.2
蛇麻酮	1～2	—
蛇麻烯酮	2～3	—
甲酸香叶酯	—	0.20
蛇床烯	—	1.03
α-古珀烯	—	1.21
氧化石竹烯	—	5.84
依兰油烯	—	1.97
杜松烯类	—	3.21

酒花为强烈清新的特征性辛香气，有特殊苦味。酒花油树脂为亮黄色液体，几乎透明，为非常强的芳香气和苦味。

酒花精油可以干的酒花为原料，采用水蒸气蒸馏法制取，得率约3％。酒花油树脂采用溶剂提取法生产，传统的溶剂是酒精、己烷、二氯甲烷等，先进的采用二氧化碳超临界提取。

酒花萃取物、酒花精油都是 FEMA 允许使用的食品风味料。

酒花在烹调中的应用仅见于西式饮食，用于调制需一点儿苦味的沙拉含醋酱油、调味料和汤料；小量也在面包中使用，利用其强烈的防腐和杀菌性，又含有发酵素，有利于面包的发酵；微量在大米类制品中使用，可改善和抑制其陈米气。酒花萃取物还可用于烟草、饮料、糖果、口香糖和一些烘烤食品。

25　芹菜 Celery

芹菜（Apium graveolens L.）为伞形科植物，即俗称洋芹菜，原产于北非、南欧和近东地区，现在世界各地都有种植。现在世界上最大的生产国是印度，其次是埃及、中国、法国、英国和美国。中国原有的芹菜称为本芹，基本作绿叶菜用。香辛料用其干燥的种子、芹菜子末、芹菜子精油和油树脂。干燥芹菜子的主要质量标准见表 2-45。

表 2-45　芹菜子的主要质量标准

项目	我国标准	FDA 标准
总灰分	<12.0%	<10.0%
酸不溶性灰分	<1.5%	<2.0%
湿度	<10.0%	<14.0%
挥发油	>2.0mL/100g	>1.5%（粉剂1.0%）
非挥发性醚萃取物	<12.0%	—

据报道，野生于南欧的芹菜子香气最好，但现在使用的都是栽种的芹菜子，它们之间的香气区别也大。芹菜子主要香气成分见表2-46。一般认为芹菜子油香气中最重要的成分是柠檬烯和瑟林烯，柠檬烯的比例是瑟林烯的3～4倍。

表 2-46　南欧芹菜子油和中国本芹芹菜子油主要香气成分分析　　单位：%

成分名	南欧芹菜子油	中国本芹芹菜子油
α-蒎烯	1.05	0～痕量
莰烯	—	痕量～0.4
β-蒎烯	痕量	0.3～0.6
柠檬烯	72.16	8.7～19.0
正戊基苯		0.8～1.8
β-榄香烯		0.5～1.0
石竹烯	0.17	0.5～3.3
α-瑟林烯	2.05	—
β-瑟林烯	12.17	30.5～58.2
丁基苯并呋喃酮	2.56	1.7～23.4
藁本内酯	2.41	6.9～10.1
月桂烯	0.95	
对伞花烃	0.74	
芳樟醇	1.48	
瑟林烯醇	0.29	

芹菜子为粗粝的芹菜特征的青辛香气，有强烈的芹菜样苦味。芹菜子精油为穿透力很强的芹菜样强烈的、温暖宜人的青辛香气，带点儿脂肪气息和果香气（柠檬），香气持久；其口味与此相仿，非常苦并具灼烧般辣味。中国土产芹菜子不适合作香辛料，因有明显的药味。

芹菜子油树脂的风味与精油相似。芹菜子精油为淡黄色至棕黄色液体，芹菜子油树脂为深绿色较黏稠液体，100g油树脂中含精油约9mL，在风味上，1g油树脂相当于21g新粉碎的芹菜子。

芹菜子精油以粉碎了的芹菜子为原料，采用水蒸气蒸馏法制备，得率2.0%～2.5%。芹菜子油树脂以溶剂萃取芹菜子粉然后浓缩制成，常用的溶剂是己烷、酒精、乙酸乙酯和二氯乙烷。

芹菜子、芹菜子萃取物、芹菜子油和芹菜子油树脂都是 FEMA 允许使用的食品风味料。

总体而言，芹菜子在西方烹调中的使用要远远多于东方烹调，非常喜欢以芹菜子作风味料的国家和地区是德国、意大利和东南亚。芹菜子的风味与大家熟悉的新鲜芹菜类似，它可用于新鲜芹菜不能适用的菜肴。在欧洲，芹菜子粉用于汤、汁等的调味，如番茄汁、蔬菜汁、牛肉卤汁、清肉汤、豌豆汤、鱼汤、鸡汤或火鸡汤等；肉用调料，如制作德式和意式香肠、肝肠和腊肠；腌制用和泡菜调料；沙拉用调味料，特适合以白菜、萝卜、卷心菜为主的沙拉；烘烤饼类的风味料，如荷兰式面包和意大利的比萨饼等。芹菜子精油多用于软饮料、糖果点心、口香糖、冰激凌等食品。

26 肉豆蔻 Nutmeg

肉豆蔻（*Myristica fragrans* Houtt.）为肉豆蔻科肉豆蔻属植物肉豆蔻的干燥种仁，又名肉果、玉果。产于印度、印度尼西亚、马来西亚、巴西等赤道沿海地区，我国广东、云南和台湾有栽种。印度是肉豆蔻的最大生产国，世界约80%的肉豆蔻出自印度。香辛料用肉豆蔻干燥的果实、粉碎物、精油和油树脂。肉豆蔻的主要质量标准见表2-47。

表 2-47 肉豆蔻的主要质量标准

项目	我国标准	FDA 标准
总灰分	<3.0%	<3.0%
酸不溶性灰分	<0.5%	<0.5%
湿度	<8.0%	<8.0%
挥发油	>7.2mL/100g	>7.0%（粉剂 6.0%）

肉豆蔻有 70 多个品种，这些品种是否与惯用的肉豆蔻性能相似需要经过详细的分析。印度肉豆蔻和中国云南肉豆蔻主要香气成分对照和分析见表2-48。

表 2-48 印度肉豆蔻和中国云南肉豆蔻主要香气成分对照和分析 单位：%

成分名	印度肉豆蔻	中国云南肉豆蔻
α-侧柏烯＋α-蒎烯	24.6	5.69
α-古珀烯	0.3	0.44
莰烯	0.6	0.1
芳樟醇	0.6	0.64
β-蒎烯	10.1	6.07

续表

成分名	印度肉豆蔻	中国云南肉豆蔻
顺式水合桧烯	0.6	—
桧烯	18.1	0.57
顺式盖烯醇	0.4	—
δ-3-蒈烯	0.7	—
4-松油醇	9.8	14.67
月桂烯	2.1	—
石竹烯	0.4	0.03
α-水芹烯	0.1	α-水芹烯 0.94/β-水芹烯 2.38
顺式胡椒脑	0.1	—
α-松油烯	3.7	2.83
α-松油醇+乙酸松油酯+龙脑	1.2	2.01
1,4-桉叶素+柠檬烯	3.8	1,4-桉叶素为 0；柠檬烯 2.61
香叶烯+双环香叶烯	0.2	—
γ-松油烯	7.7	6.81
乙酸香叶酯	0.1	—
对伞花烃	1.1	2.88
黄樟油素	1.2	5.31
异松油烯	1.7	1.67
甲基丁香酚	0.2	4.19
反式水合桧烯	0.6	—
榄香素	0.2	3.0
肉豆蔻醚	5.8	27.25
α-荜澄茄烯	—	1.69

肉豆蔻具强烈的甜辛香，香气浓郁又极飘逸，有微弱的樟脑似的气息；其味为强烈和浓厚的辛甜味，有辛辣、苦和油脂的口味，有一点儿萜类物质样的味感。肉豆蔻精油为强烈和浓厚的甜辛香，有些许桉叶和樟脑样气息，与原植物相比，香气飘逸，但显得粗糙些，也为浓重、强烈、有油脂和辛辣味的甜辛香味。

肉豆蔻精油为黄色或淡黄色液体，肉豆蔻油树脂为淡黄色半固体物，100g油树脂中约含 80mL 精油，1g 油树脂相当于 16.7g 新粉碎的肉豆蔻。

肉豆蔻精油可以水蒸气蒸馏法制取，得率 5%～15%，肉豆蔻精油对光极为敏感，需避光保存。肉豆蔻油树脂采用溶剂法提取，用苯提取的得率为 31%～37%，用酒精提取的得率为 18%～26%。

肉豆蔻和肉豆蔻精油都是 FEMA 允许使用的食品风味料。需注意的是，肉豆蔻精油中含有相当高比例的肉豆蔻醚，有报道称，该物质对人体有害，如食用过多，使人有昏睡感，应控制用量。

　　肉豆蔻是东西方烹调都能接受和喜爱的香辛料，只有日本人用得较少。总体而言，西式饮食中的用量要稍多一些，而荷兰人对肉豆蔻更是痴狂，几乎每菜都加；肉豆蔻也是中国、印度和东南亚人喜欢用的香辛料，但用量很少，原因是其价格略高。肉豆蔻经常用于带甜辛香的面粉类食品中，如面包、蛋糕、烤饼等，在巧克力食品、奶油食品和冰激凌（加入香荚兰类增香剂的）可给出奇妙的香味；肉类调料（香肠、红肠、肝肠、肉馅等）；水产品作料（适用于清炖鱼类和牡蛎）；蔬菜调味料，主要适用于茄子、番茄、洋葱、嫩玉米和豆类菜；可作各种形式的调味料，如酱、汁、卤等。肉豆蔻精油主要用于软饮料、酒类、糖果、口香糖等。

▷▷● 27　肉豆蔻衣 Mace

　　肉豆蔻衣是肉豆蔻果实外的假种皮，世界许多地方都将肉豆蔻衣和肉豆蔻分别处理和使用，因此在此列出专条予以介绍。香辛料用其整干燥物、粉碎物、精油或油树脂。肉豆蔻衣的主要质量标准见表2-49。

表 2-49　肉豆蔻衣的主要质量标准

项目	我国标准	FDA 标准
总灰分	<3.5%	<5.0%
酸不溶性灰分	<0.5%	<0.5%
湿度	<6.0%	<8.0%
挥发油	>12mL/100g	>15.0%（粉剂14.0%）
非挥发性醚萃取物	>20.0%，<35.0%	—

　　印度肉豆蔻衣和中国新疆肉豆蔻衣的香气成分见表2-50，其中几个重要的风味成分如蒎烯、桧烯、肉豆蔻醚等差距比较大。

表 2-50　印度肉豆蔻衣和中国新疆肉豆蔻衣主要香气成分对照和分析　单位：%

成分名	印度肉豆蔻衣	中国新疆肉豆蔻衣
α-侧柏烯＋α-蒎烯	16.3	11.62
α-古珀烯	0.2	0.83
莰烯	0.3	0.46
芳樟醇	0.3	0.76
β-蒎烯	10.6	3.26
顺式水合桧烯	0.2	0.25
桧烯	12.5	—
顺式盖烯醇	0.2	—

续表

成分名	印度肉豆蔻衣	中国新疆肉豆蔻衣
δ-3-蒈烯	2.1	2.43
4-松油醇	14.2	9.61
月桂烯	2.2	2.75
石竹烯	0.5	—
α-水芹烯	1.7	1.51
β-水芹烯	—	11.18
顺式胡椒脑	0.1	—
α-松油烯	7.5	4.06
α-松油醇＋乙酸松油酯＋龙脑	1.2	1.31
1,4-桉叶素＋柠檬烯	4.6	—
香叶烯＋双环香叶烯	0.1	—
γ-松油烯	11.6	5.99
乙酸香叶酯	0.1	—
对伞花烃	1.4	—
黄樟油素	0.2	6.84
异松油烯	3.7	3.35
甲基丁香酚	0.1	1.14
反式水合桧烯	0.2	0.02
榄香素	2.0	0.47
肉豆蔻醚	1.25	14.19
丁香酚	—	1.23
异丁香酚	—	1.38

肉豆蔻衣有比肉豆蔻更甜美、更丰满和辛香特征更强的辛香味，并带少许果香，国外有人将它作为辛香气的代表。肉豆蔻衣精油为强烈甜辛香，稍带果香和油脂香，头香有点儿松油样萜的气息，具油脂样果香底韵；为柔和浓重的甜辛香味，味有点儿苦和辣，并有持久的辛香后味。

需注意的是，市场上有售的肉豆蔻衣精油主要来源于印度或印度尼西亚肉豆蔻衣，为黄色液体；肉豆蔻衣油树脂主要来源于西半球，为橙红色液体，100g油树脂中含精油50mL左右，1g油树脂约相当于15g新粉碎的原香料。肉豆蔻衣精油以水蒸气法制取，得率为4%～17%；肉豆蔻衣油树脂采用溶剂法提取，常规的选择是石油醚，得率为27%～32%。肉豆蔻衣精油比肉豆蔻精油贵许多，要防止被掺假。

肉豆蔻衣、肉豆蔻衣精油和肉豆蔻衣油树脂都是FEMA允许使用的食品风味料。

肉豆蔻衣同样存在肉豆蔻醚问题。印度肉豆蔻衣中肉豆蔻醚的含量很低，这是它的优势。中国产的肉豆蔻衣中肉豆蔻醚的含量都偏高。

肉豆蔻衣是印度人最喜欢的香辛料，西方国家除英国外对肉豆蔻衣的应用面要远大于东亚地区。肉豆蔻衣可用于所有肉豆蔻可使用的场合，由于香味更强烈，所以用量要比肉豆蔻少 20%。美国有一种甜点是在奶油蛋糕中加一点儿酒和肉豆蔻衣，以给出特有风味；用作烘烤类食品的风味料，如蛋糕、水果饼、炸面包、馅饼等；多种肉类制品调料；腌制肉类或泡菜类作料；肉豆蔻衣精油或油树脂用于冰激凌、口香糖、软饮料、酒和糖果等。

▶▶▶ 28　莳萝 Dill

莳萝（Anethum graveolens L.）为伞形科植物，又名土茴香。原产于西亚和东南欧，现在世界各地都有栽种，主产国是埃及、墨西哥、巴基斯坦、印度、荷兰、德国、匈牙利和美国等。我国主产于江苏、安徽、新疆等地。香辛料用莳萝干燥的种子、莳萝子粉碎物、精油和油树脂。莳萝子的主要质量标准见表2-51。

表 2-51　莳萝子的主要质量标准

项目	我国标准	FDA 标准
总灰分	<10.0%	<8.0%
酸不溶性灰分	<2.0%	<1.0%
湿度	<8.0%	<10.0%
挥发油	>4.0mL/100g	>2.5%（粉剂 2.0%）

莳萝子随产地不同香气成分差别很大，以风味论，德国产的莳萝子最好，其主要香气成分见表 2-52。莳萝子中最重要的风味成分是香芹酮，其次是柠檬烯和 α-水芹烯。

表 2-52　德国莳萝子和中国新疆莳萝子主要香气成分分析　　　　单位：%

成分名	德国莳萝子	中国新疆莳萝子
α-蒎烯	0.1	—
月桂烯	0.18	0.03
α-水芹烯	1.04	0.07
柠檬烯	35.86	14.69
β-水芹烯	0.20	—
对伞花烃	0.32	—
莳萝呋喃	0.37	—
顺式二氢香芹酮	3.71	5.87

续表

成分名	德国莳萝子	中国新疆莳萝子
反式二氢香芹酮	1.78	1.44
香芹酮	53.30	73.61
二氢香芹醇	1.95	0.15
对甲基异丙烯苯	0.10	—
芹菜脑	—	2.16

莳萝子的香气与葛缕子相似，为强烈的甜辛香，但比葛缕子透发尖刻，愉悦的程度似不及葛缕子；味也与葛缕子相仿，稍有刺舌的辛辣感。莳萝子精油为强烈的葛缕子似的新鲜甜辛香，稍带果和药草样香气。需注意的是莳萝子精油不要与莳萝草制取的精油相混淆，莳萝草精油的草香气明显，有薄荷样后味。莳萝子油树脂的风味与原物相同。

莳萝子精油为黄色液体，莳萝子油树脂为淡琥珀色至绿色油状物，100g 油树脂中含精油约 70mL，1g 油树脂约相当于 20g 新粉碎的莳萝子。

可以干燥的莳萝子为原料，采用水蒸气蒸馏的方法制取莳萝子精油，得率约为 3.2%。

莳萝子和莳萝子精油都是 FEMA 允许使用的食品风味料。

莳萝子主要用于西式烹调，以美国为最，除印度外，东方国家几乎很少用到。莳萝子可用于腌制青豆、黄瓜、泡菜和肉类（香肠类）的作料，是中国北派香肠中不可或缺的原料；在海鲜食品中加入别有风味；可制作沙拉用调料、蛋黄酱、鱼用酱油、海鲜酱油等；烹调主要用于羊膏和牛肉，可给出异趣和风味；日本人认为莳萝子的用入可减少蒜臭；有一些欧洲地区将莳萝粉撒在三明治或奶酪上以赋予色泽。要控制好莳萝的使用量。需加热的莳萝作料须煮烧 10min 以上，冷拌的莳萝调味料须预先拌和 30min 以上，才能发挥莳萝的最大风味。莳萝子精油可用于烘烤食品、腌制品、冰激凌、果冻、软饮料等。

29 鼠尾草 Sage

鼠尾草（*Salvia japonica* Thunb.）为唇形科鼠尾草属草本植物，在中国也被称为洋苏草。鼠尾草主产于地中海北岸如希腊、巴尔干半岛和英国，在世界各地都有种植。香辛料用鼠尾草的干整叶、叶粉碎物、精油和油树脂。干鼠尾草叶的主要质量标准见表 2-53。

表 2-53 干鼠尾草叶的主要质量标准

项目	我国标准	FDA 标准
总灰分	<10.0%	<10.0%
酸不溶性灰分	<1.0%	<1.0%

续表

项目	我国标准	FDA 标准
湿度	<8.0%	<10.0%
挥发油	>1.0mL/100g	>1.5%（粉剂 1.0%）

鼠尾草的风味成分随产地的不同变化极大，许多鼠尾草因此而不能用作香辛料。在烹调中用得最普遍的是巴尔干半岛和英国产的鼠尾草。鼠尾草以巴尔干半岛产的最好，它的主要香气成分是侧柏酮，含量在 $40\% \sim 60\%$。其余还有约 15% 的桉叶油素和 16% 的龙脑。阿尔巴尼亚鼠尾草和中国（新疆）引种鼠尾草的主要香气成分可见表 2-54。

表 2-54　阿尔巴尼亚鼠尾草和中国新疆鼠尾草的主要香气成分分析　　单位：%

成分名	阿尔巴尼亚鼠尾草	中国新疆鼠尾草
α-蒎烯	1.1	3.45
月桂烯	0.9	0.52
莰烯	2.8	2.91
α-水芹烯	1.0	—
γ-松油烯	0.5	0.17
α-侧柏酮	35.9	46.36
樟脑	9.7	20.13
(E)-β-罗勒烯	0.5	—
4-松油醇	0.5	—
β-石竹烯	0.7	0.97
绿花白千层醇	4.6	—
香紫苏烯	0.9	—
茉莉酮	1.0	—
β-蒎烯	2.3	0.96
柠檬烯	1.3	—
桧烯	0.3	—
1,8-桉叶油素	3.4	5.94
异松油烯	0.4	—
β-侧柏酮	9.7	5.76
龙脑	8.7	1.49
顺式桧醇	0.3	—
乙酸龙脑酯	5.0	0.45

续表

成分名	阿尔巴尼亚鼠尾草	中国新疆鼠尾草
α-葎草烯	4.3	1.35
氧化葎草烯	0.7	0.50
乙酸侧柏醇酯	0.3	0.11
α-苧烯	—	0.85
香橙烯	—	2.97
泪柏醇	—	3.61

鼠尾草叶为强烈芬芳的药草样辛香，有独特的膏香后韵；味苦且涩，辛香风味。鼠尾草精油头上有些桉叶样凉气，后为强烈的甜辛香，稍有药草和樟脑气息，香气持久；以桉叶样的药草味占主导的甜辛香味。

鼠尾草精油为无色或淡黄色液体，油树脂为棕绿色黏度很大的物质，100g油树脂中含精油25～30mL，1g油树脂约相当于14g新粉碎的干鼠尾草叶。

以干燥的鼠尾草叶为原料，用水蒸气蒸馏法可制取鼠尾草精油，得率为1.3%～2.6%。

鼠尾草、鼠尾草精油和鼠尾草油树脂都是 FEMA 允许使用的食品风味料。

鼠尾草叶粉碎物普遍用于西式烹调，英国人最为喜爱，因为除风味外，还可赋予色泽，而亚洲地区却用得极少。鼠尾草在家禽（鸡肉为主）类食品和以猪肉为原料的香肠中能起很好的风味作用，它也用于烘烤面食、卤汁、汤料、奶酪（意大利式）、辣味料和多种作料。鼠尾草精油用于口香糖、糖果和软饮料。

30 斯里兰卡肉桂 Cinnamon

斯里兰卡肉桂，简称肉桂（*Cinnamomum cassia* Presl.），属樟科，主产于斯里兰卡，该地肉桂产量占世界总产量的70%以上。中国、东南亚以及世界许多热带地区都有栽种，中国种植的是它的一个亚种。

香辛料用斯里兰卡肉桂的整干树皮、粉状肉桂（以树皮为主）、精油和油树脂。斯里兰卡肉桂的主要质量标准可见表2-55。

表 2-55 斯里兰卡肉桂的主要质量标准

项目	我国标准	FDA 标准
总灰分	<6.0%	<5.0%
酸不溶性灰分	<2.0%	<1.0%（粉剂 2.0%）
湿度	<10.0%	<14.0%（粉剂 11.0%）
挥发油	>3.0mL/100g	>1.5%～3.0%（以等级而定）（粉剂 1.5mL/100g）

斯里兰卡肉桂香气的主要香气成分见表2-56。

表 2-56 斯里兰卡肉桂主要香气成分分析 单位：%

成分名	含量	成分名	含量
苯甲醛	0.54	α-松油醇	0.07
α-蒎烯	3.47	E-肉桂醛	46.52
莰烯	1.58	丁香酚	3.63
月桂烯	0.07	α-古珀烯	1.40
β-蒎烯	1.02	乙酸桂酯	2.64
δ-3-蒈烯	2.90	β-石竹烯	6.24
对伞花烃	4.18	α-忽布烯	0.85
β-石竹烯＋柠檬烯	9.16	乙酸丁香酚酯	0.30
芳樟醇	2.98	邻甲氧基肉桂醛	0.79
樟脑	2.60	苯甲酸苄酯	1.82

斯里兰卡肉桂为强烈的肉桂特征的甜辛香气，有些木香韵；味觉与此类似，有辛辣感，少许有点儿较持久的苦味。斯里兰卡肉桂精油是强烈的甜辛香，有些辛辣气，为带木香和丁香样香气。底香为花香底韵的松油烯样香气；味觉也是强烈的似丁香的甜辛风味，有辛辣感，有一些苦的后味，但这后味还是以甜美的辛香味为主。斯里兰卡肉桂油树脂的风味与精油相同。

斯里兰卡肉桂精油为淡黄色至棕黄色液体，油树脂为深棕色液体，100g 油树脂含精油 65mL，1g 油树脂约相当于 50g 新粉碎的肉桂。斯里兰卡肉桂精油采用水蒸气蒸馏法制取，但斯里兰卡肉桂精油有若干等级，用内层干树皮为原料制作的精油最好。斯里兰卡肉桂油树脂以溶剂法提取，溶剂如酒精，得率 10%～12%；也有采用氟利昂为溶剂的。

斯里兰卡肉桂精油和斯里兰卡肉桂油树脂常有掺假问题，掺假料如中国桂皮油、肉桂叶油等。

斯里兰卡肉桂、斯里兰卡肉桂萃取物、斯里兰卡肉桂精油和斯里兰卡肉桂油树脂都是 FEMA 允许使用的食品风味料。

斯里兰卡肉桂广泛用于东西方饮食，但使用频率最高的地区是印度和东南亚。总体而言，东方人对斯里兰卡肉桂的喜爱程度超过西方人。斯里兰卡肉桂可用于肉食作料，尤适合以熬、煮方式加工的牛、羊、猪肉以及香肠、肝肠、腊肠、火腿等；用于面制品的风味料，如美国人将斯里兰卡肉桂加入面包中烘烤以给出特有的风味，还有许多在糕点和馅饼中应用的介绍；用于各种荤菜和素菜的调味料，斯里兰卡肉桂可给胡萝卜、茄子、南瓜、番茄、甜菜、甘薯和洋葱等增味；可用于汤料，如方便面用汤料中；也可作为腌制品或泡菜的作料。斯里兰卡肉桂精油和油树脂可用入饮料，特适合水果风味的饮料，如柠檬、橙子、葡萄等；可用于制作糖果，如墨西哥式的巧克力中就加入了斯里兰卡肉桂。

31　蒜 Garlic

蒜即大蒜（*Allium sativum* L.），为百合科葱属多年生宿根草本植物，原产于西亚，现世界属温带和亚热带的地区都有栽种。虽然大蒜整枝植物都可用作香辛料，但这里指的是大蒜的根茎即蒜头。大蒜有许多品种，中国原生的品种蒜头较小，皮粉红色；美国加利福尼亚的蒜头个大、皮白，两者的风味也有很大区别。中国是世界大蒜的主要产区之一，产量占世界总产量的40%左右，是中国主要出口农产品之一，主要产地有河南省等地。印度是第二大生产国。

香辛料中主要使用的是新鲜的蒜头、脱水蒜头、粉末脱水蒜头、大蒜头精油、大蒜头精油盐、大蒜头精油微胶囊、大蒜头油树脂、水溶性大蒜头油树脂、脂溶性大蒜头油树脂等。其中粉末脱水蒜头的标准可见表 2-57。

表 2-57　粉末脱水蒜头的主要质量标准

项目	我国标准	FDA 标准
总灰分	<3.3%	<5.5%
酸不溶性灰分	<0.02%	<0.5%
湿度	<6.5%	<8.0%
水或热水不溶固形物	<10.0%	—
冷水不溶固形物	—	30.0%～10.0%
有机硫挥发物	—	>0.3%

如不把蒜头切开或捣碎的话，蒜头几乎没有气息。切开以后，由于酶的作用，蒜头才释放出香气。但蒜头香气与品种和产地有很大关系，中国山东和美国大蒜香气的主要成分见表 2-58。蒜头中主要的风味成分是二烯丙基二硫醚和二烯丙基三硫醚，都是蒜头的特征气息，但后者更冲。

表 2-58　中国山东和美国大蒜香气的主要成分分析　　　　单位:%

成分名	美国大蒜	中国山东大蒜
二烯丙基二硫醚	60.0	18.50
烯丙基丙基二硫醚	6.0	—
蒜素	少量	—
二烯丙基三硫醚	20.0	47.83
二乙基二硫醚	微量	—
蒜碱	少量	—
甲基烯丙基二硫醚	—	2.43
甲基烯丙基三硫醚	—	7.73
二烯丙基四硫醚	微量	8.19
二烯丙基单硫醚	—	0.12

蒜头为强烈持久且刺激性辛辣香气，口味也与此类似，但更辛辣些。大蒜头精油和油树脂是更为强烈刺激的大蒜特征辛辣香气和香味。

新鲜大蒜蒜头可采用水蒸气蒸馏法制取大蒜精油，得率为 $0.1\%\sim0.2\%$，为棕至黄色液体，它的极其突出的辛辣香气很难融合，其香气强度是脱水大蒜的 200 倍，是新鲜大蒜头的 900 倍。所以经常把它配成稀溶液使用，浓度为 $5\%\sim10\%$；或制成其他产品形式如蒜油盐、蒜油微胶囊等。

大蒜头油是 FEMA 允许使用的食品风味料。

大蒜在东西方饮食烹调中均占有相当重要的地位，相对而言，大蒜在中国、西班牙、墨西哥和意大利食品中稍多一些。使用大蒜可提升菜肴的风味和厚感，用于汤料（如清汤）、卤汁（肉类、家禽类、番茄类菜肴和豆制品）、调料（用于海鲜、河产品和沙拉），作料（酱、酱油）等。法国和意大利将大蒜头用于白脱和黄油以制作法式和意式面包。大蒜头和洋葱的风味是互补的，前者粗冲而持久，后者温和且甜润，大蒜和洋葱的配合使用是意大利菜肴的特色之一。

32　细香葱 Chives

细香葱（*Allium schoenoprasum* L.）属石蒜科，又名小葱、香葱、青葱、虾夷葱。在世界温带和亚热带地区都有栽种。调料中所用细香葱有新鲜青葱和脱水细香葱两种，尚无葱油这类产品市售。

葱类植物的品种很多，因此它们的风味成分的含量和种类变化也大。中国细香葱和欧洲细香葱的挥发性致味成分相比，中国细香葱的风味更细致些。细香葱中主要的呈味成分是多种含硫化合物，见表 2-59。

表 2-59　中国细香葱主要风味成分分析

成分名	含量/%	成分名	含量/%
丙硫醇	0.1	烯丙基丙基硫醚	0.3
二甲基二硫醚	2.0	甲基丙基二硫醚	3.6
二丙基二硫醚	4.2	甲基顺式丙烯基二硫醚	2.9
甲基反式丙烯基二硫醚	5.1	丙基顺式丙烯基二硫醚	2.8
丙基反式丙烯基二硫醚	4.4	二甲基三硫醚	18.8
甲基丙基三硫醚	19.9	丙基顺式丙烯基三硫醚	4.5
丙基反式丙烯基三硫醚	5.5	二丙基三硫醚	5.6
甲基甲硫基丙基二硫醚	6.4	甲基烯丙基三硫醚	4.9
2,5-二甲基噻吩	0.2	3,4-二甲基噻吩	1.4

细香葱的呈味成分与蒜和洋葱属于同一类型，总含量比它们低许多，对新鲜的细香葱而言，风味成分的含量约在 0.1%。但细香葱风味成分丰富，为新鲜的、青香类的、独特的极其精致和微妙的芳香，味道也更温和、更细腻，口感更容易被人们所接受。

细香葱在世界各国都有广泛应用，但 FEMA 公布的名单上尚没有列入细香葱。

细香葱的香气能使嗅觉神经兴奋，刺激血液循环，增加消化液的分泌，增加食欲。在鱼肉菜肴中适量加入可提升香气，消除腥味，是中国淡水鱼类菜肴必用的风味料；可用于沙拉调味料、汤料和腌制品调料等；可用于饼干、面包等面食品；荷兰和美国有细香葱风味的牛奶、奶酪、烤土豆等。欧洲人则更喜欢将剁细的细香葱与其他香辛料混合使用，如罗勒、甘牛至、细叶芹、薄荷、欧芹、迷迭香、鼠尾草、夏香薄荷、龙蒿或百里香等，给出特有的风味。

33 细叶芹 Chervil

细叶芹（*Apium leptophyllum*）属伞形科，中国称之为山萝卜。主要在地中海沿岸地区、亚洲西部、俄罗斯和美国等地栽种，是一年生草本植物。可新鲜食用，也可将其叶干燥粉碎后用作香辛料，细叶芹的主要质量标准见表 2-60。

表 2-60 细叶芹干叶的主要质量标准

项目	我国标准	日本标准
总灰分	＜16.6％	＜17％
酸不溶性灰分	—	＜2.0％
湿度	＜7.2％	＜8.0％

南欧产的细叶芹香气最好，它们的香气成分见表 2-61。甲基黑椒酚是主要的呈味成分。

表 2-61 南欧细叶芹主要香气成分分析　　　　　　　单位：％

成分名	含量	成分名	含量
α-蒎烯	6.94	α-金合欢烯	1.94
莰烯	0.11	对蓋-1,3,8-三烯	12.1
β-蒎烯	4.57	肉豆蔻醚	32.7
月桂烯	23.8	蓝桉醇	1.11
α-水芹烯	1.26	莳萝醛	4.03
对伞花烃	0.86	甲基黑椒酚	6.71

细叶芹为欧芹样的芬芳辛香气，香气比欧芹更强烈些，有一些药草气；味道为柔和的欧芹风味，带茴香、葛缕子、甘草和龙蒿似的后味。

新鲜的细叶芹叶含有约 0.3％的挥发油，细叶芹子的挥发油含量为 0.9％。至今尚没有精油和油树脂一类的产品。

细叶芹是 FEMA 允许使用的食品风味料。

细叶芹在欧洲应用得相当普遍，这可能与当地的宗教传统有关，而在世界其他地区则很少用，也包括美国等美洲国家。它与龙蒿、欧芹等叶式香辛料混合在一起组成法国有名的调料"Fines herbes"，撒在鱼、鸡、肉、沙拉等冷盘上，给予装饰色泽；在固体汤料中的使用目的也相似；是奶酪和烘烤食品的风味料；用于制作多种调味料，如它是俄罗斯菜胡椒土豆烧牛肉的常用调料。提取物用于软饮料、冰制品、焙烤食品和调味品中。细叶芹的味道很强，应少量使用，但也很容易散失，所以应该在烹饪刚结束时添加或直接撒在新鲜食品上。略加些白醋会提升细叶芹的风味。

34　香薄荷 Savory

香薄荷（*Satureja hortensis* L.）为唇形科香薄荷属一年生草本植物，有夏香薄荷和冬香薄荷两种。前者主要在南欧的地中海沿岸国家栽种，品质最好的地区是巴尔干半岛；后者为野生。冬香薄荷因有明显的苦味而应用较少。香辛料用夏香薄荷上部的干燥叶（注：上部收割物连花带叶主要用于提取精油作香精用；单是青叶部分用作香辛料）及其粉碎物、精油和油树脂。夏香薄荷干燥叶的主要质量标准见表 2-62。

表 2-62　夏香薄荷干燥叶的主要质量标准

项目	我国标准	FDA 标准
总灰分	<10.0%	不予设定
酸不溶性灰分	<2.0%	不予设定
湿度	<10.0%	<11.0%
挥发油	>25mL/100g	>0.5%

南欧夏香薄荷的主要香气成分见表 2-63。香芹酚和对伞花烃是其中最重要的风味物质。

表 2-63　南欧夏香薄荷主要香气成分分析　　　　　单位：%

成分名	含量	成分名	含量
α-蒎烯	痕量～1.0	β-石竹烯	2.2～13.6
莰烯	0～0.8	乙酸龙脑酯	2.4～5.1
桧烯	0.1～1.9	α-松油醇＋龙脑	2.4～4.3
α-水芹烯	0～0.6	香茅醇	0.3～1.8
α-松油烯	0.3～1.5	香芹酮	0.2～0.6
柠檬烯	0.4～5.7	α-古珀烯	0.2～1.1
1,8-桉叶油素	0～0.9	橙花醇	0.1～0.2
对伞花烃	2.2～9.3	依兰烯	痕量～0.4
壬醇	0.4～0.9	γ-木罗烯	0.1～1.0
芳樟醇	0.1～0.6	甲基丁香酚	0.5～0.9
乙酸芳樟酯	0.3～1.4	百里香酚	1.0～8.0
香芹酚	46.5～61.1		

夏香薄荷叶为芬芳的清香辛香气，有酚样杀菌剂似的气息；味感为辛香味，有胡椒似的辛辣味，是胡椒较好的代用品。夏香薄荷精油是黄至暗棕色液体，为似百里香和甘牛至的辛香香气，味感与原植物相似。

夏香薄荷叶油可以干夏香薄荷叶为原料，采用水蒸气蒸馏法制取，得率为 2.0%～2.3%。

夏香薄荷和夏香薄荷叶油都是 FEMA 允许使用的食品风味料。

夏香薄荷主要用于西式烹调，法国用得较普遍。使用时要小心，些微的夏香薄荷就足以提升任何菜肴的风味，用于小牛肉、猪肉、煮烤鱼等菜肴；适合作沙拉、豆类（如蚕豆、扁豆、豌豆）的风味料，日本人在纳豆中加入；夏香薄荷是法国的调料"Fines herbs"（法式五香粉）中的一个组成成分，也可用于调制各式酱油和卤汁。夏香薄荷在烹调刚结束的时候加入。夏香薄荷精油用于苦啤酒、苦艾酒等酒类，极小量用于汤料。

35　小豆蔻 Cardamon

小豆蔻（*Elettaria cardamomum* L. Maton）为姜科多年生草本植物，又名豆蔻、圆豆蔻等。世界上大部分的小豆蔻由印度生产，小豆蔻在苏门答腊、斯里兰卡、越南和老挝也有栽种，以印度、斯里兰卡和印度尼西亚的小豆蔻品种最好。中国栽种的所谓小豆蔻不是正宗的小豆蔻，它的主产地是广东。

小豆蔻是世界上最昂贵的香辛料之一，称为香辛料之王，仅次于番红花。香辛料用的是它干燥的整粒种子、粉末、精油和油树脂。小豆蔻的粉末必须在粉碎后立刻使用，不能久置，因为粉碎后小豆蔻的香气挥发得很快。小豆蔻干籽的标准见表 2-64。

表 2-64　小豆蔻干籽的主要质量标准

项目	我国标准	FDA 标准
总灰分	<7.0%	<10.0%（粉剂 7.0%）
酸不溶性灰分	<3.0%	<2.0%（粉剂 3.0%）
湿度	<11.0%	<12.0%
挥发油	>3mL/100g	>3.0%

印度小豆蔻主要香气成分见表 2-65。小豆蔻的主要香气成分是 1,8-桉叶油素、乙酸 α-松油醇酯、芳樟醇和乙酸芳樟酯。

表 2-65　印度小豆蔻主要香气成分分析　　　　　　　单位：%

成分名	含量	成分名	含量
α-蒎烯	0.4	乙酸芳樟酯	4.6
桧烯	1.4	α-松油醇	0.7

续表

成分名	含量	成分名	含量
月桂烯	1.2	香叶醇	2.5
1,8-桉叶油素	24.7	橙花醇	0.9
柠檬烯	0.9	乙酸 α-松油醇酯	49.0
芳樟醇	5.8	β-石竹烯	0.4
4-香芹盖烯醇	1.9	橙花叔醇	1.2

小豆蔻的香气异特、芬芳，有甜的辛辣气，有些许樟脑样清凉气息；其味与此类似，辣味较显。小豆蔻精油为穿刺性很强的甜辛香，有桉叶素、樟脑、柠檬样的药凉气，与空气接触久以后，则产生显著的霉样杂气；有甜、凉、辛辣和火辣的口味。

小豆蔻油树脂的香味与其精油相仿，但口感较油更甘柔芳醇，尖刺性较少而受欢迎。应注意区分小豆蔻油树脂和小豆蔻精油中的风味差别。

小豆蔻精油是无色、淡黄色或淡棕色液体，小豆蔻油树脂为暗绿色液体，每100g 油树脂中含精油约 70mL，每克油树脂相当于 25g 原香料。以小豆蔻子为原料，用水蒸气蒸馏法可制取小豆蔻精油，优良的小豆蔻子的得油率可达 8%。小豆蔻油树脂用溶剂提取法。

小豆蔻和小豆蔻精油都是 FEMA 允许使用的食品风味料。

小豆蔻是印度人最喜欢的香辛料，在西方国家小豆蔻的应用面相对较小。小豆蔻可用于的食品有肉制品（如德国式的红肠和法兰克福香肠、瑞士的肉丸、美国的腊肠和肝肠、西式火腿）、肉制品调味料（适合于牛肉、猪肉、羊肉、鸡肉等）、肉类烘烤调料、奶制品（如甜奶油）、蔬菜类调味品（土豆、南瓜、萝卜等）、饮料调味品（如印度咖啡、柠檬汁）、腌制品调料、咖喱粉（用入印度咖喱粉）、面食品风味料（如丹麦面卷、意大利比萨饼、苏格兰式甜饼等）和汤料等。小豆蔻精油则用于腌制品、口香糖、酒类饮料、药用糖浆和化妆品香精。小豆蔻的香气非常强烈，使用时要小心。小豆蔻精油的挥发性虽然很大，但耐热性却较好。

36 小茴香 Fennel

小茴香（*Foeniculum vulgare* Mill.）为伞形科茴香属植物，又名茴香、小茴、小香、角茴香、谷茴香等。原产地是南亚和南欧，现在世界各地都有栽种，中国主产地是山西、甘肃、内蒙古和辽宁。印度是小茴香的主要生产国，供给全球一半以上的小茴香。小茴香有甜和苦两个品种，前者是规模种植，后者是野生，以甜的品种为好。香辛料用的是其干燥的种子。

小茴香可以晒干的整粒、干籽粉碎物、精油和油树脂的形态使用。小茴香的一些主要标准见表 2-66。

表 2-66　小茴香的主要质量标准

项目	我国标准	FDA 标准
总灰分	<10.0%	<9.0%
酸不溶性灰分	<1.0%	<1.0%
湿度	<8.0%	<10.0%
挥发油	>1.0mL/100g	>1.5%（粉剂 1.0%）

小茴香主要的香气成分是大茴香脑，印度小茴香和中国小茴香的香气成分见表 2-67。两者在香气上区别明显。

表 2-67　小茴香主要香气成分分析

成分名	印度小茴香含量/%	中国小茴香含量/%
α-蒎烯	1.80	0.63
桧烯	0.69	0.17
桃金娘烯	—	0.14
m-伞花烃	—	0.58
(Z)-β-罗勒烯	0.09	0.22
(E)-β-罗勒烯	—	0.17
γ-松油醇	—	0.97
小茴香酮	7.72	3.03
异大茴香脑	—	3.15
(E)-大茴香脑	58.54	85.13
柠檬烯	19.63	—
大茴香醛	0.72	—
乙酸小茴香醇酯	1.20	—
γ-松油烯	1.10	—

小茴香的香气类似于茴香和甘草，有些许樟脑样香韵；其味更类似于甘草的甜，并有点儿苦的后味。小茴香精油为强烈芬芳的、令人愉快的清新的茴香样辛香，有点儿樟脑气，干了以后则以樟脑气为主；味温辛芳香，甜而微焦苦。小茴香油树脂的香味与精油类似。

小茴香精油为无色或淡黄色液体，小茴香油树脂为棕至绿色液体，精油含量约 50mL/100g，1g 油树脂相当于 15.4g 原香料。以小茴香子为原料，经水蒸气蒸馏可以制取小茴香精油，得率为 0.8%～1%。

小茴香、小茴香油都是 FEMA 允许使用的食品风味料。

小茴香是世界上应用最广泛的香辛料之一，英国和印度是消费小茴香最多的国家，在印度食品中，小茴香无处不在。相比较而言，西式饮食应用更广泛。小茴香可用于食品的有汤料（英国和波兰风格的肉汤料）、烘烤作料（印度的烤鸭、烤鸡、烤猪肉）、海鲜作料、腌制作料、调味料（番茄酱）、肉用作料（西式肉丸、意大利红肠）、沙拉调味料（包菜、芹菜、黄瓜、洋葱、土豆等）、面包风味料（德国式面包）、饮料和酒风味料（法国酒）等。少量用于药物或其他目的。

❖ 37 洋葱 Onion

洋葱（*Allium cepa* L.）属百合科葱属草本植物，使用的部位是其球茎，又名肉葱、圆葱、玉葱。洋葱现在在世界各地都有种植，中国是世界上最大的洋葱生产国。洋葱有多种品种，单从球茎外皮的色泽来分，就有绿皮洋葱、黄皮洋葱和红皮洋葱三种，各品种间的风味相差较大。国外洋葱（主要是绿皮洋葱和黄皮洋葱）固形物含量高而风味弱，国内品种（主要是红皮洋葱）风味强度大，固形物含量较低。新鲜洋葱一般用作蔬菜，而脱水洋葱、脱水洋葱粉、洋葱精油和油树脂则用作香辛料。脱水洋葱的主要质量标准见表 2-68。

表 2-68　脱水洋葱的主要质量标准

项目	我国标准
总灰分	<3.2%
湿度	<5.0%

经分析，洋葱挥发性的主要香气成分由含硫化合物如硫醇、硫醚、噻吩、噻烷等组分组成，国外的品种以硫醇和硫醚为主，而国内品种以噻吩和噻烷为主。中国产红皮洋葱的主要挥发性成分分析见表 2-69。

表 2-69　中国红皮洋葱主要挥发性成分分析

成分名	含量/%	成分名	含量/%
二甲二硫醚	0.65	巯基丙酮	0.36
2-乙基-2-丁烯醛	7.38	1,2-丙二硫醇	1.43
二丙基二硫醚	0.25	2,5-二甲基噻吩	0.95
2,4-二甲基噻吩	3.56	甲基丙基二硫醚	0.65
1,2-丁二硫醇	5.87	庚硫醇	1.72
3,4-己二硫醇	2.00	顺-1,4-环己二硫醇	1.38
2,2-二甲硫基丙烷	0.23	2-甲基-5-乙基三噻烷	3.71
3,4-二乙基三噻烷	39.44	2,7-二甲基-2,7-二辛二硫醇	5.24
烯丙基苯并三噻烷	1.32	六甲基三噻烷	0.85

新鲜洋葱粉碎时产生极其强烈尖刺的有催泪作用的辛辣气息，但处理方式不同，这种辛辣的程度有很大的差别，如脱过水的洋葱在不受潮时这种辛辣气息较小，但与水作用后也产生和新鲜洋葱一样的辛辣气息，味极辣，且持久。洋葱精油的风味特征与原植物相仿。

洋葱精油为深棕色油状物，从新鲜洋葱中以水蒸气蒸馏法制取的得率约为0.015％。洋葱油树脂为棕色液体，100g油树脂中约含精油5mL，1g油树脂约相当于400g新鲜洋葱或100g脱水洋葱。

洋葱对东西方烹调都适合，西方国家中使用较多的是美国和法国。如作为香辛料使用，脱水洋葱可显著提升菜肴的风味，因此使用的量必须把握好。脱水洋葱末用于大多数西式菜中的汤料、卤汁、番茄酱、肉类作料（如各式香肠、巴比烤肉、炸鸡、熏肉等）、蛋类菜肴作料、腌制品作料、各种调味料（酱、酱油）等。

38 芫荽 Coriander

芫荽（*Coriandrum sativum* L.）为伞形科草本植物，又称香菜、胡荽、松须菜、香菜子等。芫荽原产于埃及和苏丹，现在所有亚热带和温带地区都有栽种，但种植面积最大的两个国家是印度和保加利亚，它们的产量超过世界市场份额的一半以上。芫荽新鲜的茎叶是常用的装饰性的又能给出风味的绿叶菜，这里介绍香辛料中用的芫荽主要是其干燥的种子、芫荽子末、精油和油树脂。干燥芫荽子的主要质量标准见表2-70。

表 2-70 芫荽子的主要质量标准

项目	我国标准	FDA 标准
总灰分	＜7.0％	＜6.0％
酸不溶性灰分	＜1.0％	＜1.0％
湿度	＜9.0％	＜9.0％
挥发油	超出痕量的范围	＞0.3％（粉剂0.2％）

芫荽子的风味成分受品种、种植地区环境等因素影响很大，现一般认为，欧亚交接地区的芫荽风味较好。芫荽子中主要的风味成分是芳樟醇和乙酸芳樟酯，并且有一定的比例。保加利亚芫荽子和中国芫荽子的香气主要成分见表2-71。

表 2-71 保加利亚芫荽子和中国芫荽子主要香气成分分析

成分名	保加利亚芫荽子	中国芫荽子
α-蒎烯	5.3	1.48
柠檬烯	1.9	—
β-水芹烯	1.9	—
芳樟醇	41.4	91.86
龙脑	2.7	—
1,8-桉叶油素	1.4	—
石竹烯	5.6	—
香茅醇	1.5	0.04

续表

成分名	保加利亚芫荽子	中国芫荽子
香叶醇	0.7	0.51
百里香酚	6.8	—
乙酸芳樟酯	20.8	—
乙酸香叶酯	1.1	0.01
氧化石竹烯	0.4	—
榄香醇	0.4	—
δ-3-蒈烯	—	1.33
乙酸橙花酯	—	3.81

　　芫荽子为强烈的甜辛香气，略带果和膏香气，香气芬芳宜人；口味似是葛缕子、枯茗、鼠尾草和柠檬皮的混合物，有玫瑰似的和果香的后味。芫荽子精油为扩散性强的清甜辛香，并具花、果等辅香韵，口味除主要的甜辛香外，有些风辣感。芫荽子油树脂的风味与原物类似。

　　芫荽子精油为淡黄色液体，油树脂为棕黄色液体，100g 油树脂中含精油约 40mL，3g 油树脂约相当于 100g 原物。芫荽子精油以芫荽子为原料，采用水蒸气蒸馏法制取，得率约 1%；芫荽子油树脂采用溶剂提取法制备。

　　芫荽子和芫荽子油都是 FEMA 允许使用的食品风味料。

　　芫荽子特别适合于东方烹调，首推是印度，其次是中国，西方国家也有一定程度的应用。芫荽子末可用于肉制品的调味料，与其他香辛料配合效果更好，波兰式的香肠以加入重料芫荽子为特色；沙拉的调味料；汤料；烘烤面食风味料如饼干、甜点、面包等。芫荽子精油主要用于软饮料、糖果点心、口香糖和冰激凌的风味料。

▷▷ 39　月桂叶 Bay leave

　　月桂（*Laurus nobilis* L.）为樟科月桂属常绿小乔木，月桂叶又名香叶、桂叶、香桂叶、天竺桂等。主要产地是地中海沿岸如法国、希腊、西班牙、巴尔干半岛等，西印度群岛和中国东南沿海（如广东、广西）、四川、湖南和安徽也有少量栽种，但行业中一般以地中海沿岸国家产的月桂叶为正统。中国月桂叶的香气与西印度群岛月桂叶相似，和地中海月桂叶比较，有较显著的酚样气息。

　　香辛料用月桂叶为浅黄色至褐色的叶片。香辛料使用其干燥的叶、干叶粉碎物、月桂叶精油或月桂叶油树脂。成品干叶的标准可见表 2-72。

表 2-72　月桂叶的主要质量标准

项目	我国标准	FDA 标准
茎秆	<3.0%	—

续表

项目	我国标准	FDA标准
总灰分	＜4.5％	＜4.0％（粉剂4.5％）
酸不溶性灰分	＜0.5％	＜0.8％（粉剂0.5％）
湿度	＜7.0％	＜9.0％（粉剂7.0％）
挥发油	＞1.0mL/100g干叶	＞1.5％（粉剂1.0％）

月桂叶油的主要香气成分较复杂，意大利和中国月桂叶油的主要香气成分分析见表2-73，两者相差很大。1,8-桉叶油素的含量是一重要的质量指标。

表 2-73　月桂叶油主要香气成分分析　　　　单位：％

成分名	意大利月桂叶油	中国月桂叶油
α-苧烯	0.3	—
α-蒎烯	2.2	—
莰烯	0.2	—
桧烯	11.8	—
β-蒎烯	2.4	—
月桂烯	0.2	—
α-水芹烯	0.2	—
δ-3-蒈烯	0.1	—
α-松油烯	0.4	—
对伞花烃	0.4	—
柠檬烯	0.8	—
1,8-桉叶油素	26.7	3.17
γ-松油烯	0.6	—
反式桧烯水合物	0.4	—
异松油烯	0.2	—
芳樟醇	18.5	—
顺式桧烯水合物	0.4	—
龙脑	0.2	—
4-香芹盖烯醇	0.9	2.21
α-松油醇	1.2	3.81
橙花醇	0.1	—
乙酸芳樟酯	0.6	—
乙酸龙脑酯	0.4	—
丁香酚	18.5	1.42

续表

成分名	意大利月桂叶油	中国月桂叶油
α-荜澄茄烯	0.2	—
α-古珀烯	0.1	2.66
甲基丁香酚	2.5	5.25
β-榄香烯	0.6	—
β-石竹烯	1.1	
甲基异丁香酚	0.1	1.45
α-忽布烯	0.2	—
乙酸丁香酯	0.1	
α-瑟林烯	0.1	1.60
β-红没药烯	0.1	—
δ-杜松烯	0.2	2.97
榄香醇	0.1	—
乙酸 α-松油醇酯	—	19.52
斯巴醇	—	3.00
氧化石竹烯	—	3.42
β-桉叶油醇	—	6.18
肉桂醛	—	8.00

  月桂叶为浓郁的甜辛香气，杂有很微妙的柠檬和丁香样气息；味道上来不是很强，几分钟后味感会越来越强烈。香味甜辛优美，有点儿苦的后感。月桂叶精油为强烈的、清新的、穿越性的辛甜香气，略带些桉叶油样的樟脑气；为柔和的显著甜心风味，有点儿药样和胡椒样味道，香味持久，也有些苦的后感。月桂叶油树脂的香气和风味与精油类似。

  月桂叶精油为深棕色液体，油树脂为暗绿色的极其黏稠状产品，每 100g 油树脂中含有 25～30mL 精油，每克油树脂约等于 20g 新鲜的干月桂叶。月桂叶精油以干月桂叶为原料经水蒸气蒸馏法制取，得率为 0.8%～1.0%。

  月桂叶和月桂叶油都是 FEMA 允许使用的食品风味料。

  月桂叶广泛用于西式饮食，在法国和意大利应用非常普遍，其次为德国、英国和美国，在东方，月桂叶的应用不广，除东南亚以外，日本人也不喜欢月桂叶的味道。月桂叶或月桂叶精油用作法国和意大利烤肉串、烧烤全牲的作料，以赋予精美的风味；法式的小牛肉、羊肉、肉丸、红肠、鱼、家禽或野味，无论烧、熬或炖，加入月桂叶以给出独特的传统风格；调料（番茄酱、番茄汤、面酱、酱油）；作料（腌制肉类、腌制家禽、非酒饮料、洋葱菜或南瓜菜等）。

40　芝麻 Sesame

芝麻（*Sesamum indicum* Linn.），属唇形科，主产于中国、日本、印度和埃及等地，在世界各地都有栽种，中国是世界上最大的芝麻生产国。芝麻按颜色分为白芝麻、黑芝麻、黄芝麻和杂色芝麻4种。一般种皮颜色浅的比颜色深的含油量高。良质芝麻的色泽亮而纯净；次质芝麻的色泽发暗；劣质芝麻的色泽昏暗发乌呈棕黑色。

香辛料用芝麻是其干燥的种子和经烘烤后的产品。芝麻没有挥发油，所以没有精油这一产品形式。芝麻的主要质量标准见表2-74。

表 2-74　芝麻的主要质量标准

项目	我国标准
灰分	<2.0%
瘪子	<2.0%
湿度	<9.0%

芝麻原物的香气极为微弱，但经烘烤后产生非常精致的芝麻特征香气，口味也与此相同，为令人喜欢的坚果样风味。

烘烤中国芝麻的香气主要成分可见表2-75。

表 2-75　烘烤芝麻的主要香气成分分析

成分名	含量/%	成分名	含量/%
乙酸	11.64	吡嗪	1.03
4-甲基噻唑	2.05	甲基吡嗪	23.69
糠醛	4.13	2,4-二甲基噻唑	1.13
2,3-二甲基吡嗪	3.43	乙烯基吡嗪	1.19
2-庚烯醛	6.34	5-甲基-2-呋喃甲醛	5.99
2-呋喃羧酸甲酯	1.82	2-戊基呋喃	2.16
3,5-二甲基异噻唑	3.03	3-乙基-2,5-二甲基吡嗪	8.19
愈疮木酚	8.41	5-甲基-6,7-二氢环戊并吡嗪	3.86

芝麻是中国和日本最喜欢使用的香辛料之一，在东南亚和印度也有相当高的用量，其次是法国和意大利，英、美、澳等英语系国家使用较少。芝麻在一切烘烤食品中都可加入，芝麻和奶油是面包的特有风味之一，其余有面卷、咖啡、饼干、馅饼等；用于炸、煎、熏肉类的作料（如鸡、牛肉）；用于制作沙拉的调味料。

41　中国桂皮 Cassia

中国桂皮是中国肉桂（*Cinnamomum cassia* Presl.）干燥的树皮，中国肉桂属于樟科植物，又名筒桂、木桂、杜桂、桂树、连桂、阴桂等。肉桂经常写成玉桂，也常与斯里兰卡肉桂相混淆。此两者无论在香味上还是在价格上都有很大区别。中国肉桂主产于中国云南、广东和广西，现在东南亚如越南也有栽种，以中国产的数量最大。香辛料所用的中国肉桂是其块状干燥的树皮、粉状干树皮、精油和油树脂。其干燥的树皮即桂皮。中国桂皮的主要质量标准见表2-76。

表 2-76　中国桂皮的主要质量标准

项目	我国标准	FDA 标准
灰分	<5.97%	<5.0%
酸不溶性灰分	—	<1.0%（粉剂 2.0%）
湿度	<9.28%	<14.0%（粉剂 11.0%）
挥发油	1.26%	1.5%～3.0%（以等级而定）（粉剂 1.5mL/100g）

中国桂皮的香气成分与越南桂皮的香气在细微之处有不同，主要表现为肉桂醛的含量上。中国桂皮和越南桂皮的主要香气成分可见表2-77。越南清化桂皮处于中国桂皮和斯里兰卡肉桂之间，香气较细腻柔和。

表 2-77　中国桂皮和越南桂皮主要香气成分分析

成分名	中国广西桂皮/%	越南清化桂皮/%
苯甲醛	0.54	0.15
苯丙醛	0.90	0.59
龙脑	0.36	0.04
顺式肉桂醛	1.12	0.92
反式肉桂醛	93.49	71.07
乙酸桂酯	0.99	—
γ-木罗烯	0.04	—
甲氧基肉桂醛	0.16（对位）	1.11（邻位）
β-红没药醇	0.08	—
α-古珀烯	—	5.18
α-石竹烯	—	1.99
依兰油烯	—	4.84
杜松烯	—	5.59
瑟林烯	—	0.78

中国桂皮甜辛的芬芳香气并不很强，但持久性好；为甜辛香味，有一些辛辣和涩的味感。中国桂皮精油如确从干树皮为原料制取，香气和香味与原物相仿，但香气强度更大。中国肉桂油树脂的香味与精油类似。

中国肉桂精油为黄色至深棕色液体。至今尚无中国肉桂油树脂这一产品。

中国桂皮精油以粉碎了的中国桂皮为原料，采用水蒸气蒸馏法蒸馏，得率为1%～2%。

中国桂皮、中国桂皮萃取物和中国桂皮精油都是 FEMA 允许使用的食品风味料。

中国桂皮是中国和东南亚地区常用的香辛料，西方饮食用得较少。用于肉类品作料（以牛、羊、家禽为主）、蛋类食品（如茶叶蛋）、腌制品作料（肉类、蔬菜如萝卜、甜菜、泡菜等）、汤料；德国和意大利的巧克力中有时会加入少许桂皮，给出别样的风味。中国桂皮精油用于可乐饮料、酒和烟草香精。

42　众香子 Allspice

众香树（*Pimenta dioica* L. Merril）为桃金娘科植物，主要产西印度群岛，牙买加的产量占绝对地位，是世界总产量的 70%，墨西哥次之，现在有许多地区都有种植，但规模和质量无法与牙买加众香子相比。如墨西哥产众香子比牙买加产的粒度要大些，风味也差。我国的广东、海南及福建省已有多年引种历史，但尚未形成大规模生产。

香辛料用众香子是其整粒干燥种子、种子粉碎物、精油和油树脂。众香子的主要质量标准见表 2-78。

表 2-78　众香子的主要质量标准

项目	我国标准	FDA 标准
总灰分	<5.0%	<5.0%
酸不溶性灰分	<0.3%	<1.0%
湿度	<10.0%	<12.0%
破损颗粒	<5.0%	—
挥发油	>3.0mL/100g	>3.0%（粉剂 2.0%）

众香的种子和叶的香气成分相差不大，因此众香子精油中常掺入众香叶油。众香子和众香叶的香气成分可见表 2-79。众香子和众香叶的主要香气成分是丁香酚和甲基丁香酚。

表 2-79　牙买加众香子和众香叶的主要香气成分分析

成分名	众香子/%	众香叶/%
月桂烯	0.2～0.8	0.1～0.2
1,8-桉叶油素	0.2～2.3	1.1～2.5
β-石竹烯	4.3～5.4	0.1～7.6
α-忽布烯	1.6～2.7	1.0～2.1
甲基丁香酚	2.9～13.1	痕量～1.9
丁香酚	69.0～80.0	66.0～84.0

众香子为类似于丁香的辛香气，但它更强烈，有较明显的辛辣气味。众香子这种辛辣的风味因与肉桂、丁香、肉豆蔻、胡椒等众多香料的香气相谐而能混合使用，因而得名。众香子精油为非常谐和的强烈的辛香香气，有一些胡椒样辛辣味，并有水果样、肉桂和丁香似的风味，后味有点儿涩。众香子油树脂的香味特征与精油相似。

众香子精油为略带些黄或红黄色液体，1g 精油相当于 25g 众香子。众香子油树脂为棕绿色，每 100g 油树脂中含有 40～50mL 挥发油，1g 油树脂相当于 20g 新粉碎的众香子。众香子精油以水蒸气蒸馏法制取，一般得率为 3.0%～4.5%；众香子油树脂由溶剂法提取制备。

众香子、众香子精油和众香子油树脂都是 FEMA 允许使用的食品风味料。

众香子的作用是提升食物的风味，在西方烹调中占重要地位，尤其是英国、美国和德国，以前东方食品中较少用，现有增多的趋势。但有趣的是，法国人也不喜欢众香子的风味。众香子可用作几乎所有牲肉食品和禽类食品的作料，如德国香肠、腊肠、红肠等，尤适合于熏、烤或煎肉类，有名的巴西烤肉即以众香子为主料；可用于配制汤料，主要为鸡、番茄、甲鱼、牛肉和蔬菜等；用于制作各种调味料，如番茄酱、辣椒酱、肉酱、卤汁、咖喱粉、辣椒粉等；各种蔬菜的风味料和沙拉调料；西式面制品风味料，如苹果饼、肉馅饼、布丁、生姜面包、汉堡包等；腌制品作料；糖果风味料，如墨西哥的巧克力曾用众香子以增强甜香味。众香子精油则用于酒类和饮料，咖啡中加入众香子有独特的效果。

参考文献

[1] Kenneth T，Farrell，Spice，condiments and seasonings. USA：The AVI Publishing Company，1985.
[2] K V Peter. Handbook of Herbs and Spices（Second edition）. UK：Woodhead Publishing Ltd，2012.
[3] Lawrence Brian M. Progress in Essential Oils. USA：Allured Publishing Company，2013.
[4] 林进能. 天然食用香料生产和应用. 北京：中国轻工业出版社，1991.
[5] 天然香料加工手册编写组. 天然香料加工手册. 北京：中国轻工业出版社，1997.

第三章

区域性香辛料

所谓区域性香辛料是指那些地方性食用香料植物，它们可形成独特的地方风味。相对于常规香辛料而言，区域性香辛料覆盖面、影响力都较小，由于关注度较少，对它们的系统研究还很不足，资料不尽完全。本章将对它们的产地、标准、风味、成分、安全性、应用等方面作尽可能详细的介绍。这些香辛料虽然在当地食用时间十分久远，但还没有得到公认，务请注意。

1　阿魏 Asafoetida

阿魏（*Ferula assafoetida* L.）为伞形科木本香料作物，原产于伊朗，现主产于印度、土耳其和伊朗，印度是阿魏主要生产国，大部分阿魏来自印度。阿魏在中国不常见，主要种植地区是新疆，称为新疆阿魏。商品阿魏是此植物根茎部的分泌的树脂状物，阴干后也称为阿魏树胶，简称阿魏，呈不规则的块状和脂膏状，颜色深浅不一，表面蜡黄色至棕黄色。阿魏的一个代用品叫纳香阿魏（*Ferula narthex*），现只产于印度，风味与使用方法同阿魏类似。

用作香辛料的是阿魏粉剂、阿魏酊剂和阿魏挥发油。

阿魏的质量标准见表 3-1。

表 3-1　阿魏树胶的质量标准

项目	《中国药典》标准
总灰分	<5.0%
湿度	<8.0%
挥发油	>10.0mL/100g
乙醇醇溶性热浸出物含量	>20.0%

阿魏的香气随产地不同而不同，伊朗产的阿魏质量较好，阿魏的风味主要由含硫化合物呈现，如烯丙基仲丁基二硫化物、正丙基仲丁基二硫化物等。伊朗产和中国新疆产阿魏的香气成分见表 3-2。

表 3-2　伊朗产和中国新疆产阿魏主要香气成分分析

成分名	伊朗产阿魏含量/%	中国新疆产阿魏含量/%
α-蒎烯	10.78	1.288
正丙基仲丁基二硫化物	0.29	1.395
烯丙基仲丁基二硫化物	48.06	—
正丁基亚砜	—	13.270
2,3-二羟基丙酸	—	1.240
2-乙硫基丁烷	—	29.104
α-榄香烯	—	0.799
异长叶烷-8-醇	—	1.175
γ-桉叶醇	0.35	2.162
表桉叶醇	5.88	—
罗勒烯	12.19	1.033
1,2-二硫戊烷	—	29.410
二丁基二硫化物	0.615	0.870
2,2-二甲硫基丙烷	—	1.589
1,1-二乙硫基乙烷	—	3.601
1,1-丙烯基-2,2-硫甲基二硫化物	1.53	1.280
喇叭荼醇	—	3.043
1,4-双-t-丁基硫代-2-丁烯	—	1.927
β-蒎烯	10.24	—
月桂烯	1.55	—

　　阿魏具特强烈而持久的洋葱-蒜样特异臭气，并不令人愉快。味道与此相似，味辛辣，嚼之有灼烧感，有苦的味感。阿魏挥发油具更强烈特征的蒜样气息，对眼睛和皮肤有刺激性，孕妇应避免接触阿魏挥发油。由于阿魏气味强烈，一般不直接用于烹调，而是采用它的粉剂和酊剂。阿魏粉剂是将阿魏和 4 倍的食用淀粉混合粉碎后使用的；酊剂则是将阿魏浸渍在 3～4 倍量的 70% 酒精中 1 周后使用。

　　采用水蒸气蒸馏法可制得阿魏挥发油，得率 10%～17%。

　　阿魏、阿魏萃取物（酊剂）和阿魏挥发油都是 FEMA 允许使用的食品风味料。

　　阿魏是印度、阿富汗、尼泊尔和伊朗等地常用的调味料，阿魏最常与洋葱或大蒜一起配合使用，给出强而有力的刺人的气味和诱人的蒜样的香味；印度的风味咖喱饭、汤、酱汁和泡菜常加入阿魏。伊朗和阿富汗将阿魏用于腌制腊肉，制作风味肉脯，甚至糕饼。由于阿魏的香气强烈，应严格控制使用量。

2 凹唇姜 Krachai

凹唇姜［*Boesenbergia rotunda*（L.）Mansf.］又名泰国沙姜、泰国姜、指姜、人参姜、甲猜等，为姜科植物，野生分布于泰国和印度尼西亚，我国西双版纳地区有种植，其他地区极少生长。香辛料采用凹唇姜新鲜的根茎和凹唇姜精油。

凹唇姜风味物质丰富，呈香的主要成分是1,8-桉叶油素、樟脑、香叶醇、龙脑和桂酸甲酯等，泰国凹唇姜主要成分分析见表3-3。

表3-3 泰国凹唇姜主要成分分析

成分名	含量/%	成分名	含量/%
α-侧柏烯	0.2	α-蒎烯	0.6
莰烯	5.8	δ-3-蒈烯	1.7
1,8-桉叶油素	13.9	异松油烯	2.0
芳樟醇	0.6	樟脑	32.1
龙脑	0.9	α-松油醇	1.20
β-柠檬醛	1.0	香叶醇	16.20
α-柠檬醛	3.7	甲酸香叶酯	1.5
δ-榄香烯	0.6	乙酸橙花醇酯	1.0
桂酸甲酯	5.8	γ-榄香烯	0.5

新鲜凹唇姜具姜似的辛辣味，但辣度远逊于生姜，辣感的刺激也与姜不一样，更多的是其有些凉、甜、青样的芬芳香气。

采用水蒸气蒸馏法蒸馏新鲜的凹唇姜，可制取凹唇姜精油，以新鲜的凹唇姜计，得率为2%～3%。

凹唇姜在东南亚有悠久的食用历史，但FEMA还没有把它列为允许使用的食品风味料。

凹唇姜为泰国和印度尼西亚常用的调味料，是泰菜的特有风味，多用于鱼类、蔬菜（如西蓝花）、海鲜汤、烧烤羊肉和咖喱等的调味。

3 菝葜 Sarsaparilla

菝葜（*Smilax china* L.）在世界各地都有分布，有260多个不同的品种，分属几个植物科属，但大部分的菝葜并不可用作香辛料。在烹调中有应用的有牙买加菝葜、墨西哥菝葜、穗菝葜（产于我国云南、西藏）、澳大利亚菝葜和印度菝葜。其中印度菝葜（*Hemidesmus indicus* L.）应用较多。

一般使用的是菝葜干燥的根及其提取物，菝葜的主要质量标准见表3-4。

表 3-4　菝葜根的主要质量标准

项目	《中国药典》标准
总灰分	＜3.0％
湿度	＜15.0％
60％乙醇醇溶性热浸出物含量	＞15.0％

上述提到的菝葜根都有香味，含挥发油，但各自香气的成分相差较大。印度菝葜的主要香气成分是对甲氧基水杨醛和香豆精类化合物。

印度菝葜为甜木样特征香气，有焦香、药草香和焦糖样香气；味觉特征与其气息相似，有枫槭样风味，略有涩感。用水蒸气蒸馏法可制取菝葜精油，得率在1.0％以下。菝葜精油与原物的香气相同。

菝葜和菝葜提取物是 FEMA 认可的食品风味料。

菝葜经常与其他香辛料配合，很少单独使用。如菝葜根的粉碎物与蒜和洋葱配合常用于印度畜肉类食品的烹制和腌制，可给出印度西北地区的特有风味，也用于咖喱调味料和汤料；韩国人则将少量的菝葜用入烤肉调料或酱汁。牙买加菝葜有一点苦味，可用作啤酒的配料。菝葜精油用于啤酒和朗姆酒的加香、水果香精、蜂蜜香精。

⁝⁝⁝ **4**　白豆蔻 White Amomum Fruit

白豆蔻（*Amomum kravanh* Pierre ex Gagnep）为姜科植物，又名豆蔻、白蔻、白扣。原产于印度尼西亚爪哇、柬埔寨和泰国等地，现中国广东、海南、云南和广西均有栽培。柬埔寨和泰国产的白豆蔻产量最大。香辛料采用其成熟的干燥果实。

白豆蔻的质量标准见表 3-5。

表 3-5　白豆蔻的质量标准

项目	《中国药典》标准
湿度	＜11.0％
挥发油	＞5.0mL/100g
杂质	＜1.0％

白豆蔻的香气随产地不同而差异很大，一般认为柬埔寨和泰国产的白豆蔻的风味质量较好。东南亚产地和中国广东产地的白豆蔻香气成分见表 3-6。

表 3-6　东南亚产地和中国广东产地的白豆蔻香气主要成分分析

成分名	东南亚产地的白豆蔻含量/％	中国广东产地的白豆蔻含量/％
β-蒎烯	15.9	0.05
α-蒎烯	—	1.52

续表

成分名	东南亚产地的白豆蔻含量/%	中国广东产地的白豆蔻含量/%
1,8-桉叶油素	12.7	—
葑酮	14.9	—
松香芹醇	10.9	—
桃金娘烯醛	12.7	—
桃金娘烯醇	16.1	—
β-月桂烯	—	2.72
柠檬烯	—	5.85
樟脑	—	37.87
龙脑	—	5.60
乙酸龙脑酯	—	15.46
β-石竹烯	—	5.51
α-石竹烯	—	1.78

白豆蔻为强烈好闻的樟脑样凉香气，有月桂叶、肉桂、柠檬的香韵、微苦和微辣的味道。中国产白豆蔻樟脑气更重，接近砂仁的香气。

使用水蒸气蒸馏法蒸馏干燥的白豆蔻子可得精油，得率为 2%～4%。白豆蔻精油的香气与原物相似。

白豆蔻及其提取物在我国和东南亚有悠久的使用历史，但尚未得到 FEMA 的认可。

白豆蔻在东南亚被广泛用作调味料，亦为东南亚"咖喱粉"原料之一。可去异味，增香辛。用于配制各种卤汤及供制卤猪肉、烧鸡之用。

>>> 5 白芷 Chinese Angelica

白芷 [*Angelica dahurica* (Fisch. ex Hoffm.) benth. et Hook. f. ex Franch. et Sav] 为伞形科当归属植物，在西伯利亚、蒙古和我国北方的一些省区有栽培。中国是香辛料用白芷的主要生产国，有禹白芷（河南）、兴安白芷、川白芷、杭白芷等品种，香辛料采用其干燥的根。白芷的主要质量标准见表 3-7。

表 3-7 白芷的主要质量标准

项目	《中国药典》标准
总灰分	<6.0%
湿度	<14.0%
稀乙醇醇溶性热浸出物含量	>15.0%
按干燥品计算欧前胡素含量	>0.080%

白芷的挥发性成分复杂，香气随产地不同变化很大，香辛料用白芷的主要香气成分见表3-8。茴香脑和桉树脑是其主要呈香成分，而欧前胡素是其非挥发的主要成分。

表 3-8　白芷香气主要成分分析

成分名	含量/%	成分名	含量/%
α-蒎烯	2.12	β-月桂烯	1.20
对伞花烃	1.42	柠檬烯	2.73
桉树脑	12.53	γ-松油烯	3.56
芳樟醇	6.24	4-松油醇	2.60
α-松油醇	1.16	对烯丙基茴香醚	1.21
2-甲基-3-苯基丙醛	1.46	茴香脑	10.84
丁香酚	1.61	β-榄香烯	1.735
γ-石竹烯	2.21	β-雪松烯	1.51
石竹烯	8.92	α-香柠檬烯	2.58
葎草烯	2.42	α-瑟林烯	1.39
β-瑟林烯	1.37	依兰油烯	1.21

白芷为强烈的白芷特征的芳香气息，有茴香样的辛香味道，味有辛辣感，微苦。

我国应用白芷有相当久远的历史，但白芷及其提取物尚未得到 FEMA 的认可，白芷中有些成分有致敏的可能。

白芷整片或粉碎使用，适合与其他香辛料配合，如豆蔻、草果、肉桂等，对除去牛、羊、淡水鱼、猪、禽肉等肉食品的膻、腥气味有非常好的效果，并能增加食品的香气和风味；可用作汤料、火锅汤料、肉类腌制品、酱料、卤汁、烧烤肉类等调料。

6　荜拔 Long pepper

荜拔（ *Piper longum* Linn.）是胡椒科胡椒属植物，也名荜茇，原产于印度尼西亚的爪哇地区，现分布在斯里兰卡、马来西亚、印度、尼泊尔、越南以及中国的福建、云南、广西、广东等地。香辛料采用的是它的未成熟干燥果穗及其精油。荜拔的主要质量指标见表3-9。

表 3-9　荜拔的主要质量指标

项目	《中国药典》标准
总灰分	<5.0%
湿度	<11.0%
胡椒碱含量	按干燥品计算,含胡椒碱不得少于2.5%

荜拔的质量随产地的不同变化很大，相对而言国外产的荜拔比国产的香气浓郁些，辛辣度要小一些。荜拔挥发油主要成分见表 3-10。红没药烯和石竹烯是主要的香气物质。胡椒碱是其非挥发的主要成分。

表 3-10　云南荜拔挥发油主要成分分析

成分名	含量/%	成分名	含量/%
石竹烯	17.93	α-蒎烯	1.58
莰烯	1.72	β-蒎烯	1.23
β-反式罗勒烯	6.17	α-罗勒烯	3.26
芳樟醇	1.76	雪松烯	6.34
古巴烯	1.92	β-古芸烯	1.72
β-荜澄茄油烯	15.89	β-芹子烯	6.67
α-芹子烯	2.18	杜松烯	2.45
红没药烯	11.00	α-人参烯	2.72

荜拔有似胡椒的强烈特异香气，但比黑胡椒更粗洌刺鼻，混有中药样气息。味道也与黑胡椒相似，却比黑胡椒更辛辣，有药样的苦味，有豆蔻或肉豆蔻干果似的甜的后味。荜拔精油的香气与原物区别不大。

以荜拔干穗为原料，采用水蒸气蒸馏法可制取荜拔精油，得率 0.5%～1%。荜拔精油为淡黄色油状物，1g 精油相当于 100g 原物。

荜拔精油为 FEMA 认可的食品添加剂。

荜拔在欧美烹调中不常见，原因可能是其药苦味。荜拔在烹调中常与白芷、豆蔻、砂仁等香料配合使用，可除去异味、增添香味以增加食欲，对去除动物性原料牛羊肉中的腥膻异味特别有效，是卤、酱汁类重型调料中必不可少的原料，多用于烧、烤、烩等肉类菜肴。也可用于汤料、腌制品作料等。荜拔与桂皮、陈皮配合，可减少或改善其药苦味；荜拔与生姜配合制作的果醋另有风味。

7　荜澄茄 Cubeba

荜澄茄为胡椒科植物荜澄茄 [*Litsea cubeba* (Lour.) Pers.] 的干燥成熟果实。荜澄茄原产于印度尼西亚的爪哇，现主产于东南亚及南亚各国，我国产于广东、广西、福建等地。香辛料采用荜澄茄的干燥成熟果实及其提取物。荜澄茄的主要质量标准见表 3-11。

表 3-11　荜澄茄的主要质量标准

项目	《中国药典》标准
总灰分	<5.0%
湿度	<10.0%
乙醇醇溶性热浸出物含量	>28.0%

荜澄茄的香气随产地不同而不同，爪哇产荜澄茄的风味质量最好。要注意的是，有相当多地方产的所谓荜澄茄，其实是山鸡椒，已不可用作风味料，仅可用作药物。广西荜澄茄与印尼荜澄茄香气相似，它的香气成分见表 3-12。

表 3-12　广西荜澄茄主要香气成分分析

成分名	含量/%	成分名	含量/%
α-柠檬醛	27.49	β-柠檬醛	23.57
D-柠檬烯	18.82	β-侧柏烯	3.34
α-蒎烯	2.57	β-蒎烯	2.85
6-甲基-5-庚烯-2-酮	2.40	芳樟醇	2.36

荜澄茄有强烈宜人的柠檬样的芳香香气，似有些众香子样暗韵；味稍辣而稍苦，但不怎么麻唇。荜澄茄精油可以水蒸气蒸馏法从荜澄茄中制得，得率为 3%～4%，为淡黄色油状物，香气与原物相同。

荜澄茄精油是 FEMA 认可的风味添加剂。

荜澄茄为印度尼西亚菜肴常用的香辛料，多用于印度尼西亚式炒饭和吉列鱼块等；适量的荜澄茄与姜、辣椒、蒜、葱配合，也可制作中国南方特色的风味淡水鱼。荜澄茄精油用于食品风味料以及香水香精的调配。

8　波尔多 Boldo

波尔多树（*Peumus boldus* L.）为杯轴花科波尔多属植物，也译作波耳多，原产于智利，现只主产于南美临近国家如玻利维亚、阿根廷、巴西等。香辛料采用其干燥的叶。

波尔多树叶的香气随产地不同而相差很大。驱蛔素是波尔多树叶中的主要呈香成分，波尔多树叶的特异香气由此而来，但纯净的驱蛔素气味辛辣，并不招人喜欢，味道也怪异，因此波尔多树叶中驱蛔素的含量在合适的范围内才可用作香辛料，不同波尔多树叶中驱蛔素含量的差别有数倍之多。阿根廷产香辛料用波尔多叶的主要香气成分见表 3-13。

表 3-13　阿根廷产波尔多叶主要香气成分分析

成分名	含量/%	成分名	含量/%
α-蒎烯	1.40	β-蒎烯	1.40
α-松油烯	15.30	γ-双戊烯	12.30
4-香芹盖烯醇	2.80	异松油烯	43.80
驱蛔素	5.80	α-古芸烯	0.80
斯巴醇	1.10	1,8-桉叶油素	8.70

波尔多叶有特异的强烈香气，类似于肉桂、月桂叶和樟脑的混合物，后有甜甜的木样香气；有辛辣味，并有苦味和怪异的后感，这种特异感是波尔多叶特有

的，其他植物无法复制。波尔多叶精油可以水蒸气蒸馏法从波尔多干树叶中提取，得率2%～4%，香气与原物相似。

波尔多叶还不是FEMA允许使用的食品风味料。

南美洲人很欣赏波尔多叶的风味。将波尔多叶用于沏茶饮用；烹调中波尔多叶可赋予菜肴十分和谐的芳香气息，并给出多重的味感，用法与中国人用桂皮和香叶一样。常用于鱼类烧烤；肉汁和卤汁；风味酱调料；泡菜调料；蘑菇菜风味料等。

9 草豆蔻 Semen Alpiniae Katsumadai

草豆蔻（*Alpinia katsumadai* Hayata.）是姜科山姜属植物，主产于我国云南、广东和广西。香辛料是用草豆蔻干燥近成熟的种子。草豆蔻建设的质量标准见表3-14。

表3-14 草豆蔻建议的质量标准

项目	建议的质量标准
总灰分	<4.9%
湿度	10.0%～15.0%
挥发油	>1.25%
70%乙醇浸出物含量	>2.2%
热浸法水溶出物含量	>2.10%
山姜素含量	>0.19%

草豆蔻种子的挥发油中，主要呈香物质是莰烯、桉叶油素、4-松油醇、α-松油醇和金合欢醇，非挥发的特征性成分是山姜素。广东草豆蔻子的主要香气成分分析见表3-15。

表3-15 广东草豆蔻子的主要香气成分分析

成分名	含量/%	成分名	含量/%
δ-3-蒈烯	1.34	β-蒎烯	1.47
α-水芹烯	3.98	柠檬烯	1.90
桉叶油素	12.17	对伞花烃	9.21
樟脑	0.86	1-甲基-4-异丙烯基环己醇	3.19
4-松油醇	6.61	α-葎草烯	6.62
α-松油醇	8.85	桧醇	2.10
香叶醇	1.27	3-苯基丁酮-2	5.32
癸炔-3	3.35	肉桂酸甲酯	1.88
4-苯基-3-丁烯酮-2	2.22	百里酚	1.16
金合欢醇	13.75		

草豆蔻香气芬芳强烈，味辛辣，微苦。可以采用水蒸气蒸馏法，以干燥的草豆蔻子为原料制取草豆蔻精油，得率约 0.5%。

草豆蔻用于烹调在我国有悠久的历史，但还不是 FEMA 允许使用的食品风味料。

草豆蔻仅在中国使用，因气息特异而极少单独用于烹调，一般与草果、肉豆蔻等复配在香味较重的卤汁和咖喱中使用；可与花椒、八角和肉桂等香辛料配合使用作为食品调味剂，可去除鱼、肉等食品的膻腥味、异味、怪味，为菜肴提香。

10　草果 Tsaoko Amomum

草果（*Amomum tsaoko* Crevost et Lemarie）为姜科豆蔻属多年生草本植物，别名草果子、草果仁。草果在我国云南、广西、贵州、四川等地有栽培，云南是主产地，草果也见于日本和朝鲜。香辛料用其干燥成熟的果实。

草果可以晒干的整粒、干果粉碎物和精油的形态使用。草果的一些主要质量标准见表 3-16。

表 3-16　草果的主要质量标准

项目	《中国药典》标准
总灰分	<8.0%
湿度	<15.0%
挥发油	不得少于 1.4mL/100g

草果的香气随产地不同而略有变化，广西产草果的香气成分见表 3-17。1,8-桉树油素是草果中主要的香气成分。

表 3-17　广西产草果主要香气成分分析

成分名	含量/%	成分名	含量/%
α-蒎烯	1.65	β-蒎烯	2.67
α-水芹烯	3.07	γ-松油烯	0.94
1,8-桉树油素	45.24	芳樟醇	0.64
4-松油醇	1.77	α-松油醇	3.59
橙花醛	2.95	香叶醇	5.11
香叶醛	4.52	乙酸香叶酯	1.00
对伞花烃	1.46	(2E)-癸烯醛	1.97
2-异丙基苯甲醛	2.30	对丙基苯甲醛	6.04
3-甲基肉桂醛	1.64	4-茚满甲醛	2.41

草果整果的香辛气息并不强烈，但是粉碎后的草果香辛气息非常强烈，有桉叶油样凉气的浓郁的草果特异香气，并有干坚果样的后韵；味道与其香气类似，并有持久的辛辣味，微苦。草果精油的香气与原物相同，也有辣味。

草果精油为淡黄色油状液体，1g 精油约相当于 50g 原物。采用水蒸气蒸馏法可制得草果精油，以干果计，得率 1%～2%。

FEMA 至今还没有认可草果和草果精油。对雌、雄两性小鼠经口急性毒理最大耐受量（MTD）试验，均大于 10.0 g/kg 体重，属于实际无毒物质。

我国是使用草果最广泛的国家。它对除去牛、羊、鱼、猪、禽肉等肉食品的膻、腥气味有非常好的效果，对羊肉更有效，并能增加食品的香气和风味；可用作汤料、肉类腌制品、烧烤肉类等调料。草果的香气非常强烈，使用时要小心。

⋙ 11 陈皮 Chenpi

陈皮是经晒干或晾干而制成的成熟的橘皮。柑橘（*Citrus reticulata* Blanco.）为芸香科柑橘属常绿小灌木，果实通常称为橘子，在我国多地都有生长，较集中的有广东、浙江、湖南等地。陈皮一般放至隔年后才可以使用，陈皮隔年后挥发油含量有所减少，而所含的黄酮类化合物含量（如橙皮苷）就会相对增加，陈皮的价值才会体现出来。

陈皮的质量与产地相关，广东新会产的陈皮最有名，称为广陈皮，其余的统为陈皮。陈皮的质量标准可见表 3-18。

表 3-18 陈皮的质量标准

项目	《中国药典》标准
湿度	<13.0%
橙皮苷含量	不得少于 3.5%

陈皮的香味随产地不同而不同，同时加工和保管的条件也很重要。广东新会产的陈皮香气质量较好。十年陈的广东新会陈皮的香气成分见表 3-19。有认为 2-甲胺基苯甲酸甲酯是新会陈皮特有香气成分，这一香气成分在其他地区的陈皮中没有发现。

表 3-19 十年陈的广东新会陈皮香气主要成分分析

成分名	含量/%	成分名	含量/%
α-侧柏烯	1.098	α-蒎烯	3.569
β-蒎烯	2.492	β-月桂烯	3.157
对伞花烃	8.848	右旋柠檬烯	59.822
γ-松油烯	12.138	异松油烯	1.090
2-甲胺基苯甲酸甲酯	1.379	α-金合欢烯	0.557
石竹烯	0.366	α-甜橙醛	0.628

陈皮有橘子皮的浓郁清香，并伴有一弱弱的辛样芳香，没有青果的酸涩气息；有多韵的香酸甜味，有一些苦的味感，但这苦味平和，可与其他味道相互调和，形成独特风味。陈皮精油的香气与原物相似，但香气强度更大。

可以陈皮为原料，经水蒸气法蒸馏制取精油，广陈皮中挥发油含量为1.5%～2.0%，旋光1.472～1.474。FEMA目录中并没有陈皮及相关产品的条目，有的是与陈皮较关联的甜橙油、除萜甜橙皮油和红橘油等，这些产品都是以新鲜原料加工的。

陈皮是我国南方传统的香料和调味佳品，可用作肉食品（以牛、猪、禽为主）作料，以除膻增鲜开胃，更能维持和突出原肉类的风味；其余可用于蛋类食品、汤料、酱料、糕点、饮料、小吃调味料等。陈皮挥发油可用于饮料、酒和烟草香精。

░░░ 12　川芎 Szechuan lovage rhizome

川芎（*Ligusticum chuanxiong* Hort）为伞形科植物，主产于我国四川（灌县），在云南、贵州、广西等地均有栽培，在日本也有种植，香辛料采用其干燥根茎，也名香果。川芎的主要质量标准见表3-20。

表 3-20　川芎的主要质量标准

项目	《中国药典》标准
总灰分	<6.0%
酸不溶性灰分	<2.0%
湿度	<12.0%
乙醇醇溶性热浸出物含量	>12.0%
按干燥品计算阿魏酸含量	>0.10%

川芎的香气随产地不同而有明显的不同，四川产川芎的风味质量较好。四川川芎水蒸气蒸馏得到的精油的主要香气成分见表3-21。藁本内酯是川芎的主要风味成分。

表 3-21　四川川芎主要挥发成分分析

成分名	含量/%	成分名	含量/%
β-水芹烯	1.43	γ-松油烯	1.28
异松油烯	1.49	崖草烯	2.81
丁烯基苯酞	2.14	香叶烯	1.95
川芎内酯	9.01	藁本内酯	61.58

川芎香气浓郁芬芳，有欧当归和芹菜子样的药草样辛香气；略带苦味，有麻舌感，微有甘甜回味。川芎精油可以水蒸气蒸馏法蒸馏川芎干根而得，得率约1%，香气与原物相同。

川芎及其提取物尚未得到FEMA的认可。

川芎遮盖腥臊味的作用非常明显，可用于鱼、羊肉、牛肉等的煮、炖、烤，或用来制作相应的卤水、卤汁和酱料。川芎应用要留心，不要过量。

13　大葱 Welsh onion

大葱（*Allium fistulosum*）属百合科，原产于西亚，现在主要种植于中国北方。另一种与大葱非常相近的葱类植物叫火葱（*Allium ascalonicum*），原产于亚洲西部，在我国南方和欧洲较为广泛地栽培。中国是大葱的主要生产国。调料中所用有新鲜大葱和脱水大葱两种，尚无葱油这类产品市售。

产地不同，大葱的风味略有变化。吉林大葱的主要风味成分分析见表3-22。

表3-22　中国吉林大葱主要风味成分分析

成分名	含量/%	成分名	含量/%
二甲基二硫醚	1.33	2,4-二甲基噻吩	0.21
甲基丙烯基二硫醚	4.18	二甲基三硫醚	14.00
二烯丙基二硫醚	0.14	丙基丙烯基二硫醚	4.07
二丙基二硫醚	0.58	甲基烯丙基三硫醚	11.25
甲基丙基三硫醚	14.27	二甲基四硫醚	1.37

大葱的香气与细香葱差距明显，而更接近于蒜，但较蒜柔和，辛辣感较低。

大葱在中国北方饮食烹调中均占有相当重要的地位，使用大葱可提升菜肴的风味，用于汤料（如清汤）、卤汁（肉类、家禽类、番茄类菜肴和豆制品）、调料（用于海鲜、河产品和沙拉）、作料（酱、酱油）、面制品等。

14　大风 Sweet gale

大风（*Myrica gale*）为杨梅科大风属灌木类植物，原产于欧洲北部和西部以及北美洲的北部地区，现在西亚也有分布。香辛料一般采用其干燥的叶。

大风叶子被烘干或晒干会发出宜人的芳香气味，但产地不同香气有区别，欧洲北部的大风有桉叶油样的凉感，而北美大风甜样的树脂香味重一些。加拿大大风的主要香气成分见表3-23。欧洲北部的大风风味主要由 α-蒎烯、柠檬烯、月桂烯和桉叶油素赋予。

表3-23　加拿大大风主要挥发成分分析

成分名	含量/%	成分名	含量/%
α-蒎烯	3.89	月桂烯	23.18
α-水芹烯	9.90	对伞花烃	4.47
柠檬烯	11.20	β-水芹烯	1.52
(Z)-α-罗勒烯	4.31	(E)-β-罗勒烯	4.53
β-石竹烯	9.31	α-葎草烯	1.54
γ-古芸烯	2.57	(E,E)-α-金合欢烯	1.78
δ-杜松烯	1.64	石竹烯氧化物	3.47

大风叶子的芳香气味可联想到月桂叶和肉桂叶的香气，味道与其相似，但有些苦和涩，苦味似酒花。干燥大风叶经水蒸气蒸馏可制得大风叶精油，得率为 0.1%～0.5%，是一淡黄色液体，25℃折射率为 1.477～1.577，相对密度为 0.80～0.85。大风叶精油的香气与原物相同。

大风叶在欧洲北部和西部有悠久的使用历史，但大风叶及其提取物尚未得到 FEMA 的认可。

在北欧大风叶主要整片用于蔬菜和豆类食品的烹调，以提升它们的香味，菜肴装盘前要将大风叶除去；用大风叶煲汤的操作也是如此。大风叶很少用于肉类，而更多如酒花似的用于啤酒的酿制。大风叶精油可用于香水香精和酒用调味料。

15　冬青 Wintergreen

冬青（*Gaultheria procumbens*）为杜鹃花科植物，也称美国冬青，原产于北美的纽芬兰、阿拉巴马州等地。香辛料主要采用其枝叶、枝叶精油。

世界上有许多称为冬青的植物，但除了美国冬青外，其余的一般的均不适合用作香辛料。美国冬青的香气主要成分为水杨酸甲酯，美国冬青的香气成分见表3-24。

表 3-24　美国冬青的香气成分分析

成分名	含量/%	成分名	含量/%
α-蒎烯	0.22	桧烯	0.08
β-蒎烯	0.25	月桂烯	0.09
柠檬烯	2.17	小茴香酮	0.17
薄荷酮	0.12	水杨酸甲酯	96.90

冬青树叶为强烈而特殊的青涩样香气，有柔和的芳甜香气和香味，有一种特殊的似浆果样的香气和稍带甜木的后韵，带一点点苦感。冬青油具有强烈的冬青树叶特有香气。

以冬青新鲜的枝叶为原料，经水蒸气蒸馏可制得冬青精油，得率 0.5%～0.7%。

冬青油是 FEMA 允许使用的食品风味料。

美国人很喜欢冬青的香味，而欧洲人不喜欢。美国人将冬青的风味广泛地用于冰激凌、口香糖、饮料、凉茶等；冬青油的适量加入有助于提高留兰香的风味。冬青油的最大问题是它可以被合成水杨酸甲酯所掺假，而且少量的掺入几乎无法识别。

16　独活 Angelica pubescens

独活为伞形科植物重齿毛当归（Angelica pubescens Maxim. f. biserrata Shan

et Yuan）的干燥根，在我国四川、湖北、浙江等地都有种植，独活的主要质量标准见表 3-25。

表 3-25　独活的主要质量标准

项目	《中国药典》标准
总灰分	<8.0%
湿度	<10.0%
酸不溶性灰分	<3.0%
按干燥品计算蛇床子素含量	>0.50%
按干燥品计算二氢欧山芹醇当归酸酯含量	>0.080%

独活的香气随产地不同而不同，湖北和四川的独活香气相似，风味也适合烹调。川独活的主要香气成分见表 3-26。

表 3-26　川独活主要挥发成分分析

成分名	含量/%	成分名	含量/%
1,2-二甲基-4-亚甲基环戊烯	5.21	壬醛	1.32
α-侧柏烯	3.44	α-蒎烯	5.21
桧烯	3.24	γ-松油烯	10.68
2,5,5-三甲基-1,3,6-庚三烯	1.21	环小茴香烯	4.96
百里香酚甲醚	2.09	石竹烯	1.24
欧前胡脑	2.04	樟脑	0.84

川独活有特异强烈的芳香香气，其中掺杂柑橘皮样气息；味苦、香辛、微麻舌。我国应用独活有相当久的历史，但独活及其提取物尚未得到 FEMA 的认可。

独活可整片或粉碎后小量使用，适合与其他香辛料配合，对除去牛、羊、鲜鱼、鸭肉等肉食品的膻、腥气味有非常好的效果，并能增加食品的香气和风味；可用作汤料、肉类腌制品、卤汁、烧烤肉类等调料。

⊳⊳⊳ 17　杜松 Juniperus

杜松（*Juniperus communis* L.）为柏科桧属常绿灌木，原产地是南部欧洲，但现在亚洲、北美（如加拿大）、北非都有种植。虽然北半球都可以看见它的踪迹，但南欧产的品质最好。名字为杜松的植物有 60 多种，注意不要与品种为 *Juniperus rigida* 的杜松混淆。

杜松子精油是水蒸气蒸馏法蒸馏新鲜成熟的、或半干的、或干燥了的、或经发酵的杜松果实的制品，得率为 0.5%～2.5%，因此杜松子精油的品质受品种、产地、收获季节、干燥条件等因素的影响。西班牙杜松子油主要挥发成分见表 3-27。杜松子的主要呈香成分是 α-蒎烯、柠檬烯、γ-松油烯、杜松烯和杜松醇等。

表 3-27　西班牙杜松子油主要挥发成分分析

成分名	含量/%	成分名	含量/%
α-蒎烯	24.9～26.5	β-蒎烯	1.51～1.92
β-月桂烯	3.56～5.41	柠檬烯	3.59～5.16
4-松油醇	9.1～11.7	α-松油烯	2.02～2.21
侧柏烯	3.04～3.14	桧烯	4.23～6.43
γ-松油烯	3.36～3.49	对伞花烃	2.55～5.17
α-异松油烯	1.02～1.14	α-松油醇	5.20～5.54
香芹酮	0.93～2.73	对伞花烃-8-醇	0.79～1.01
α-荜澄茄烯	1.20～1.26	α-古珀烯	0.77～1.51
β-石竹烯	5.09～5.63	γ-榄香烯	1.63～2.30
α-葎草烯	2.69～3.03	β-金合欢烯	1.00～1.46
γ-依兰油烯	0.97～1.04	大根香叶烯 D	1.07～1.30
α-瑟林烯	2.04～5.56	δ-杜松烯	5.17～5.54
杜松-1,4-二烯	0.95～1.32	大根香叶烯 B	2.94～4.71
氧化石竹烯	1.40～1.66	榧烯醇	0.82～1.04
斯巴醇	2.18～2.29	t-依兰油醇	2.46～2.50
α-杜松醇	1.83～1.95	马鞭草烯酮	0.83～3.17

　　杜松子油为锐利、清新、干净、细腻、略带辛辣芳香的杜松特征木香，味也有些辛辣和苦香。

　　杜松子油是 FEMA 允许使用的食品风味料。

　　北欧如斯堪的纳维亚半岛大概是最喜欢杜松子风味的地区，杜松子不仅用于畜肉的炖煮，连啤酒、白兰地也可用杜松子来调味。著名的金酒就是以杜松子的风味为特征的。

18　番石榴 Guava

　　番石榴（*Psidium guajava* Linn.）为桃金娘科番石榴属热带常绿小乔木或灌木，原产于热带美洲墨西哥，现全球热带地区均有种植，我国华南地区福建、广东等地有引种种植。香辛料采用的是番石榴的果实。

　　番石榴香气浓烈独特，但产品之间随产地变化很大，香气成分极复杂，含有超过130多种的芳香物质。墨西哥和中国广东番石榴主要香气成分分析见表3-28，两者差别较大。

表 3-28　墨西哥和中国广东番石榴主要香气成分分析

成分名	墨西哥番石榴/%	中国广东番石榴/%
γ-丁内酯	7.6	—

续表

成分名	墨西哥番石榴/%	中国广东番石榴/%
反-2-己烯醛	7.4	—
反,反-2,4-己二烯醛	2.2	—
顺-3-己烯醛	2.0	0.87
顺-2-己烯醛	1.0	10.23(顺反二式的总和)
顺-3-己烯醇乙酸酯	1.3	16.15
3-石竹烯	24.1	—
橙花叔醇	17.3	—
乙酸苯丙-3-醇酯	5.3	—
氧化石竹烯	5.1	—
顺-3-己烯醇	—	4.27
己醇	—	3.72
苯丙-3-醇	—	1.16
己醛	—	44.31

番石榴果实的风味兼有果香和甜香的特性，果香可体味出香蕉、菠萝、杨桃、荔枝、酸梅、草莓、青枣等多种风味，口味酸甜。番石榴精油从新鲜的番石榴果以水蒸气蒸馏法制取，但番石榴精油还不是 FEMA 允许使用的食品风味料。

番石榴风味的食品在夏威夷、中美洲、东南亚和南亚十分流行，是面食的主要风味料；也用作酱鸭、酱牛肉的调味料；可用于饮料、冰激凌、果冻、糖果、果酱等的加味，给出热带水果样的特色；番石榴精油有除臭作用，对屏蔽和消除二甲硫醚、豆腥味有效；番石榴精油为酒用增香料。

19 甘草 Liquorice

甘草（*Glycyrriza glabra*）为豆科植物，在南欧至中东一线均有种植，也称为光果甘草。我国主产的甘草为中国甘草（*Glycyrrhiza uralensis* Fisch.），生长在内蒙古、山西、甘肃和新疆等地。香辛料采用它们干燥的根茎。中国甘草根的质量标准见表 3-29。

表 3-29　中国甘草根的主要质量标准

项目	《中国药典》标准
总灰分	<7.0%
湿度	<12.0%
酸不溶性灰分	<2.0%
甘草苷含量	>0.50%
甘草酸含量	>2.0%

甘草的香气随产地不同而不同，中国科尔沁草原产和伊朗胡齐斯坦地区产的甘草香气成分比较见表 3-30。中东地区产的甘草气息较我国产的轻逸但多韵。而甘草的特征成分是其不挥发的甘草酸、甘草次酸、甘草甜素等。

表 3-30　甘草香气主要成分分析

成分名	中国科尔沁草原产甘草/%	伊朗胡齐斯坦地区产甘草/%
戊醛	3.38	1.45
戊-2-烯醛	5.24	1.01
1-戊醇	1.13	3.05
己醛	57.99	20.75
己-2-烯醛	0.78	0.26
1-己醇	10.61	31.59
2-庚酮	2.38	2.71
庚醛	2.55	2.18
乙酸戊醇酯	—	0.71
己酸甲酯	0.33	1.11
1-辛烯-3-醇	0.92	6.80
2,3-辛二酮	0.70	0.95
2-戊基呋喃	5.81	8.08
己酸乙酯	0.41	1.66
辛醛	—	1.67
乙酸己酯	—	1.85
柠檬烯	0.75	0.55
桉叶油素	0.41	1.45
顺式罗勒烯	—	1.92
芳樟醇	1.60	3.28
壬醛	1.82	2.03
癸醛	1.26	0.74

甘草（光果甘草）有强烈的甘草特征的甜焦香及轻微的焙烤香，有些具药草样气息；味为淡淡的苦涩中夹杂着起味缓慢而绵长余味的特征甜香，有甜木香味样的后感。甘草精油为药草香，带有独活草凉香和芹菜香韵的黄樟和甘草样香气；甜的青香味和药草味，带点苦的利口酒样香韵的独活草味道。

光果甘草和光果甘草提取物都是 FEMA 允许使用的食品风味料，但是中国甘草并不在 FEMA 允许的范围内。

甘草可与桂皮、丁香、茴香、八角、干姜等配合，适量用于肉类罐头（可抑制牛肉膻臭、丰富肉类香气）、调味料（用于酱油，可增加其中氨基酸的风味）、糖果、饼干、蜜饯、凉果、果汁（味）型饮料，用作掩盖苦涩味、卤盐味、谷类余味的风味修饰剂；可用作巧克力、糖果及咖啡的增香剂；卷烟和嚼烟添加剂。

20 甘松 spikenard

甘松（*Nardostachys jatamansi* DC.）为败酱科多年生草本植物，也名宽叶甘松。甘松原产于中国和印度，现主要分布于我国四川、云南、西藏等地，我国台湾、朝鲜和日本也有种植。香辛料采用其干燥的根及其提取物。甘松根的质量标准见表 3-31。

表 3-31 甘松根的主要质量标准

项目	《中国药典》标准
湿度	<12.0%
挥发油	>2.0mL/100g

甘松根有着强烈的气味，并随产地不同而变化。有些甘松品种只适合用作药用，一般认为中国川西产的甘松风味最好。川西甘松的主要香气成分见表 3-32。

表 3-32 川西甘松的主要挥发成分分析

成分名	含量/%	成分名	含量/%
白菖蒲烯	47.10	马兜铃烯	7.10
马里烯	6.44	蓝桉醇	4.66
古芸烯	3.94	匙叶桉叶烯醇	3.06
广藿香醇	2.71	塞舌尔烯	2.67
3,7-瑟林二烯	2.13	缬草酮	1.90

甘松根有着强烈独特的药草和木香的芬芳香气，味带些辛甜和清凉感。用水蒸气蒸馏可从甘松根中得甘松精油，得率 2.5%～3.5%，颜色为黄色或琥珀色，香气与原物相似。

甘松及其提取物是传统的中药，但尚未得到 FEMA 的认可。

甘松是我国华南地区常用的香辛料，多与其他香辛料如甘草、丁香、八角、小茴香、当归、陈皮等配合，用以增香，并给出滇黔风味，也是缬草、豆蔻、生姜等香辛料的修饰剂。甘松可用于制作膻味较重的兽禽肉类（如牛羊肉）的风味酱、卤汁、烧烤料和腌制料。甘松精油用于调配香水香精和日化香精。

21 枸杞 Wolfberry

枸杞（*Lycium barbarum* L.）为茄科植物，在中国、朝鲜、日本和欧洲有栽培或逸为野生，中国是枸杞的最大生产国，主要分布在宁夏、甘肃一带。香辛料采用其成熟的果实，即枸杞子。枸杞子的国家标准见表 3-33。

表 3-33 枸杞子的质量标准

项目	《中国药典》标准
总灰分	<6.0%
湿度	<13.0%

枸杞子有香气，虽比较弱，但很重要。宁夏枸杞子的香气成分见表 3-34。

表 3-34 宁夏枸杞子挥发油的主要成分分析

成分名	含量/%	成分名	含量/%
2-乙酰基呋喃	1.40	5-甲基糠醛	1.22
壬醛	1.81	2-羟基肉桂酸	3.95
甲基壬基酮	2.76	4-乙烯基愈创木酚	8.86
枸杞二烯酮	10.38	2-十三酮	2.79
2-十九酮	7.78	枸杞三烯酮	13.88
软脂酸甲酯	7.42	油酸甲酯	4.63

枸杞子有脂样的果脯香气，焦糖似的甜韵，味道也与香气相似，有点儿酸涩。

采用水蒸气蒸馏可制取枸杞子精油，但得率较低，在 0.3% 以下。

中国卫生部将枸杞子列入药食同源目录，但 FEMA 尚未允许作为食品风味料使用。

中国是枸杞子在烹调中经常使用的香辛料之一，可用入肉类酱汁、烘烤肉类作料、汤料、火锅底料、腌制品作料、面包风味料等。

22 广木香 Costustoot

广木香（*Aucklandia lappa* L.）为菊科植物，又名木香、云木香，主要产于亚洲西部，以喜马拉雅山周边区域产的最好，我国也产于云南、四川。香辛料采用其干燥的根部及其提取物。

要注意的是，中国大部分称为木香的药材并不能用于烹调，因为它们与广木香并不属于同一个植物科属。产地对广木香的质量影响极大，克什米尔地区广木香的主要香气成分见表 3-35。广木香醇和榄香烯是其特征成分。

表 3-35 克什米尔地区广木香主要香气成分分析

成分名	含量/%	成分名	含量/%
8-柏木烯-13-醇	5.06	α-姜黄烯	4.33
β-广木香醇	13.55	δ-榄香烯	12.69
α-瑟林烯	5.02	β-瑟林烯	4.47
α-广木香醇	4.02	4-松油醇	3.38

续表

成分名	含量/%	成分名	含量/%
榄香脑	3.21	α-紫罗兰酮	3.13
β-榄香烯	3.00	γ-榄香烯	2.08
对伞花烃	1.96	β-蒎烯	1.57

广木香为平和厚实的甜木香样的特征芳香香气，与鸢尾的香气有些相似；味道也与此相似，稍有些辛辣感。

广木香精油可用水蒸气蒸馏制取，得率 1.0%～3.5%，为淡黄至黄棕色液体，为悦人持久的甜木香样广木香香气，有月桂和紫罗兰的韵味。

广木香精油是 FEMA 认可的风味添加剂。

正宗的广木香价格不菲，常与高良姜、荜拔、丁香、花椒、胡椒、砂仁、桂皮、茴香等配合，用于牛肉、鸭肉类卤酱的烹调，只要少量即可，给出独特浓厚的卤香风味。广木香精油属于高档香料，用于酒、香烟和香水香精的调配。广木香常被掺假，掺假物一般为土木香、柏木油等。

23 海索草 Hyssop

海索草（*Hyssopus officinalis*）又名神香草，是唇形科神香草属多年生草本植物。原产欧洲和中东，现在欧洲地中海沿岸如希腊、意大利、土耳其至伊朗、印度等地都有种植，我国新疆也早有种植，一直被用作维吾尔族的习用草药。香辛料采用其全草及其提取物。

海索草随产地的不同，香气成分变化很大。就香气而言，我国新疆产海索草已不可作为香辛料使用。欧洲海索草主要香气成分见表 3-36。

表 3-36 欧洲海索草主要香气成分分析

成分名	含量/%	成分名	含量/%
α-蒎烯	0.84	桧烯	1.53
β-蒎烯	15.21	柠檬烯	1.33
月桂烯	0.93	β-水芹烯	1.47
1,8-桉叶油素	0.3	芳樟醇	0.96
反式松香芹醇	0.36	反式蒎莰酮	14.65
顺式蒎莰酮	47.83	隐酮	0.5
桃金娘烯醇	2.26	反式-2-羟基蒎莰酮	0.94
乙酸月桂烯醇酯	0.44	β-波旁烯	1.06
别香树烯	0.96	榄香烯	0.28
斯巴醇	1.52	氧化石竹烯	0.52

海索草在欧洲作香味蔬菜用。有薄荷样的独特的芳香香气，味道微苦。可以

水蒸气蒸馏法制取海索草挥发油，挥发油得率鲜时为 0.07%～0.29%，干时为 0.3%～0.9%。海索草精油无色或淡黄色，有芳香的樟脑气味，稍苦涩的味道。海索草、海索草提取物和海索草精油都是 FEMA 认可的香辛料。

海索草主要用于南欧、中东和印度的烹调。海索草鲜叶芳香，可增加甜食和酸辣菜的口感，可制作成酱或料理的调味料；其薄荷味可用来做汤、做沙拉，腌渍菜时使用效果也不错；作鱼肉类料理可增加风味；其轻微的苦涩而又芬芳，适合用于牛肉和鸡肉的烹调，尤其适合脂肪量较多的肉类；腌渍肉类或蔬菜时也有不错的风味效果。海索草油可作为软饮料、利口酒、甜酒的香料成分。

24　黑种草 Black cumin

黑种草（*Nigella sativa* L.）也名家黑种草，为毛茛科黑种草属植物，黑种草属有 100 多种，只有家黑种草早已被驯化为规模栽培植物，非洲、中东、印度北部到我国新疆和西双版纳等地区都有种植。香辛料只采用其种子、粉碎物及其油脂。印度和埃及是黑种草的最大生产国。

印度也是黑种草种子的出口大国，黑种草种子的主要质量标准见表 3-37。

表 3-37　印度黑种草种子的主要质量标准

项目	印度标准
总灰分	<6.0%
湿度	<11.0%
酸不溶性灰分	<1.0%
挥发油	>1mL/100g
乙醚提取物（原油）	>35mL/100g

黑种草种子的香气随产地不同而变化很大，许多黑种草种子的气息只能用不愉快或难闻来表述。风味质量较好的见于中东地区。香辛料用伊朗黑种草种子挥发油的香气成分见表 3-38。

表 3-38　伊朗黑种草种子挥发油的主要成分分析

成分名	含量/%	成分名	含量/%
α-苧烯	2.4	α-蒎烯	1.2
桧烯	1.4	β-蒎烯	1.3
对伞花烃	14.8	柠檬烯	4.3
小茴香酮	1.1	香芹酮	4.0
香芹酚	1.6	甲基胡椒酚	1.9
大茴香醛	1.7	肉豆蔻醚	1.4
莳萝脑	1.8	芹菜脑	1.0

粉碎了的黑种草种子香气强烈，具油脂气息，有近似于牛至的辛辣感；带有

芥菜子样的苦味和辣味，并有草莓浆果似的回味。黑种草种子油是将干燥的种子经压榨而得到的，风味与原物相同，另有高比例的不饱和脂肪酸脂。黑种草种子经水蒸气蒸馏可得精油，得率为 0.5%～1.4%。黑种草种子精油为黄色油状物，气息与原物相差很远，难闻，一般不能用于食品风味。

黑种草种子油是 FEMA 认可的风味添加剂。

在印度和中东，黑种草种子早已被用来作为香辛料和调味品，其他地方很少使用。黑种草种子与小茴香、茴香、芥末和葫芦巴混合粉碎后，是印度型的一种"五香粉"，用于沙拉、蔬菜、肉食品等的调料；黑种草种子粉与麦粉混合后，经烘烤制作面包和糕饼；或作为辣椒的替代物用于泡菜、酱菜、酱、腌菜等。

❖ 25 藿香 Patchouli herb

藿香 [*Agastache rugosa* (Fisch. et Mey.) O. ktze.] 为唇形科藿香属草本植物，在我国各地均有分布，主要分布于黑龙江、吉林、辽宁等地，该植物也可见于日本、朝鲜、俄罗斯。香辛料采用的是其新鲜或阴干干燥的地上部分。

不同产地藿香的化学成分相差较大，中国东北和朝鲜产藿香适合用作香辛料。一般认为胡椒酚以及丁香酚衍生物是藿香主要的呈香成分。也不要与广藿香混淆，藿香和广藿香在香气上无丝毫相连之处。黑龙江藿香香气的主要成分见表3-39。

表 3-39 黑龙江藿香香气的主要成分分析

成分名	含量/%	成分名	含量/%
胡椒酚甲醚	29.11	香薷酮	10.0
胡椒酚	1.257	脱氢香薷酮	3.90
丁香酚	0.427	丁香酚甲醚	9.734
丁香烯	5.509	别香树烯	3.05
甘香烯	2.857	匙叶桉油烯醇	4.359
α-杜松醇	2.509	蓝桉醇	0.663

藿香富含挥发油，其气味清爽浓郁特征，有茴香似的气息，有丁香样的后韵；有一点茴香甜的味道，有些微的苦涩和辛辣味。

藿香精油可取自新鲜藿香或干燥藿香，采用传统的水蒸气蒸馏法提取，鲜草的出油率约为 0.5%，干品为 6%～9%。藿香精油为具有特殊芳香气味的淡黄色液体，香气和味感与原物相似。

藿香在东亚有长期使用的历史，但藿香及其提取物尚未得到 FEMA 的认可。

藿香常用于东北菜系中，适合用于蛋类、淡水鱼类等的调味；而韩国人对藿香的喜好更甚，藿香与其他香辛料配合用于鱼和肉的调味料和烧烤料，在淡水鱼的腌制中加些藿香可减少其腥味，还可制作藿香蒜酱、制作蒜酱风味的酒等。

26   加州胡椒 American pepper

加州胡椒（*Schinus molle* L.）为漆树科肖乳香属灌木或小乔木，也名巴西胡椒、粉红胡椒、柔毛肖乳香等，原产于南美洲，现在整个美洲都有种植。香辛料主要采用其干燥的果实及其提取物。

加州胡椒有较丰富的挥发油，它的香气随产地不同而很有差别，南美洲巴西产的加州胡椒香气质量较好，因为其水芹烯的含量高。劣质的加州胡椒则有明显的松节油味道。它的主要香气成分见表 3-40。

表 3-40   加州胡椒主要香气成分分析

成分名	含量/%	成分名	含量/%
α-蒎烯	4.3	β-蒎烯	5.0
β-水芹烯	20.8	β-石竹烯	1.5
α-松油醇	8.4	对伞花烃	2.5
α-水芹烯	46.5	柠檬烯	0.8

加州胡椒有令人愉快的芳香香气，带有新鲜柑橘和胡椒样气息，并有隐约的薄荷似的凉味；其味感与此相同。加州胡椒精油可以水蒸气蒸馏法蒸馏加州胡椒干果而得，得率 1.0%～1.5%，为淡黄色油状物，相对密度在 0.9 左右。加州胡椒精油的香气与原物相似。

加州胡椒在美洲有久远的使用历史，但有儿童食用发生呕吐的报道。FEMA只将加州胡椒精油作为食用香辛料。

在南美洲，加州胡椒及其粉碎物用以代替胡椒，或与其他香辛料配合，可给出相当微妙的南美特有风味。用于烧烤牛排；猪肉、羊肉串、禽肉的烧烤调料；鱼（如鳕鱼、鲈鱼、鲑鱼等）的调味料；沙拉调味料；汤料；风味酱等。加州胡椒精油用于饮料。

27   韭菜 Leek

韭菜（*Allium tuberosum* Rottl. ex Spreng.）为百合科蔬菜作物，世界各地都有栽培，我国韭菜产量居世界首位。香辛料主要采用其鲜叶和干燥的种子及其挥发油。

韭菜子的主要质量标准见表 3-41。

表 3-41   韭菜子的主要质量标准

项目	企业标准
总灰分	<3.0%
湿度	<8.0%
挥发油	>0.5%

一般而言，韭菜有本地韭菜和洋韭菜之分，风味物质以本地韭菜为多。韭菜和韭菜子的香气成分见表 3-42。风味成分都以含硫化合物为主。

表 3-42　韭菜和韭菜子挥发油主要成分分析

成分名	兰州韭菜的含量/%	云南韭菜子的含量/%
甲基丙烯基二硫醚	32.76	—
1,3-二硫己烷	1.17	8.03
二甲基三硫醚	3.41	—
二烯丙基二硫醚	39.31	12.38
丙烯硫基乙酸甲酯	2.08	—
甲基丙烯基三硫醚	12.16	—
二烯丙基三硫醚	7.33	0.48
二丙烯基三硫醚	—	13.13
3-异丙硫基丙酸	—	14.55
2,2-(二甲硫基)丙烷	—	2.44
糠基甲基硫醚	—	3.96
正戊基呋喃	—	2.20

新鲜韭菜有特征性的韭菜香辛味。韭菜子也有类似韭菜香气，但强度和鲜香程度都有不及，有辛辣味。

韭菜子在我国早已食用，但韭菜子及其提取物尚未得到 FEMA 的认可。

韭菜是香料蔬菜。韭菜子可在腌制肉类食品中配合使用，给出另类风味。

28　良姜 Galangal

良姜（*Alpinia officinarum* Hance.）和高良姜（*Alpinia galanga*）都是姜科山姜属植物，主产于印度、越南、印度尼西亚、泰国、中亚各国和我国福建、台湾、广东、广西、海南、云南等地，印度是此类香辛料的最大生产国。在国外香辛料市场和使用中，两者都采用 Galangal 这一称谓，而且两者在烹调中的使用基本相同，因此可以互相替换；两者的不同是后者形体稍大，故称之为大良姜。香辛料采用其新鲜根茎、干燥根茎、干燥根茎粉碎物及其提取物。良姜干燥根茎的主要质量标准见表 3-43。

表 3-43　良姜干燥根茎的主要质量标准

项目	我国标准	日本标准
总灰分	<9.0%	<9.0%
酸不溶性灰分	—	<4.0%
湿度	<14.0%	<10.0%
挥发油	0.2%～1.5%	—

　　良姜和高良姜的香气随产地不同而不同，经常有这种情况，不同产地的良姜在香气上的区别大于良姜和高良姜之间的区别。如马来西亚产的良姜挥发成分以月桂烯为主，而印度尼西亚产的以桉树油素为主。从风味角度而言，我国产良姜也是以桉树油素为主，适合用于我国的烹调。我国产的良姜中，广东的质量较好。中国广东、印度尼西亚和马来西亚产良姜的主要香气成分见表 3-44。

表 3-44　中国广东、印度尼西亚和马来西亚产良姜精油的主要成分分析

成分名	中国广东产的良姜含量/%	印度尼西亚产的良姜含量/%	马来西亚产的良姜含量/%
桉树油素	63.6	47.3	0.13
α-松油醇	8.76	4.3	—
蒎烯	6.84(α 型)	11.5(α 型)	1.16(α 型)+0.14(β 型)
莰烯	4.08	—	—
法尼烯	2.18	—	0.94
γ-杜松烯	0.21	—	—
反式石竹烯	0.22	—	0.11
α-香柠檬烯	5.01	—	10.7
桉叶-4,11-二烯	2.67	—	—
γ-依兰油烯	13.33	—	—
α-甜旗烯	2.70	—	—
柠檬烯	—	4.3	0.35
4-松油醇	—	6.0	—
侧柏烯	—	6.2	—
β-红没药烯	—	—	0.57
月桂烯	—	—	94.51
罗勒烯	—	—	2.05

　　一般而言，良姜具有特有的强烈辛辣的近似于中国姜的香气，随产地的不同，常伴有一些其他气息，如泰国产的有明显的柠檬味，马来西亚产的凉味较重。其辛辣味介于胡椒和姜之间，没有辣椒那样尖刺。良姜中的主要辣味成分是高良姜酚，其结构与生姜中的辣味成分相差很大。

　　水蒸气蒸馏新鲜的良姜根茎可得约 0.1% 的精油，良姜精油的香气与该原物相似。

　　良姜在东亚用于食用已经很久，但 FEMA 仅将良姜提取物列入，并没有指明是良姜的精油还是良姜的油树脂。

　　良姜是东南亚地区广泛使用的香辛料，可以说是一种基本香料，地位似生姜在中国烹调中的作用，可给出东南亚特有的风味。但在欧洲、美国和印度却不常用。良姜可协调和融合大蒜、茴香、香叶、生姜、辣椒、柠檬等，组成多种风味

的调味料。良姜可给畜肉（特适合牛肉、猪内脏等）、禽肉（如鸡）、鱼类、海鲜等调味；可用于汤料、卤汁、饮料（如姜茶）、甜食的加味；可用于制作各种风味料如当代的风味醋、风味酱。良姜精油用于酒的加香，但其药用价值更高。

29　灵香草

灵香草（*Lysimachia foenum-graecum* Hance.）为报春花科珍珠菜属植物，又名零陵香、香草、佩兰、排草等，主要产于我国广西、广东、云南、四川等地，香辛料采用干燥了的灵香草叶或灵香草提取物。

灵香草的香气随产地的不同变化很大，有些灵香草并不适合用作香辛料。广东产灵香草挥发油的主要成分见表3-45。

表3-45　广东产灵香草主要挥发成分分析

成分名	含量/%	成分名	含量/%
β-蛇床子烯	11.17	β-蒎烯	10.31
癸烯酸甲酯	7.49	香橙烯	6.79
癸酸甲酯	5.24	2-十一烷酮	3.93
丁酸戊酯	2.89	反式金合欢烯	2.09

灵香草有特异的持久芳香气，有膏甜香、焦甜香、豆香、果酸味，稍带一点清凉药香、木香和革香，味微甜。采用水蒸气蒸馏法可制取灵香草精油，得率约0.5%，用溶剂提取法可制取灵香草浸膏。

灵香草及其提取物还不是FEMA允许使用的食品风味料。

灵香草是我国南方和东南亚喜欢使用的香辛料，主要目的是增加香味，可与姜、桂皮、辣椒、豆蔻等配合，制作肉类卤汁、熬制火锅底料或者熬制一些香辣味半成品调料。

30　芒果姜 Mango ginger

芒果姜（*Curcuma amada* Roxb.）是姜科多年生根茎草本植物，因具有鲜芒果的气味而得名。芒果姜主要野生于孟加拉国、印度和马来半岛的一些地区。香辛料采用其新鲜和干燥的根茎。

芒果姜的香气随产地不同而很有差别。印度芒果姜精油的香气成分见表3-46。

表3-46　印度芒果姜精油的主要成分分析

成分名	含量/%	成分名	含量/%
α-蒎烯	0.7	β-蒎烯	4.64
月桂烯	80.54	(E)-β-罗勒烯	1.88
紫苏烯	1.47	石竹烯	0.34
莰烯	0.18	(Z)-β-罗勒烯	0.22

新鲜马来半岛芒果姜的鲜芒果的芳香气味最为特征，开始有胡椒样的辛辣感，后为甜的精妙的芒果样果香，并有些壤香和凉香的后韵；味道最初有点儿苦，随即转化为甘甜，之后又有酸样芳香的回味。干燥的芒果姜香味较新鲜的差许多，香气依然芳香愉快，但多韵的果香气少了。

用水蒸气蒸馏法可以制取芒果姜精油，但得率一般不高，香气与原物相似。

芒果姜在南亚和东南亚的使用历史悠久，但尚未得到 FEMA 的认可。

在南亚和东南亚，芒果姜的根茎是一种很受欢迎的香料和蔬菜。最常见的是泰国菜，有芒果姜风味的烤鸡，烤虾，豆腐类菜肴，沙拉，薯条，酱菜，酸辣酱，泡菜，蛋糕等。印度芒果姜适合酸辣酱和泡菜。

31　柠檬草 Lemongrass

柠檬草为禾本科香茅属植物，有三个主要品种，枫茅（*Cymbopogon flexuosus*）也称东印度柠檬草，主要分布于印度；柠檬香茅草（*Cymbopogon citratus*）也称为西印度柠檬草，原产于南印度、斯里兰卡，现在印度、泰国、斯里兰卡、中国华南和越南等地有规模种植；垂叶香茅草（*Cymbopogon pendulus*）也称查谟柠檬草，原产于印度北部。香辛料一般采用其干叶及其提取物，柠檬草干叶主要的质量标准见表 3-47。

表 3-47　柠檬草干叶的质量标准

项目	我国标准	日本标准
总灰分	<8.0%	<8.0%
酸不溶性灰分	<1.2%	<0.5%
湿度	<12.0%	<10.0%

三种柠檬草的香气并不相同，同品种随产地不同而又有所变化。三种柠檬草（印度产）挥发油主要的香气成分比较见表 3-48。对香辛料而言，西印度柠檬草的应用面最大。

表 3-48　三种柠檬草挥发油主要成分分析

成分名	东印度柠檬草/%	西印度柠檬草/%	查谟柠檬草/%
α-柠檬醛	51.19	41.82	43.29
α-蒎烯	0.24	0.13	0.19
乙酸香叶醇酯	1.95	3.00	3.58
甲基庚酮	1.50	2.62	1.05
β-柠檬醛	26.21	33.18	32.27
月桂烯	0.46	12.75	0.04
香叶醇	5.00	1.85	2.60
橙花醇	2.20	—	—

续表

成分名	东印度柠檬草/%	西印度柠檬草/%	查漠柠檬草/%
芳樟醇	1.34	—	3.07
香茅醇	0.44	—	—
柠檬烯	2.42	0.23	0.35
香茅醛	0.37	0.73	0.49
石竹烯	0.32	0.18	2.15
β-榄香烯	—	1.33	0.7
榄香醇	—	1.20	2.29
乙酸香茅醇酯	—	0.96	0.72

西印度柠檬草全草有极浓郁的柠檬香味，香气新鲜多韵，有辛辣味感；而其他的柠檬草的柠檬香气也重，但与其他气息掺杂在一起并无柠檬样的味美感，味也更尖辣。

用水蒸气蒸馏法可制取柠檬草精油，得率为 0.5%。柠檬草油树脂可以甲醇为溶剂提取，其香气与原物相同。

柠檬草在印度、泰国、斯里兰卡和越南等地是一种重要的食物调料，但尚未得到 FEMA 的认可。

柠檬草被广泛使用在泰国菜肴中的汤料、猪排卤汁、蒸鱼调料、烤鸡鸭肉调味料和咖喱粉，以增加其中柑橘、柠檬的味道，增加特殊香味、遮盖异味。柠檬草精油也用于烹饪调味，但主要用于调配酒和软饮料、冷冻奶制品、糖果、烘烤食品、明胶和布丁。

▶▶▶ 32 柠檬香蜂草 Lemon Balm

柠檬香蜂草（*Melissa officinalis* L.）又名蜜蜂花，是唇形科芳香的草本植物，原产于温暖的地中海地区，现在欧洲、北美、亚洲均可找到。我国的中南部、西南和台湾省也有野生种分布，但是目前较少栽培。香辛料采用其鲜叶、干叶（含水量一般小于 10%）及其提取物。

柠檬香蜂草的香气随产地不同而不同，地中海地区产的风味质量较好。希腊产和中国山东产柠檬香蜂草的香气成分比较见表 3-49。

表 3-49 希腊产和中国山东产柠檬香蜂草香气主要成分分析

成分名	希腊产/%	中国山东产/%	成分名	希腊产/%	中国山东产/%
蒿醇	1.00	1.97	1-辛烯-3-醇	0.9	—
6-甲基-5-庚烯-2-酮	3.7	0.72	δ-3-蒈烯	5.0	—
芳樟醇	2.7	1.42	香茅醛	10.2	—
桃金娘烯醇	2.8	—	香叶醇	3.6	—
α-柠檬醛	19.6	46.27	β-柠檬醛	11.2	28.21

续表

成分名	希腊产/%	中国山东产/%	成分名	希腊产/%	中国山东产/%
香叶酸甲酯	1.3	—	乙酸香茅酯	3.7	—
α-古珀烯	1.4	—	乙酸香叶酯	2.2	—
石竹烯	13.2	3.28	氧化石竹烯	—	5.90
顺式玫瑰醚	0.5	—	α-葎草烯	1.9	—
大根香叶烯D	8.3	—	α-金合欢烯	2.3	—
δ-杜松烯	2.6	—	乙酸橙花醇酯	—	1.46

柠檬香蜂草全草具有清新的柠檬香气，有甜花香如玫瑰似的蜜样和水果样后韵。中国山东产柠檬香蜂草的香气已经足够，但韵味单调而少甜感。

柠檬香蜂草用水蒸气蒸馏法可制得精油，也有着浓郁的柠檬香气。

柠檬香蜂草及其精油是 FEMA 认可的食用香辛料。

柠檬香蜂草是一种药食兼用的特色芳香植物，可作蔬菜食用，也可作凉拌菜生食，用作沙拉配料、肉汤的调味料。柠檬香蜂草精油和提取物可添加若干水果如哈密瓜、甜瓜、菠萝、苹果和梨样香韵，用于调配风味酒和非酒精饮料、糖果、烘焙食品、烧烤调料（如韩国式烧烤牛排调味料）、果冻、布丁、冷冻乳制甜点、果酒等。

》》》 33　欧当归 Lovage

欧当归（*Levisticum officinale* L.）又称圆叶当归，为多年生芳香草本植物伞形科植物。原产南欧及伊朗南部的高山地带，现已经在许多地区有种植。现在德国和匈牙利是欧当归的主要生产国。欧当归的鲜叶、种子、鲜根和干根都有芳香气息，都可用作香辛料，其中最主要的是欧当归新鲜根的提取物。欧当归干根的主要质量标准见表 3-50。

表 3-50　欧当归干根的质量标准

项目	我国标准
总灰分	＜12.0%
湿度	＜10.0%
挥发油	＞1.0%

欧当归的风味成分随产地因素影响很大，一般认为，南欧的欧当归风味较好，它们香气的主要成分见表 3-51。藁本内酯是其主要成分。

表 3-51　欧当归不同部位的主要成分分析

成分名	叶/%	种子/%	根/%
α-蒎烯	0.4～0.8	2.9～5.3	2.0～12.7

续表

成分名	叶/%	种子/%	根/%
β-蒎烯	1.0～1.7	2.9～17.7	2.5～6.6
月桂烯	1.6～4.4	2.2～7.1	0.3～0.8
α-水芹烯	0.4～1.2	1.0～2.9	0.2～0.5
β-水芹烯	13.4～26.5	11.7～63.1	1.7～15.5
戊基环己二烯	0.3～0.9	0.2～0.4	7.4～29.3
乙酸α-松油醇酯	49.7～70.0	4.5～16.2	0.1～0.2
藁本内酯	4.4～11.7	5.6～16.0	37.0～67.5

欧当归的鲜叶与芹菜叶片相似，并有浓郁的芹菜香气。欧当归根油为槭树样香气，甜香并带有一特征性的壤香香韵的药草芹菜样香气；味道也是槭树样香味，有当归、甘草似的药草香味以及轻微的涩味、焦香，带有一种茶和坚果香韵的芹菜样香味。

欧当归根油为黄棕色或琥珀色油状液体，是 FEMA 允许使用的食品风味料。

欧当归的所有部位都可用于烹调。欧当归叶可取代芹菜用于汤、沙拉、比萨饼等。欧当归子的粉碎物可用于汤、汁等的调味；肉类的调味料；烘烤饼如面包的调味料；薯条调味料；奶酪调味料；腌制用和泡菜调料。欧当归根油可用作以上所有食品的风味料，更多用于软饮料、酒、糖果和烟草香精。

▶▶ 34　砂仁 Fructus amomi

砂仁是姜科植物。砂仁有多个品种，香辛料主要使用的是阳春砂、绿壳砂（*Amomum villosum* Lour.）以及海南砂（*Amomum longiligulare*）的干燥果实，以前两种为主。阳春砂主产于广东，以阳春地区产的最佳；绿壳砂主产于越南、缅甸、印度尼西亚等国，以越南产的最佳；海南砂主产于海南岛。砂仁的质量标准见表 3-52。

表 3-52　砂仁的主要质量标准

项目	《中国药典》标准
总灰分	＜10.0%
湿度	＜15.0%
酸不溶性灰分	＜3.0%
挥发油	阳春砂、绿壳砂挥发油不得少于 3.0mL/100g。海南砂挥发油不得少于 1.0mL/100g

砂仁的香气和风味随产地不同有很大差别，中国广东阳春砂和越南绿壳砂的主要香气成分见表 3-53。樟脑、乙酸龙脑酯和龙脑是它们的主要风味成分。

表 3-53　两种主要砂仁主要香气成分分析

成分名	中国广东阳春砂含量/%	越南绿壳砂含量/%
α-蒎烯	1.52	—
β-蒎烯	—	1.95
β-月桂烯	2.72	1.24
3,7-二甲基-1,6-辛二烯-3-醇	2.93	—
龙脑	5.60	5.80
β-石竹烯	5.51	—
大根香叶烯	1.03	—
莰烯	7.55	2.79
D-柠檬烯	5.85	4.07
樟脑	37.87	21.40
乙酸龙脑酯	15.46	53.81
α-石竹烯	1.78	0.24
β-榄香烯	0.58	—
芳樟醇	—	0.73

　　阳春砂和绿壳砂气味芬芳而浓烈,具香、甜、酸、辛、辣、凉等多重特征的砂仁香气;味道似樟,稍辣,带点苦味,口感清凉,回味稍甘。

　　砂仁以水蒸气蒸馏法蒸馏可得砂仁精油,为棕黑色油状物,风味与原物相同。阳春砂的得率约为 3.5%,绿壳砂的得率约为 3.0%。

　　砂仁及其提取物在我国和东南亚有悠久的使用历史,但尚未得到 FEMA 的认可。

　　砂仁主要在中国使用,常与八角、丁香、肉桂、茴香等配合用于气息较大的肉制品如禽肉类食品、牛羊肉、猪内脏等的作料和调味料,很少单独使用。

35　山柰 Galanga

　　山柰（*Kaempferia galanga* L.）为姜科山柰属植物,也名沙姜,原产于热带地区如印度、斯里兰卡、马来西亚、印度尼西亚和菲律宾等地,我国主产于广西、广东两地,香辛料采用的是其干燥的根及其提取物。野生山柰相当罕见,在国内外都以种植为主,马来西亚是世界上最大的生产国。我国产山柰的风味质量已接近国外品,山柰的主要质量标准见表 3-54。

表 3-54　山柰的主要质量标准

项目	《中国药典》标准
总灰分	<8.0%
酸不溶性灰分	<3.0%

续表

项目	《中国药典》标准
湿度	＜15.0%
挥发油	＞4.5mL/100g
乙醇醇溶性热浸出物含量	＞6.0%

山柰的香气随产地不同而有变化，马来西亚山柰和中国广东山柰的主要香气成分见表3-55。一般认为，反式对甲氧基肉桂酸乙酯和肉桂酸乙酯是其风味的主要作用成分。

表 3-55 马来西亚山柰和中国广东山柰主要香气成分分析

成分名	马来西亚山柰/%	中国广东山柰/%
反式对甲氧基肉桂酸乙酯	51.6	59.24
反式肉桂酸乙酯	16.5	5.27
正十五碳烷	9.0	21.67
δ-蒈烯	3.3	—
龙脑	2.7	0.17
1,8-桉叶油素	5.7	—
顺式对甲氧基肉桂酸乙酯	—	6.14
大根香叶烯 D	—	1.48

中国广东山柰为浓郁持久的辛辣样芳香特异香气，与马来西亚山柰或印度山柰相比，少了些樟脑样凉的后韵；风味在强度、辛辣感和樟脑样凉感略有不足。

可用水蒸气蒸馏法制取山柰精油，得率0.8%～2.1%，山柰精油为淡黄色油状物，风味特征与原物相似。

山柰及其提取物尚未得到 FEMA 的认可。

山柰是东南亚地区和印度常用的香辛料，在印度尼西亚的巴厘岛，山柰几乎无处不在。山柰用于熏制、烧烤肉类食品，制作咖喱粉、咖喱饭、汤料、风味酱、卤汁、沙拉作料等。山柰精油用于制作调味油、香精和药品。

36 水蓼 Smartweed

水蓼（*Polygonum hydropiper* L.）也称辣蓼、水辣椒，为蓼科植物，生长在在温带潮湿环境，分布于中国华中、朝鲜半岛、日本、印度尼西亚、印度，非洲北部、欧洲和北美洲也有发现。香辛料用其新鲜幼嫩的枝叶、种子及其精油。

不同的产地水蓼的气味和味道有很大的变化，大部分的水蓼品种并不能用作香辛料，只能用作驱虫剂，可用的是日本水蓼和中国湖南水蓼。中国湖南水蓼的主要香气成分见表3-56。

表 3-56　湖南水蓼精油的主要成分分析

成分名	含量/%	成分名	含量/%
苯甲醛	1.48	β-榄香烯	2.17
姜烯	4.88	β-石竹烯	3.76
α-反式香柠檬烯	2.70	α-葎草烯	2.45
AR-姜黄烯	2.08	α-金合欢烯	1.04
α-顺式红没药烯	2.29	橙花叔醇	1.44
氧化石竹烯	1.40	甲基异丙烯基苯	7.22
1-水芹烯	13.60	β-反式罗勒烯	1.26
α-苧烯	4.47	α-蒎烯	3.62
α-红没药醇	1.45	γ-松油烯	3.36

香辛料水蓼的气息并不强，为令人愉快的新鲜的绿叶菜样青滋香气，从气息上说也不特别辛辣，但却有异乎寻常的热辣味，如冈瓦茨特产的辣椒那样，对舌头和嘴唇产生麻木性的刺激，这种辛辣味很难用其他香辛料替代。

新鲜水蓼用水蒸气蒸馏法的得油率不高，仅 0.05％左右。水蓼精油气息刺鼻，对皮肤也有刺激。

水蓼及其提取物尚未得到 FEMA 的认可。

日本水蓼除了辣味以外，不会干扰其他食材的风味和口感，广泛应用于当地的烹调，如汤料、沙拉、寿司等，特别适合用于鱼类菜肴。日本、中国湖南的蓼酱用水蓼作辣味料。

37　甜没药 Cicely

甜没药（*Myrrhis odorata*）是缴形科多年生草本植物，也称为欧洲没药，原产欧洲中部和南部，英格兰及苏格兰部分地区亦可见。香辛料采用其新鲜或干燥的叶。

甜没药主要香气成分是大茴香脑，但各地的产品还是有较大的区别，法国甜没药叶香气成分的分析见表 3-57。

表 3-57　法国甜没药叶挥发油的主要成分分析

成分名	含量/%	成分名	含量/%
大茴香脑	50.7	β-石竹烯	6.1
大根香叶烯	4.3	胡椒酚甲醚	4.1
橙花叔醇	12.0	α-法尼烯	0.2
月桂烯	1.8	丁香酚甲醚	13.1

甜没药的叶子经揉搓后，会有浓烈的茴香和细叶芹样混合后的甜美香气，有甘草、葛缕子似的香味。

以新鲜的甜没药的叶为原料，可以水蒸气蒸馏法来制取甜没药叶精油，得率为 0.5％左右。甜没药叶精油的香气与原物相似。甜没药叶精油是 FEMA 允许使用的食品风味料。

甜没药在西欧用得较普遍，人们甚至用它来代替茴香和细叶芹。它们的叶子会被浸泡在水或牛奶里以提出香味后，然后给饮料或甜点提鲜。它们被用于汤料、猪肉酱汁、豆酱汁中，也可用作饮料、酒、牛奶或甜点的风味剂。

≫≫ 38　调料九里香 Curry leaf

调料九里香 [Murraya koenigii（L.）Spreng] 又名咖喱叶、千里香、麻绞叶等，为芸香科九里香属香料作物，主产于印度，斯里兰卡、越南至印度尼西亚、中国云南等地也有种植。香辛料采用调料九里香新鲜或干燥的叶及其提取物。

调料九里香不要与九里香混淆，后者是产于我国台湾、福建、广东、海南和广西的药用植物。调料九里香的香气随产地不同而变化较大，印度南部地区的调料九里香香气最好。印度和中国云南调料九里香精油的主要香气成分见表 3-58。研究认为调料九里香成分中的 β-石竹烯对其香气质量的影响最大。

表 3-58　印度和中国云南调料九里香精油的主要香气成分分析比较

成分名	印度调料九里香含量/%	中国云南调料九里香含量/%
α-蒎烯	5.5	36.5
苧烯	6.8	—
α-松油醇	3.2	—
异黄樟油素	4.4	—
杜松醇	12.8	—
d-桧烯	9.2	—
α-水芹烯	4.6	—
β-石竹烯	26.2	2.12
杜松烯	18.2	—
月桂酸	2.7	—
δ-3-蒈烯	—	15.31

调料九里香的鲜叶香气芳香浓郁，夹杂些丁香的香气，为明显特征的咖喱样辣的风味，有辣、苦、辛、凉和弱酸性的味道；调料九里香的鲜叶即使经过干燥，仍保持原有的色泽、香气和味道。

调料九里香精油可以其新鲜的叶为原料，采用水蒸气蒸馏法来提取，得率约为 2.6％，调料九里香精油为深黄色油状物，具有强烈的辛辣味和尖锐的丁香般的味道。

虽然调料九里香在南亚和东南亚已经被普遍使用很长时间，但调料九里香及其提取物尚未得到 FEMA 的认可。

调料九里香鲜叶、干叶粉和精油在印度南方被广泛用于调味的汤料、咖喱粉、酸辣酱、香肠、鱼和肉禽类菜（尤适合鸭、牛、羊）、酱菜、酱奶制品、蛋制品和卤汁，带来别致的南亚清真风味。

39 土荆芥 Epazote

土荆芥（*Chenopodium ambrosiodes* L.）是藜科植物，也称墨西哥茶，主产于中南美洲，风味最好的产于墨西哥和危地马拉。香辛料采用其干燥的叶子和未成熟的果实。

土荆芥很易变异，它的香气随产地不同而不同，墨西哥土荆芥的香气成分见表 3-59。南美有些地方产的土荆芥品种香气并不好，仅可用于驱虫，因为其驱蛔脑的含量太高了，而墨西哥土荆芥的驱蛔脑的含量正合适。中国也有土荆芥生长，有的品种具香气，小量也可用于烹调，也内含驱蛔脑的主要成分，但香气内容有所区别，不过中国产的大部分土荆芥并不可用于烹调。

表 3-59　墨西哥土荆芥主要成分分析

成分名	含量/%	成分名	含量/%
α-松油烯	23.77	驱蛔脑	14.48
对伞花烃	12.22	β-柠檬醛	8.08
香叶醇	5.60	异驱蛔脑	2.96
2-蒈烯	2.77	柠檬烯	2.73
β-蒎烯	2.40	α-蒎烯	2.16
紫苏醇	2.14	丙酸香叶醇酯	2.12
3-蒈烯	1.87	氧化石竹烯	1.84
氧化柠檬烯	1.80	α-甲基紫罗兰醇	1.72
百里香酚	1.69	香芹酚	1.51

墨西哥土荆芥有特征的芬芳香草样气息，香味浓郁异域，这异域感由驱蛔脑所呈现。可用水蒸气蒸馏法从叶和果实中提取精油，叶中提取的得率为 0.7%，未成熟的果实的得率为 2.5%，香气与原物相似。

土荆芥及其提取物是传说中玛雅美食的主要风味料，现也广泛应用着，但尚未得到 FEMA 的认可。

土荆芥是墨西哥式凉茶的主要用料。在烹调中可用于增香、遮腥，与其他香辛料如芫荽、欧芹等配合用作中北美洲风味的汤料、沙拉调料、肉类菜肴风味料和酱汁等。

40 香豆蔻 Large cardamom

香豆蔻（*Amomum subulatum* Roxb.）也被称为大豆蔻、黑豆蔻和尼泊尔豆蔻，是姜科多年生草本植物，在喜马拉雅周边地区如孟加拉、尼泊尔、不丹、印度北部和泰国有规模化种植，我国广西、云南、西藏有产。泰国、印度和尼泊尔是香豆蔻的主要出产国。香辛料采用其种子及其粉碎物。香豆蔻的主要质量标准见表3-60。

表3-60 香豆蔻的质量标准

项目	我国标准
总灰分	<5.0%
酸不溶灰分	<2.0%
湿度	<13.0%
挥发油	>2.0%

香豆蔻的香气随产地不同而不同，主要受1,8-桉叶油素含量的影响。1,8-桉叶油素的浓度低一些，则更易为人接受。泰国、尼泊尔和印度等地的香豆蔻风味质量较好。印度香豆蔻的主要香气成分见表3-61。

表3-61 印度香豆蔻挥发油主要成分分析

成分名	含量/%	成分名	含量/%
1,8-桉叶油素	33.93	乙酸α-松油醇酯	36.50
柠檬烯	3.56	芳樟醇	5.10
α-水芹烯	1.79	β-蒎烯	2.84
α-松油醇	4.62	橙花醇	2.39
α-蒎烯	1.22	4-香芹蓝烯醇	1.74

香豆蔻与小豆蔻风味相似，但比小豆蔻粗冽辛辣得多，占优的是尖刺的桉叶素样的凉气，味感也是强烈的桉叶油素的药凉味，后感略苦。

用水蒸气蒸馏法可从香豆蔻子中提取精油，得率为2.5%左右。香豆蔻精油为棕褐色液体，香气与原物相同。

香豆蔻广泛应用于印度和巴基斯坦的烹饪，但尚未得到FEMA的认可。

香豆蔻在印度北部和东北部最流行，用于替代十分昂贵的小豆蔻。香豆蔻可赋予食物强烈的风味，也能屏蔽许多食物不良的气味和味道。香豆蔻适宜与其他香辛料混合，可给肉类菜肴甚至印度式的米饭加香。

41 香旱芹 Ajowan

香旱芹（*Trachyspermum ammi* L.）又名印度藏茴香，是伞形科一年生草本植物，原产于地中海东部地区，现在巴基斯坦、伊朗和印度是香旱芹的最大生产国。香辛料采用的是香旱芹的种子、提取物和精油。香旱芹子的主要质量标准见表3-62。

表 3-62　香旱芹子的主要质量标准

项目	印度标准
总灰分	<7.0%
酸不溶性灰分	<1.5%
湿度	<12.0%
挥发油	>1.0mL/100g
虫子蛀损率	<5.0%

香旱芹子的香气随产地不同变化很大，如香旱芹子中的主要呈香成分为百里香酚，不同产地的香旱芹子中百里香酚的含量相差 1 倍以上。用作调味料的香旱芹子主要挥发性成分的分布见表 3-63。

表 3-63　印度香旱芹子主要挥发性成分分析

成分名称	含量/%	成分名称	含量/%
百里香酚	35～60	对伞花烃	10～16
α-松油烯	10～12	β-蒎烯	4～5
D-苧烯	4～6		

香旱芹子很少直接使用，一般经过干烤或在酥油中油炸后使用。香旱芹子香气强烈，类似于茴香和甘牛至的组合；味道近似于百里香，但味感更强烈，在细微处略有不同，有点儿苦味、辛辣味和油脂味。

采用水蒸气蒸馏法蒸馏香旱芹子可得香旱芹子精油，精油为无色至褐色液体，得率为 2%～5%；采用溶剂提取法可制取香旱芹子油树脂。

香旱芹子在南亚有很久的使用历史，但仍未是 FEMA 允许使用的食品风味料。

香旱芹子主要用于各种肉制品（如烤鱼、烤鸡、烤鸭调味料）、香肠调味料和泡菜调味料等，印度人甚至将它用于水果沙拉和奶制品。香旱芹子气息强烈，很容易用过了，要小心添加。

❯❯❯ 42　香荚兰 Vanilla

香荚兰 [*Vanilla fragrans* (Salisb.) Ames] 为兰科香荚兰属植物，原产地是墨西哥，现在马达加斯加、印度尼西亚、巴布亚新几内亚是香荚兰的主要生产国，这三地香荚兰的产量相当于世界总产量的大部分。科摩罗、留旺尼、乌干达、塞舌尔、墨西哥和塔希提等岛屿国或地区都有规模种植，我国引种到云南、广西、广东等地。塔希提香荚兰（*Vanilla tahitensis*）的作用与香荚兰相同，产于塔希提。香辛料采用的是香荚兰的成熟豆荚及其提取物。

香荚兰的香气随产地不同而有很大的差别，也与它们的杀青、干燥、陈化等工艺有关。香荚兰的质量好坏一般以其中主要风味成分香兰素含量的多少为标准，因此中美洲牙买加、汤加周边地区产的香荚兰风味最好，中美洲香荚兰挥发油的主要香气成分见表 3-64。

表 3-64 中美洲香荚兰主要香气成分分析

成分名	含量/%	成分名	含量/%
香兰素	85.1	香兰醇	0.37
对羟基苯甲醛	3.89	对羟基苯甲醇	0.29
香兰酸	5.85	对羟基苯甲酸	1.14
乙酸	0.55	己酸	0.56

香荚兰为香荚兰特征的浓郁的乳脂样甜香。但不同产地的香荚兰之间都有些微的香韵区别，如墨西哥香荚兰兼有甜木香和烟草香；印度尼西亚香荚兰香兰素的含量较低，因此特征性的乳脂样甜香强度稍低，然而兼有烟草香和辛样芳香；塔希提香荚兰则含有似李子果脯似的果香，有花香的韵味，辛香气也小。

香荚兰油树脂是深棕色半固状物质，用有机溶剂浸提后浓缩而成，香荚兰油树脂的得率为 29.9%～64.8%。香荚兰油树脂为甜而带些焦糖味的香荚兰特征香，有甜、焦糖，奶油和轻微可可样香味的香荚兰样风味。香荚兰精油的香气和风味与其油树脂相似。一般不采用香荚兰精油这一产品形式，因其香气与原物相差较大。使用香荚兰油树脂和香荚兰精油时，要留意此产品中有无合成香兰素的掺入。

香荚兰、香荚兰提取物和香荚兰油树脂都是 FEMA 认可的风味料。

香荚兰可提供丰富的甜奶香味，是烘焙食品、糕点、冰激凌、乳制品、软饮料、巧克力、糖果、沙拉酱、烟草等的必用风味料；与胡椒等香辛料配合，在牛肉、鸡肉、蟹等制品中适量加入，在增加香韵的同时，赋予些异域的风味。

43 香兰叶 Pandan

香兰叶（*Pandanus amaryllifolius* Roxb.）为露兜树属植物，又名香露兜叶、斑兰叶等，只生长在泰国、马来西亚、印度尼西亚、印度等地，我国海南有引种，但香气与原产地的相差甚远。香辛料采用其新鲜的叶子。

香兰叶的香气成分至今尚不十分清楚，已知的泰国产香兰叶的主要香气成分见表 3-65。香兰叶的特征香气主要由 2-乙酰基吡咯啉贡献，2-乙酰基吡咯啉的阈值很低，极微量即可提供强烈的香气。3-甲基呋喃酮也被认为是其主要的香气成分。

表 3-65 泰国产香兰叶主要挥发成分分析

成分名	含量/%	成分名	含量/%
己醛	6.63	2-己烯醛	21.87
3-己烯醛	0.72	3-甲基吡啶	2.64

续表

成分名	含量/%	成分名	含量/%
戊-2-烯-1-醇	2.32	2-乙酰基吡咯啉	8.52
1-己醇	0.43	壬醛	10.50
己-3-烯-1-醇	0.56	辛-2-烯醛	0.98
2,4-庚二烯醛	1.69	苯甲醛	2.06
壬-2-烯醛	1.87	芳樟醇	2.70
1-辛醇	2.02	2,6-庚壬二烯醛	3.11
3-甲基呋喃酮	3.12	十五醛	1.53

香兰叶有十分独特的天然如泰国香米一样的芳香味，香气清新、香甜，似新煮新糯米饭或粽香的风味。香兰叶的挥发成分含量很低，没有香兰叶精油这一产品。

香兰叶在东南亚应用广泛，但尚未得到 FEMA 的认可。

香兰叶常用于制作东南亚食品，尤其是米饭、甜品、糖果、果冻、布丁、汤、椰奶和饮料；磨碎加在米中蒸食，可给出清新、鲜甜、温暖的米香味道；鸡肉、猪肉等的烧烤风味料。可给米酒加香，也可掩盖初蒸酒的杂气。

44　香桃木 Myrtle

香桃木（*Myrtus communis* Linn.）为桃金娘科植物，原产于地中海沿岸地区，现在主要的生产国家有土耳其、伊朗、意大利和阿尔及利亚等，中国的华东地区有观赏性的引种。香辛料采用香桃木干燥的叶、粉碎物及其提取物。

产地不同，香桃木叶的香气有所改变，但它们的香气主要都由 α-蒎烯、芳樟醇、1,8-桉叶油素组成，不过相对比例有不同。表 3-66 是伊朗香桃木叶的主要香气成分分析。

表 3-66　伊朗香桃木叶主要香气成分分析

成分名	含量/%	成分名	含量/%
α-蒎烯	35.28	β-蒎烯	0.23
1,8-桉叶油素	37.99	芳樟醇	7.01
α-松油醇	4.11	乙酸芳樟酯	3.84
顺-马鞭草烯醇	0.52	乙酸松油醇酯	2.11
乙酸香叶醇酯	0.85	甲基丁香酚	1.01
β-石竹烯	1.07	氧化石竹烯	2.08

香桃木叶为令人愉快的芬芳特征的香气，有凉感，略带些辛辣。地中海北岸的香桃木叶有明显的柠檬样青果香气，而南岸的香桃木叶则松针样清凉的香气占优势。味道都有点儿苦辛。

香桃木叶精油可以香桃木的干叶为原料,采用水蒸气蒸馏法制取,得率为 0.2%～0.3%。

香桃木叶在其产地有十分长远的食用历史,但至今仍未被 FEMA 允许作为食品风味料使用。

香桃木叶在烹调上的应用主要集中在地中海周边地区,单独使用就可用作肉类或家禽的烧烤或烘烤调味料,或与肉豆蔻、肉桂、丁香、众香子等配合;其提取物或精油用于制作饮料和酒类的加香。

45　辛夷 Magnolia

望春花（*Magnolia biondii* Pamp.）为木兰科灌木植物,望春花的花朵,其干燥花蕾称作辛夷。我国鲁山、南召是望春花的主要产地。在初春花蕾未放时采集晒干物称为辛夷,也称毛桃。香辛料采用的是辛夷,其主要质量标准见表 3-67。

表 3-67　辛夷的质量标准

项目	《中国药典》标准
湿度	<18.0%
挥发油	>1.0mL/100g
木兰脂素含量	按干燥品计算,含木兰脂素不得少于 0.40%

辛夷的香气随产地不同有明显不同,香气质量较好的是鲁山辛夷和南召辛夷。南召辛夷的香气成分见表 3-68。

表 3-68　南召辛夷主要香气成分分析

成分名	含量/%	成分名	含量/%
α-蒎烯	4.15	β-蒎烯	11.58
桉叶油醇	18.11	芳樟醇	4.83
樟脑	7.83	(一)-4-萜品醇	1.67
α-松油醇	9.31	β-香茅醇	1.9
环丙烷甲酸	1.34	α-石竹烯	4.23
β-金合欢烯	2.34	(一)-香叶烯	4.23
杜松油烯	5.24	金合欢醇	1.78

辛夷为强烈宜人的桉叶样清新芳香香气,并有凉的和樟脑似的后韵;味感与此相似。可用水蒸气蒸馏法制取辛夷精油,得率为 1.0%～1.5%。辛夷精油为浅黄色的油状液体,香气与原物相同。

辛夷在中国早有食用记载,但辛夷及其提取物尚未得到 FEMA 的认可。

辛夷主要在中国南方的烹调中使用,以给出别致的风味。用于炖、烧、焖、腌制各种肉类原料,以牛肉和鸭肉最适合;调味酱和汤料,只需少量用入。辛夷精油用于制作香水香精、烟用香精。

46   续随子 Capers

续随子（*Euphorbia lathylris* L.）是大戟科大戟属二年生草本植物，也名刺山柑，原产南欧地中海沿岸，还分布于中亚、高加索、阿富汗等地，现我国一些地区有栽培或野生分布。但我国的品种不适合用作香辛料。续随子的主要生产国是土耳其、摩洛哥和西班牙。香辛料主要采用这些地方产的续随子经过盐渍或醋渍的果实，续随子的花蕾或嫩叶也可用作调味料。

续随子果实有强烈气息，它的香气随产地不同有很大不同，意大利周边地区的质量最好，其主要香气成分见表 3-69。异氰酸酯类化合物是主要呈香部分，除意大利品种外，其他品种的异氰酸甲酯含量都高许多，有的甚至达 90%。

表 3-69   意大利续随子主要成分分析

成分名	含量/%	成分名	含量/%
异氰酸甲酯	41.6	异氰酸异丙酯	52.2
异氰酸仲丁醇酯	2.2	香芹酮	1.1
百里香酚	0.4	莳萝脑	0.2

续随子有强烈、尖锐和刺激性的特有辛辣味，类似芥末和黑胡椒的组合，略有些凉酸涩味，并给出咸香风味。用水蒸气蒸馏法可从续随子制得精油，得率约为 0.9%，续随子精油香气为特征性的续随子气息，辛辣味更尖锐刺激。

续随子果实及其提取物在地中海周边地区广泛使用，但尚未得到 FEMA 的认可。

续随子常见于地中海美食，为一种著名的调味料，一般用于沙拉、意大利面条、比萨饼、肉类（牛羊肉）菜肴、调味酱汁（意大利番茄酱、蛋黄酱等）、肉类腌制料、鲑鱼等烟熏料、白酱、小黄瓜拌料等，给出意大利的风味。

47   胭脂树 Annatto

胭脂树（*Bixa orellana* Linn.）为红木属植物，原产自南美洲，后传播到了亚洲、拉丁美洲和加勒比地区的许多地区，如印度、斯里兰卡、菲律宾、土耳其都有种植，我国云南地区也有引种。现在六成以上的胭脂树制品来自拉丁美洲。香辛料主要采用胭脂树种子的果皮、提取物和单离物（如胭脂树红和胭脂树橙）等。

胭脂树种子果皮含丰富的胡萝卜素类色素，是若干色素的混合物。主要是胭脂树橙（红木素）、降胭脂树橙（降红木素）、β-胡萝卜素和藏红花素，其中胭脂树橙含量最高。胭脂树种子果皮含有 4.5%～5% 色素，其中 70%～80% 是胭脂树橙和降胭脂树橙。随产地的不同，上述四种色素成分的比例也不同，胭脂树制品的色泽也随之变化，有的略偏红，有的略偏橙。但它们的分离物如胭脂树红和胭脂树橙的色泽不变。

胭脂树种子果皮经粉碎后可直接用于烹调，但现在绝大部分是采用它的提取物。提取物采用溶剂提取法，常用的溶剂是丙酮、二氯甲烷、乙醇或甲醇等，这是油溶性的。

水溶性胭脂树橙的主要成分是红木素水解产物降红木素的钠盐或钾盐，水溶合性胭脂树橙为红至褐色液体、块状物、粉末或糊状物，水溶性液为橙黄至黄色，呈碱性。

胭脂树种子的果皮及其提取物虽使用历史十分悠久，但还不是 FEMA 允许使用的食品风味料。然而它的单离物胭脂树红和胭脂树橙早就通过 FAO 和 WHO 的评估，是世界上大多数国家允许使用的食品添加剂。

胭脂树色素广泛应用于食品工业，对各种食品赋予红到橙黄色的色泽，如奶酪、黄油、食用油、人造奶油、冰激凌、糖果、糕点和米饭；肉类卤汁或烤煎着色料（主要是猪肉如乳猪），产生一个明亮的红橙色表面；与焦糖色的配合可给出棕色，用于熏鱼卤汁；土豆片染色等。

48　洋甘菊 Chamomile

洋甘菊又叫春黄菊，为菊科多年生或一年生草本植物。应用面最大的洋甘菊主要有两个品种，德国春黄菊（*Matricaria chamomilla* L.）和罗马春黄菊（*Anthemis nobilis* L.）。这两个品种在我国均有引种。这两个品种极易变异，但即使在原产地，除了外形相似外，其香气都有区别。德国春黄菊又叫匈牙利春黄菊，主要产于德国、匈牙利等欧洲国家，我国也有称为母菊。

香辛料常常采用洋甘菊的脱水形式。脱水洋甘菊的质量标准见表 3-70。

表 3-70　脱水洋甘菊的质量标准

项目	德国公司建议标准
湿度	<12.0%
挥发油	>3.0%
水浸出物含量	>30.0%

德国春黄菊的主要香气成分见表 3-71。

表 3-71　德国春黄菊的主要香气成分分析

成分名	含量/%	成分名	含量/%
金合欢烯	27.72	α-红没药醇氧化物	11.17
小豆蔻烯	5.20	α-九里香烯	3.41
γ-九里香烯	1.31	β-石竹烯	0.50
α-古珀烯	0.24	奥类化合物	17.64
α-红没药醇	9.55	红没药醇氧化物	8.93
β-罗勒烯	1.73	1,8-桉叶油素	0.10

德国春黄菊为特征的春黄菊花香,带有清香、甜香、草香和香豆素样气息,有蜜香、鲜花和果香底韵;口味温和。德国春黄菊含挥发油0.24%～2.0%,为深蓝或蓝绿色液体,香气同原物,味感有些苦。

罗马春黄菊又叫白花春黄菊。菊科春黄菊属,多年生草本。主要产于西南欧等国。罗马春黄菊的主要香气成分见表3-72。

表3-72 罗马春黄菊的主要香气成分分析

成分名	含量/%	成分名	含量/%
α-蒎烯	3.9	乙酸顺式菊烯醇酯	3.0
癸酸	3.1	反式石竹烯	7.5
大根香叶烯D	4.6	二环大根香叶烯	3.6
斯巴醇	4.4	二十三碳烷	7.2
芳樟醇	4.0	苯甲醛	2.9

罗马春黄菊为特征性花香,具有草香、辛香香气并有似茶叶样香气,扩散力强,但不持久,口味有些苦。罗马春黄菊含挥发油0.02%～0.6%,浅蓝色,香气类似原物,特征花香,并有甜的苹果样香气;味微苦、甘香。

德国春黄菊和罗马春黄菊在欧洲应用很普遍,被认为有刺激食欲的作用。春黄菊油可用于软饮料如茶、糖果、焙烤食品、食用香精、烟用风味料等。

49 印蒿 Davana

印蒿（*Artemisia pallens* Wall.）为菊科（*Compositae*）艾属植物,也名苦艾草。印蒿在南亚许多地区都有分布,但主要生长在印度南部,特别是卡纳塔克邦（Karnataka）、泰米纳度邦（Tamil Nadu）和安德拉邦（Andhra Pradesh）三个地区,也只是这三地的印蒿可用作香辛料。用作香辛料的是印蒿鲜花精油和印蒿整株植物的蒸馏精油。

印度南部印蒿花油的主要香气成分见表3-73。印蒿酮是印蒿的标志性成分。

表3-73 印蒿花油主要香气成分分析

成分名	含量/%	成分名	含量/%
异戊酸丙酯	0.106	5,5-二甲基-2(5H)-呋喃酮	0.213
对盖烯	0.185	D-柠檬烯	0.142
4-松油醇	0.173	芳樟醇	0.377
降印蒿酮	0.334	5-甲基-2-乙烯基四氢呋喃基甲基酮	0.220
桂酸甲酯	0.638	苯丙酸乙酯	0.129
丁香酚	0.191	乙酸香叶酯	0.308
β-榄香烯	0.390	印蒿呋喃	0.398
桂酸乙酯	4.050	印蒿醚	4.390

续表

成分名	含量/%	成分名	含量/%
β-瑟林烯	1.824	二环大根香叶烯	5.192
γ-杜松烯	0.285	印蒿酮	55.312
茉莉酮酸甲酯	0.585	T-杜松醇	1.600
β-桉叶油醇	0.539	植醇	0.183

印蒿整株植物的蒸馏精油有新鲜强烈的特征性的印蒿样香气，香气复杂但十分细腻柔和，有芳草与青苔似的感觉，略带些令人愉悦的药草气，有持久的干甜果似的果香后韵；印蒿鲜花精油也为强烈尖刺的印蒿样花香，并有干甜果香和肉桂香。它们的口感与原香料相似。

印蒿精油是 FEMA 允许使用的食品风味料。

印蒿油主要用于香肠及各类猪肉加工食品中，经常与其他香辛料精油如黑胡椒油或豆蔻油搭配，给出独特的印度南方风味，也可用于果香型食品风味料的调配，配制葡萄干、海枣、果脯、桃子、李子、桑葚等香精，也是酒用风味料；在椒样薄荷中加入，可抑制椒样薄荷的些许苦味和辛辣刺激感；在甜味剂中以 10×10^{-6} 加入，可增强甜感。

50 罂粟子 Poppy

罂粟（*Papaver somniferum* L.）是罂科罂粟属植物，原产于西亚地区，现在印度、缅甸、老挝和泰国有种植，其中印度的产量最大。香辛料采用其种子、种子的粉碎物和油。香辛料用罂粟子的质量标准见表 3-74。

表 3-74 产于印度的罂粟子质量标准

项目	印度标准
总灰分	$<8.0\%$
酸不溶性灰分	$<1.5\%$
不挥发油	$<13.0\%$
乙醇醇溶性浸出物含量	$<7.0\%$
水溶性浸出物含量	$<13.0\%$
夹杂异物	$<1.0\%$

罂粟子有挥发性，其香气随产地不同而小有不同，中国云南产罂粟子的香气成分见表 3-75。

表 3-75 中国云南产罂粟子的香气主要成分分析

成分名	含量/%	成分名	含量/%
己醛	4.46	2-庚烯醛	3.06

续表

成分名	含量/%	成分名	含量/%
1-辛烯-3-醇	1.53	2-戊基呋喃	1.22
2-辛烯醛	2.14	4-甲基香兰素	1.16
2,4-癸二烯醛	13.16	2,4-壬二烯醛	27.84
5-庚基-二氢-2(3H)-呋喃酮	1.54	环十五烷	1.13

罂粟子经烘烤后有令人愉快的香气和香味，如杏仁油样的坚果香，略有些椰香和奶油似的油脂味。

干罂粟子经水蒸气蒸馏可得罂粟子精油，得率约为 0.5%。

罂粟子是 FEMA 允许使用的食品风味料。

罂粟子通常被用在烹饪中，特别是印度、中东地区，在美国和欧洲也有相当的使用。在印度，罂粟子与枯茗、姜黄、豆蔻等混合粉碎后做成咖喱粉，用于各种肉制品的烧烤；在欧洲，罂粟子粉用于欧式面包、甜点、沙拉和多种调味酱。

51　鱼腥草 Cordata

鱼腥草（*Houttuynia cordata* Thunb.），是三白草科蕺菜属多年生草本植物，也名蕺菜。原产于东南亚地区，现分布于亚洲东部和东南部，主产于我国长江以南诸省，在朝鲜和日本有产。香辛料主要采用其全草和提取物。干燥鱼腥草的质量标准见表 3-76。

表 3-76　干燥鱼腥草的质量标准

项目	企业标准
总灰分	<15.0%
酸不溶性灰分	<2.5%
湿度	<12.0%
冷浸法水溶性浸出物含量	>10.0%

鱼腥草的香气随产地不同而不同，湖南产鱼腥草的香气成分见表 3-77。其主要风味成分是甲基正壬基酮、癸酰乙醛（鱼腥草素）和月桂烯等，但癸酰乙醛对应的是那怪异的腥味。中国鱼腥草的癸酰乙醛含量相对于其他地区的鱼腥草含量较高。

表 3-77　湖南鱼腥草不同部位挥发油的主要成分分析

成分名	根含量/%	叶含量/%
α-蒎烯	11.65	1.25
芳樟烯	1.80	0.19
桧烯	4.25	1.21
β-蒎烯	20.65	1.73

续表

成分名	根含量/%	叶含量/%
月桂烯	10.83	16.27
D-柠檬烯	8.69	0.44
反-β-罗勒烯	—	3.97
4-萜品醇	1.92	4.12
甲基正壬基酮	26.20	41.20
癸酸	0.56	6.30
香叶酯	0.96	2.80
2-十二酮	0.59	2.66
石竹烯	0.84	2.39
癸酰乙醛	4.01	4.04
乙基癸酸酯	2.89	4.05

越南鲜鱼腥草香气独特，有芫荽似的凉凉的清香，并拌有淡水鱼似的腥气，味微涩和辛，口感别具。

采用水蒸气蒸馏法可制取鱼腥草精油，以新鲜全草为原料的得率约为0.05%。鱼腥草精油的气息并不令人愉快，有特殊臭气。

鱼腥草在东亚地区已食用多年，但其提取物至今还不是 FEMA 允许使用的食品风味料。

鱼腥草的叶在日本和越南是一地方蔬菜，在中国则主要食用它的根。用在各种各样的地方冷菜，尤其是沙拉，给出独特的风格；还可用于鱼类食品烹饪，作鱼香的调料、蒸鱼露配料等。

52　芸香 Rue

芸香（*Ruta graveolens* L.）为芸香科芸香属草本香料植物，原产地中海沿岸地区，我国南北多地有栽培，香辛料采用其干燥全草或全草的提取物。

芸香的香气随产地不同而有变化，原产地芸香的质量较好。意大利和中国广西芸香挥发油的成分分析见表3-78。2-十一酮和2-壬酮是芸香的主要风味成分。

表 3-78　意大利和中国广西芸香挥发油主要成分分析

成分名	意大利精油含量/%	中国广西精油含量/%
α-蒎烯	1.3	—
柠檬烯	3.0	—
1,8-桉叶油素	2.9	—
缬草酸	1.6	—
2-壬酮	18.8	27.01
芳樟醇	1.5	

续表

成分名	意大利精油含量/%	中国广西精油含量/%
辛酸	3.4	—
水杨酸甲酯	3.9	—
2-癸酮	2.2	—
2-十一酮	46.8	46.15
2-十二酮	0.9	1.59
2-十三酮	2.5	0.84
2-壬醇	—	0.75
2-十三醇乙酸酯	—	12.73
2-十四醇乙酸酯	—	1.76
水芹烯	—	1.33

芸香有强烈的令人不愉快的芸香特征性气味，但稀释后转化为坚果或浆果似的甜的香气，但味感非常苦。

可以干燥芸香全草为原料，经水蒸气蒸馏制取芸香精油，得率为 0.5%～0.7%。芸香精油的香气与原物相似，但味不苦。

芸香用作风味料的历史非常长，芸香精油是 FEMA 允许使用的食品风味料。

芸香是埃塞俄比亚（次之是意大利、希腊等地）传统中喜欢使用的香辛料，可用作鸡蛋、奶酪、鱼、酱肉、泡菜等的调味料，也可用于啤酒，他们欣赏芸香那样的香气和些许的苦味。但要注意在烹调过程中芸香与食物接触的时间不要超过 1 分钟，否则苦味就太重了；加些醋可以降低芸香的苦感。

53　紫苏 Perilla

紫苏 [*Perilla frutescens* (L.) Britt] 为唇形科一年生草本植物，原产于喜马拉雅山及中国的中南部地区，现主要分布于印度、缅甸、印度尼西亚、日本、朝鲜，欧洲和北美也出现商业性栽培，主要生产国是中国、韩国、日本和印度。紫苏有野生种和栽培种。紫苏也易变异，品种极多，在我国就有青苏、白苏、紫苏等区别。香辛料采用其新鲜、干燥的叶和种子，新鲜的叶也可作为蔬菜。

紫苏的叶和种子都有香气，但它的香气随品种不同有很大的变化，产地也有重大影响，如东欧紫苏叶已不太适合烹调，只能用于驱虫。若干紫苏叶的主要香气成分见表 3-79。紫苏醛和紫苏酮是紫苏叶中主要的香气成分，韩国和日本产紫苏叶与浙江紫苏一样，都是以紫苏醛为主要风味成分的。

表 3-79　三种紫苏叶主要香气成分分析　　　　　　　　单位:%

成分名	浙江紫苏	陕西白苏	立陶宛紫苏
柠檬烯	13	痕量	—

续表

成分名	浙江紫苏	陕西白苏	立陶宛紫苏
芳樟醇	3	—	1.15
紫苏醛	58	痕量	0.17
紫苏醇	4	—	—
紫苏酮	—	44	55.60
异紫苏酮	—	12	2.63
β-石竹烯	10	6	3.21
金合欢烯	6	2	3.92
α-反式香柠檬烯	—	20	—
脱氢紫苏酮	—	—	28.12

　　香辛料用紫苏有特异的紫苏特征芳香，新鲜爽洁的青叶香，似有一些枯茗、罗勒的影子；味感与香气相似，另些如绿茶似的苦涩、龙蒿样的凉感和极轻微的辛辣味。

　　经水蒸气蒸馏可提取紫苏精油，新鲜紫苏全草含挥发油约0.5%，为淡黄色的澄清液体，气清香，味微辛，与紫苏叶类似。

　　紫苏及其提取物尚未得到FEMA的认可。

　　紫苏叶可染色，其鲜红色天然红色素的染色度在苋菜红之上；紫苏在东亚、东南亚和南亚应用广泛，可给禽肉、鱼类、海产品等去腥、增鲜、提味；面条的汤料；凉拌作料；泡菜调味料。紫苏子的粉碎物在印度用于面包烘烤、咖喱调味料等。紫苏精油用于香水香精、调味油等。

54　其他香辛料

　　有一些香辛料在当地零星使用，构成了乡土滋味，但它们的应用规模都不大，许多并没有得到FEMA的认可，见表3-80（以汉语拼音为序）。

表 3-80　其他香辛料一览

香辛料品名	拉丁文名称	主产地	利用部位	主要风味成分	香味特征	烹调使用
埃塞俄比亚小豆蔻	*Aframomum korarima*	埃塞俄比亚	种子	桉叶油素、乙酸松油醇酯等	小豆蔻样香味，略辛辣	与印度小豆蔻同，非洲风味的咖啡
埃塞俄比亚胡椒	*Xylopia aethiopica*	埃塞俄比亚	种子	桉叶油素、松油烯-4-醇、榄香素	凉样芳香，味苦	当地的畜肉类风味料
白菖蒲	*Acorus calamus* L.	我国四川、浙江、江苏	根	β-细辛醚、α-细辛醚、石竹烯	特殊的辛辣芳香	泡菜等用料

续表

香辛料品名	拉丁文名称	主产地	利用部位	主要风味成分	香味特征	烹调使用
香椿	*Toona sinensis*（A. Juss.）Roem	我国山东、河南、河北	叶	异石竹烯、叶醇、异氰酸苯酯等	独特青滋芳香似杜松子、辛凉味	煮鱼、蛋、沙拉等风味料
独行菜	*Lepidium aprtqlum*	地中海沿岸地区	鲜叶和种子	异硫氰酸酯类化合物	芥子样清爽的辣味	如香菜般加在鱼、肉、菜、汤中增味
非洲豆蔻	*Aframomum daniellii* K.Schum	西非	种子	姜酮、姜醇、生姜酚、	似黑胡椒的风味	香肠调味料
非洲胡椒	*Xylopia aethiopia*	加纳	种子	β-蒎烯、桉叶油素等	芳香的辛辣味	当地肉制品和咖啡的风味料
风轮菜	*Clinopodium chinense*（Benth.）O. Ktze	意大利，中国江西	叶	反式石竹烯、柠檬烯、匙叶桉油烯醇等	味辛；稍苦；凉	意大利香肠或烹调鱼的材料和香料，香味特殊
藁本	*Ligusticum sinense* Oliv.	中国辽宁、河北和朝鲜等地	干燥根茎及根	藁本内酯、阿魏酸	气浓香，味辛、苦、微麻	韩国泡菜用配料
荷叶	*Nelumbo nucifera*	中国南方各地	叶子	叶醇、β-石竹烯、异柠檬烯等	令人愉快的荷香味的清凉香气	烤鸡、甜点风味料
黑孜然	*Bunium bulbocastanum*	印度和伊朗	种子	枯茗醛、对伞花烃、松油烯	枯茗样芳辛香味，有甜栗子样后味，并有凉感	与枯茗的用法相同，更具印度特色
几内亚胡椒	*Zingbiberaceae*	非洲西部几内亚、尼日利亚等	种子	胡椒碱、β-石竹烯、肉豆蔻醚等	风味与荜澄茄很相似，新鲜芳香，略苦	西非风味的炖菜、汤料、烹鱼调料
碱蓬草	*Suaeda glauce*	日本、韩国和中国	叶	β-花青苷等	红至黄色、略咸苦味	韩国硫黄烤鸭用料
柬埔寨藤黄	*Garcinia cambogia*	柬埔寨、缅甸等	果实	羟基柠檬酸、花色素苷等	略带花香的酸香	鱼用调味酱及调味酱油，当地特色咖喱粉
可乐果	*Cola acuminata* Schott.et.Endl.	西非、牙买加、巴西等国	果实	咖啡碱、可可豆碱	苦味	饮料风味料
喀麦隆豆蔻	*Aframomum hanburyi*	中非喀麦隆等	种子	芳樟醇、金合欢醇、松油烯等	芬芳愉快的甜果香气	肉类、谷类食品风味料

续表

香辛料品名	拉丁文名称	主产地	利用部位	主要风味成分	香味特征	烹调使用
苦木	*Picrasma quassioides* (D.Don)Benn	巴西	树木心材	苦木素、苦木内酯等	苦味	小量用于巴西式烤肉
卢豆	*Trigonella coerulea*	欧洲中南部和我国黑龙江	种子	葫芦巴碱等	葫芦巴似的香气	黑麦面包、奶酪、多种肉类和蔬菜调味料
罗汉果	*Siraitia grosvenorii*	中国广西	干燥果实	罗汉果苷、罗汉果新苷等	罗汉果特征的浓甜	熬制卤汁或酱汤
罗望子（酸角）	*Tamarindus indical.*	泰国、南美	果实	苹果酸、羟基柠檬酸等	酸香	调味酱及调味酱油
墨西哥胡椒	*Piper auritum*	墨西哥	叶子	黄樟油素、水芹烯、樟脑等	茴香、肉豆蔻和黑胡椒的混合香气	烤牛排、鸡块、鱼调味料
墨西哥牛至	*Lippia graveolens*	墨西哥周边地区	叶子	百里香酚、香芹酚、桉树脑等	类似于牛至的风味	与牛至的使用相同
欧白芷	*Angelica archangelica*	德国、法国、比利时和荷兰	根、茎	桧烯、β-水芹烯、欧前胡脑等	强烈特征的新鲜草木样芳香气息，微有辛辣感	咖喱粉配料，酒用香料
欧防风	*Pastinaca sativa*	南欧	肉质根	金合欢烯、荜澄茄烯、罗勒烯等	脆甜清的胡萝卜样风味	酱、沙拉或汤等调味料
箬竹	*Indocalamus tessellatus* (Munro) Keng f.	中国长江以南各省丘陵地区	叶	2-乙基呋喃、乙烯基愈创木酚	酱样清香	米粽
食茱萸	*Zanthoxylum ailanthoides*	中国西南部	果实	2-十一酮等	似花椒样麻辣香味	用法与花椒类似
酸果漆	*Rhus coriaria*	仅限于中东地区	果实	石竹烯、氧化石竹烯	辛辣和木质样风味、酸味	油炸、烧烤肉类、鱼类调味料、酱料
酸模	*Rumex acetosa* L.	东中亚、俄罗斯等	叶	草酸、叶绿素等	尖锐的酸味	沙拉、着色剂等
塔斯马尼亚胡椒	*Tasmania lanceolata*	澳大利亚	果实	水蓼二醛等	黑胡椒似辛辣并有肉桂样香气	猪肉、鸡肉、牛肉等的烧烤料

续表

香辛料品名	拉丁文名称	主产地	利用部位	主要风味成分	香味特征	烹调使用
蹄叶橐吾	*Ligularia fischeri*	中国东北,朝鲜	叶子	α-金合欢烯、β-石竹烯等	新鲜蔬菜风味,带有芹菜的辛香气	韩国风味的烤鱼烤肉、泡菜
土木香	*Inula helenium* L.	西亚和我国新疆等地	根	土木香内酯、异土木香内酯	异香、味微苦而辛辣	肉用调味料
五加皮	*Acanthopanar gracilistulus* W.W. Smith	我国黄河以南地区	根皮	丁香苷、芝麻素等	有浓厚的香气,味苦,稍有麻舌感	用来炖、烧、焖制各种禽畜类烹调
五味子	*Schisandra chinensis*	中国东北	果实	酒石酸、五味子素等	酸后呈甘、辛、苦、咸味	醋、饮料、酒等风味添加剂
香橼	*Citrusmedica* L.	南欧、中国南方	叶	柠檬烯、橙花醛、香叶醛等	柠檬样香气,略苦	海鲜处理除味解腥
鸭儿芹	*Cryptotaenia japonica* Hassk.	中国、日本及北美洲	叶	α、β-瑟林烯、β-石竹烯	芹菜样辛感的清香,微苦	沙拉
野(欧)百里香	*Thymus serpyllum*	地中海沿岸和北非	地上直立部分	百里香酚、γ-松油烯、对伞花烃等	百里香类似的风味,药草味偏重	各式肉类、鱼贝类食品的调味料
依兰	*Cananga odorata* (Lamk.)Hook.f.et Thoms.	菲律宾	花	芳樟醇、对甲酚甲醚等	新鲜甜花香、果香味	东南亚的糖果、冰激凌、饮料、面包等的风味剂
阴香	*Cinnamomum burmanni*(Nees et. T Nees)Blume	东南亚和中国南部	树皮	桉叶油素、α-松油醇等	近似肉桂的气味	牛肉烹调
伊朗布留芹	*Bunium persicum*	伊朗周边地区	种子	γ-松油烯、枯茗醛等	枯茗特征性的芳辛香味	用法与枯茗相同
印度藤黄	*Garcinia indica*	印度西部	果实	羟基柠檬酸、花色素苷等	略带花香的酸香	调味酱及调味酱油,印度特色的咖喱粉

参考文献

[1] K V Peter. Handbook of Herbs and Spices (Second edition). UK;Woodhead Publishing Ltd,2012.

[2] Lawrence Brian M. Progress in Essential Oils. USA;Allured Publishing Company,2013.

[3] 林进能. 天然食用香料生产和应用. 北京:中国轻工业出版社,1991.

[4] 天然香料加工手册编写组. 天然香料加工手册. 北京:中国轻工业出版社,1997.

[5] H K Bakhru. Indian Spices and Condiments as Natural Healers. India;Jaico Publishing House,2011.

第四章

香辛料的辣味功能

　　提供火辣的味觉或辛辣的风味是一些香辛料的基本功能之一。辣味是香辛料中一些特殊的成分刺激舌和口腔中的味觉神经而产生的刺激性感觉，有时候这种感觉可扩散到身体的其他部位。辣味作为五味之一，是许多食品中不可缺少的特有风味，在食品调味中有极其重要的作用，本章将其单列重点讨论。

　　有研究认为，辣味与人类脑部对辣椒类香辛料的感觉反应有关。辣椒类的辛辣成分一接触到舌和口腔中的味觉神经末梢，神经末梢中的传递物质会将这种火烧般的刺激和疼痛的信号迅速传递到脑部，大脑的直接反应是身体受了伤，为了免除外来物（辣椒）的进一步侵袭则不断释放出一种叫内啡肽的物质。与此相对应，全身处于戒备状态：心跳加速、口腔内分泌物增多、呼吸频率加快、胃肠道蠕动加剧、全身出汗、血液循环加快。内啡肽是一种天然止痛剂，由于辣椒不会对身体造成任何伤害，因此在不断释出内啡肽后使人感到轻松兴奋，产生食用辣椒后的快感。适度的辣味可增加食欲，促进消化；不少辣味香辛料有祛风御寒、治疗伤风感冒等功能，也是基于以上道理。辣味香辛料的其他生理功能可见第十章。

　　有的香辛料辣味强烈尖锐，有的却柔和轻快，这主要取决于辣味成分不同的化学结构。

第一节　辛辣成分与结构

　　品尝任何一种香辛料的精油，都有或多或少的辛辣感。辛辣感的程度与香辛料精油的含量有直接关系。一般香精油的浓度越大，辣味越重。由于辛辣成分的阈值都很低，因此即使精油的含量很低，一般人还能感觉到辣味。香辛料精油中有辣味的成分可见表 4-1。

表 4-1　香辛料精油中的辣味成分

化合物种类	化学成分
醇类化合物	1-庚醇、3-庚醇、4-己烯-1-醇、十一烯-1-醇、胡椒醇、苯甲醇、对异丙基苄醇

续表

化合物种类	化学成分
醚类化合物	1,8-桉叶油素、甲基苯乙基醚、丁香酚甲醚、异丁香酚甲醚
酚类化合物	丁香酚
羰基化合物	1-戊醛、辛醛、对甲氧基苯甲醛、3-苯丙醛、肉桂醛、邻甲氧基肉桂醛、4-庚酮、3-戊烯-2-酮、d-胡椒酮、d-樟脑、d-莳酮
酸酯类化合物	己酸、2-甲基戊酸、丙酮酸、4-戊烯酸、香豆素、乙酸乙酯、乙酸龙脑酯、乙酸异龙脑酯、乙酸苄酯、乙酸茴香酯、乙酸丁香酚酯、乙酸异丁香酚酯、丙酸己酯、丁酸松油酯

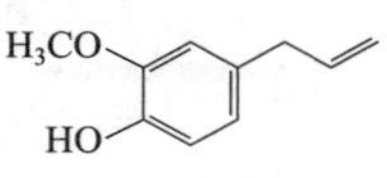

图 4-1　丁香酚的
化学结构

上述许多化合物属于非芳香性辣。芳香性辣的典型代表是丁香酚。丁香酚是丁香中的主要辛辣成分。丁香酚的结构见图4-1。

但是许多有显著辣味的成分，它们或是由于沸点太高，或是由于挥发性太好，却常常不出现在精油内。它们可分成脂肪酸酰胺类、羰基类、巯基类和异硫氰酸类四种结构，详见表 4-2。

表 4-2　香辛料的辣味成分

香料名	主要辣味化合物	挥发性	基本化学结构	辣味程度
辣椒	辣椒素 二氢辣椒素	非 非	脂肪酸酰胺类	辣味从上向下递增
黑/白胡椒	胡椒碱 胡椒素	非 非	脂肪酸酰胺类	
花椒	α-花椒醇 β-花椒醇	非 非	脂肪酸酰胺类	
生姜	姜醇 姜酚	挥发 挥发	羰基类	
洋葱	烯丙基二硫醚	挥发	巯基类	
蒜	烯丙基二硫醚	挥发	巯基类	
辣根	异硫氰酸丙酯	挥发	异硫氰酸类	
芥菜	异硫氰酸丙酯 异硫氰酸苄酯	挥发	异硫氰酸类	

上述四类化合物的辣味各具特色，现结合香辛料分别详细讨论。

一、辣椒

最常见的用于赋予辣味的红辣椒，其主要辛辣成分是辣椒碱类化合物。它是单脂肪酸的香兰基酰胺，由辣椒素、高辣椒素、二氢辣椒素、脱氢辣椒素等组成，统称为类辣椒素。其中辣椒素的含量最大，占所有脂肪酸酰胺类成分的 50% 以上，其他四种辣椒素类成分也有很大的比例，如中国河南产的红辣椒的辣椒碱类物质中，辣椒素占69%，高辣椒素占1%，二氢辣椒素占22%，二氢高辣椒素占7%。辣椒素和二氢辣椒素的结构见图4-2。

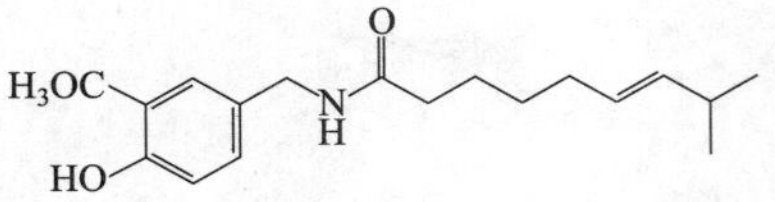

(a) 辣椒素的结构 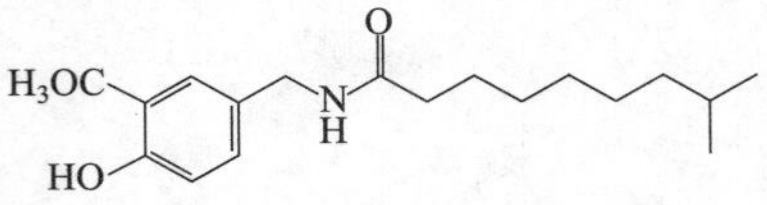　　　　(b) 二氢辣椒素的结构

图4-2　辣椒素类成分的化学结构

上述四种酰胺类化合物中，辣椒素和脱氢辣椒素的辣味最强。由于辣椒素是辣椒辣味中的主要成分，因此也可通过辣椒素含量的测定来确定辣椒的辣度。

二、胡椒

黑胡椒和白胡椒的辣味成分基本相同。除少量类辣椒素外，主要是胡椒碱。胡椒碱也是一酰胺类化合物，由多种类似化合物组成，其不饱和烃基有顺反异构体之分，其中顺式的含量越多越辣。全反式结构称作异胡椒碱，辣度远不及顺式化合物。胡椒经光照或久放后辣度会降低，有人认为是由于顺式胡椒碱转化为反式的结构，而反式的异构体却不会转化为顺式的异构体。从化学的角度来说，胡椒是光敏性的。胡椒碱的结构见图4-3。

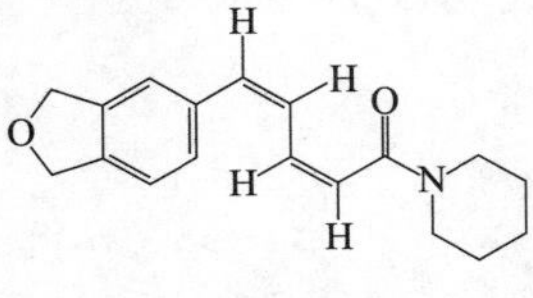

(a) 顺式胡椒碱 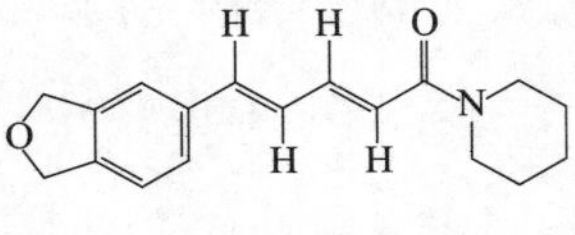　　　　(b) 反式胡椒碱

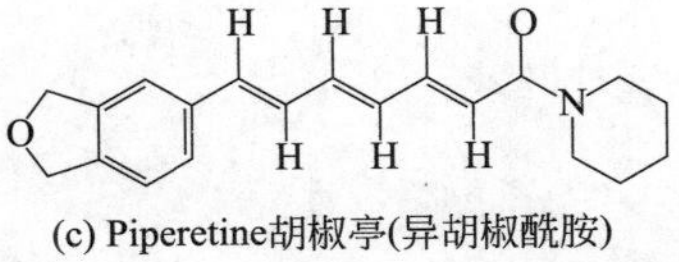

(c) Piperetine胡椒亭(异胡椒酰胺)

图4-3　三种胡椒碱的结构

在这三种胡椒碱酰胺化合物中，胡椒碱占98%以上，因此可将胡椒碱含量的多少作为胡椒质量的标准。黑白胡椒中胡椒碱的含量除受环境的影响如气候、气温、湿度等外，生长地点的影响最大，例如巴西黑胡椒中胡椒碱的含量就低于马来西亚黑胡椒的含量。

三、花椒

花椒的主要辣味成分是花椒素，也是酰胺类化合物。除此之外伴有少量的异硫氰酸丙酯。花椒素的两个异构体和花椒麻素的结构见图4-4。

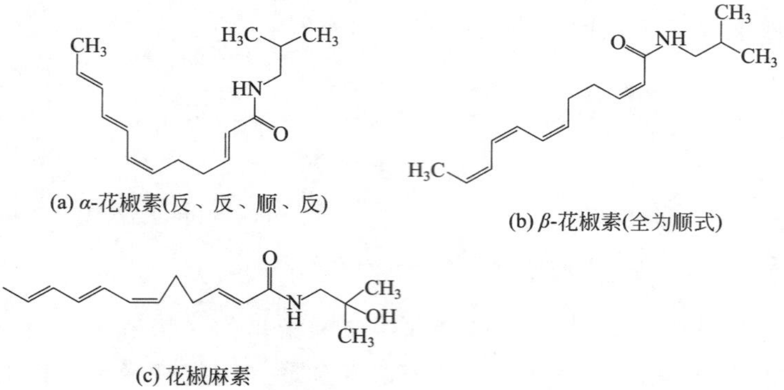

(a) α-花椒素(反、反、顺、反)

(b) β-花椒素(全为顺式)

(c) 花椒麻素

图 4-4　三种花椒素的结构

花椒是以麻辣为特征的，花椒在粉碎时，这三种化合物会迅速分解而损失其麻辣味，所以花椒要以整粒储存，用时即时粉碎。

四、姜

姜的辛辣成分由一系列的邻甲氧基酚基烷基酮类化合物组成。新鲜姜的主要辛辣成分是姜醇。姜醇脱水生成姜酚，是干姜中的主要辣味成分，姜酚较姜醇更为辛辣。无论是姜醇或姜酚，受热后其侧链均断裂形成姜酮，姜酮的辣味不如前两者。姜醇、姜酚和姜酮的结构见图 4-5。

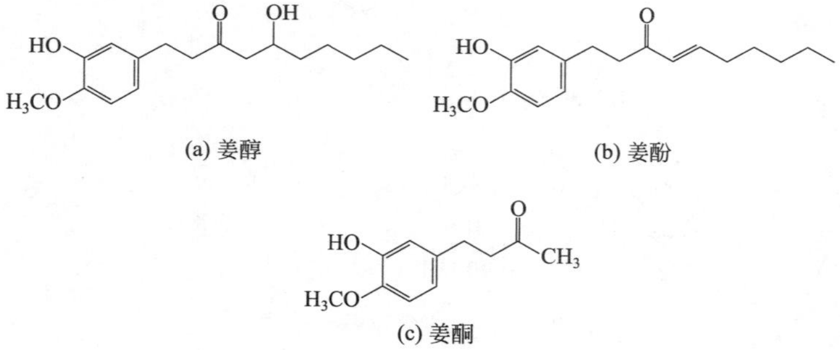

(a) 姜醇

(b) 姜酚

(c) 姜酮

图 4-5　姜中主要辣味成分的结构

良姜中的主要辣味成分是高良姜酚，结构见图 4-6，其辣度小于姜醇和姜酮。

五、蓼

另一个具羰基的极辣的成分是蓼醛，结构见图 4-7，存在于水蓼中。水蓼是日本人喜欢的辣味，以水蓼为主原料制成的蓼味鲜辣酱也是湖南等地的特色调味品。蓼的辣味近似于姜，但比它更尖刻。

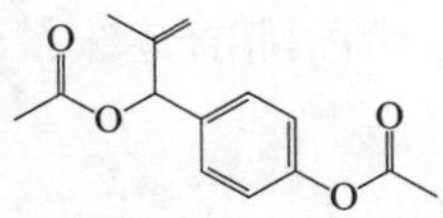

图 4-6　高良姜酚的结构

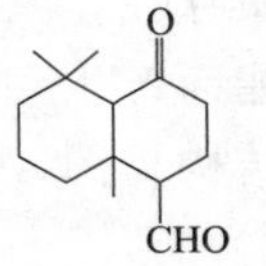

图 4-7　蓼醛的结构

六、洋葱和大蒜

　　洋葱、大蒜和韭菜中的辣成分以苷的形式存在。在其精油细胞或组织内总伴生一种酶，该酶可降解这些苷为烷基半胱氨酸衍生物，再通过酶降解为二烷基二硫醚类辣味成分。而在降解前这些苷是无息无味的。降解过程可见图 4-8。

　　蒜的主要辣味成分是蒜素、二烯丙基二硫醚和丙基烯丙基二硫醚三种，其中蒜素的辣味最大。洋葱的主要辣味成分是二丙基二硫醚和甲基丙基二硫醚等。它们的结构见图 4-9。

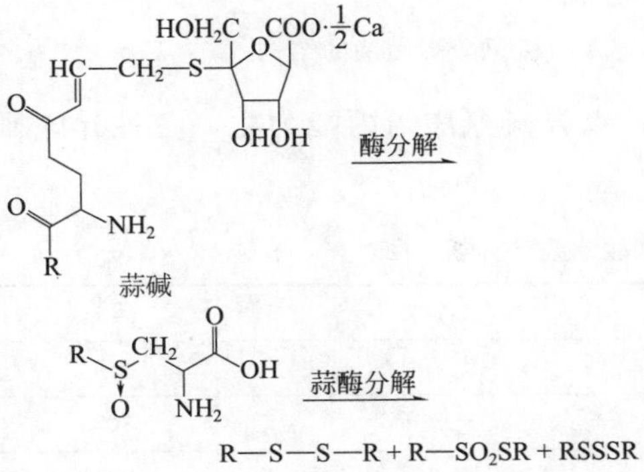

图 4-8　蒜碱降解示意

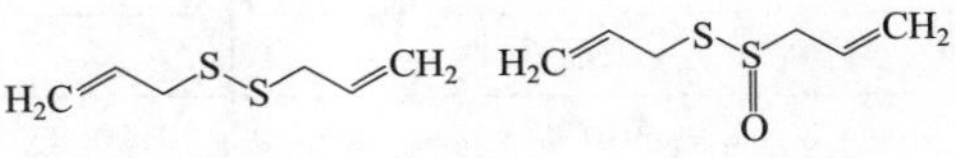

图 4-9　蒜素等辣味成分的结构

　　在蒜、洋葱和韭菜中，这三种二硫醚的比例不同，而使得它们的辣味也不同。它们在这些香辛料中的含量见表 4-3。

表 4-3　蒜科香辛料中二硫醚的含量　　　　单位：%

香辛料名	二甲基二硫醚	二丙基二硫醚	二烯丙基二硫醚
蒜	12~21	1~4	74~87
洋葱	1~7	75~96	3~9
韭菜	28~91	1~67	2~9

七、芥菜和辣根

　　芥菜和辣根中的主要辣味成分是异硫氰酸酯类化合物。但在植物中，它们也以无味的苷类物质存在，主要是黑芥菜子苷和白芥菜子苷，它们可被黑芥菜酶降解生成异硫氰酸酯而产生辣味，其中异硫氰酸烯丙酯的辣味最强，异硫氰酸其他酯的辣味次之。结构见图 4-10。

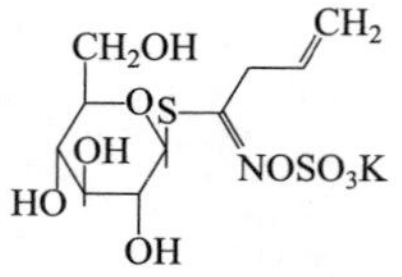

(a) 黑芥菜子苷

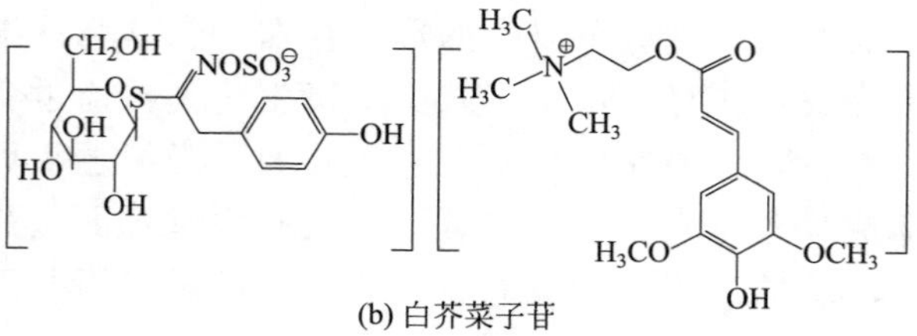

(b) 白芥菜子苷

$H_2C{=}CHCH_2{-}NCS$
(c) 异硫氰酸烯丙酯

图 4-10　黑芥菜子苷、白芥菜子苷及异硫氰酸烯丙酯的结构

芥末降解产生的异硫氰酸酯是混合物，以异硫氰酸烯丙酯为主，各种异硫氰酸酯的分布可见表 4-4。

表 4-4　芥末异硫氰酸酯成分分析　　　　单位：%

名称	含量	名称	含量
甲酯	0.29	5-己烯基酯	1.95
异丙酯	0.85	己基酯	3.54
烯丙酯	43.77	苯基酯	3.71
仲丁基酯	1.80	6-庚烯基酯	1.91
丁基酯	4.71	3-甲硫基丙基酯	9.44
3-丁烯基酯	4.78	苄基酯	2.20
4-戊烯基酯	3.30	β-苯基乙基酯	3.65

第二节　辣度

辣成分对味感神经的作用程度简称为辣度。

根据辣味成分对味感神经的作用程度，一般将对辣的感觉分为两类，热辣和刺激性辣。

热辣型成分的作用范围仅限于口腔内部，产生灼烧般的感觉。含有酰胺和羧酸基团的辣味成分属于这种类型，它们一般是非挥发性的。热辣型物质中也有一些是挥发性的，如姜中的辣味成分。有时将它们单独列出称为辛辣型成分，因为它们除了辣味外，还有挥发性芳香味。

刺激性辣成分除刺激舌和口腔的黏膜外，还能刺激鼻腔黏膜和眼睛，这类成分为硫醚和异硫氰酸酯类，它们是挥发性的，可作为辣的风味成分被检出。有关香辛料的辣味特征可见表 4-5。

表 4-5　不同香辛料的辣味特征

品名	辣味类型	感觉到辣味的时间	辣味持久性	耐热性	风味性	祛臭力	着色力
红辣椒	热辣	稍后	特好	耐热	—	—	特好
黑白胡椒	热辣	中等偏后	较好	耐热	较好	较好	特差
花椒	热辣	稍后	较差	较好	好	较好	—
生姜	热辣	中等偏后	中等	中等	较好	较好	—
水蓼	热辣	中等	较差	差	较差	—	—
洋葱	刺激性辣	立即	—	—	好	特好	—
蒜	刺激性辣	立即	—	—	好	特好	—
芥菜	刺激性辣	立即	—	—	好	特好	—
辣根	刺激性辣	立即	—	—	好	特好	—
萝卜	刺激性辣	立即	—	—	好	特好	—

上述对辣度的分类是最简单的一种，另有许多分类法。如斯科维尔（Scoville）以辣感将辣定性地分成六个等级：最低等级是入口后要隔一段时间后才感到辣；其次是入口后立即感到辣；第三等是仅舌尖处感到辣；第四等是舌根处也有辣的感觉；第五等是满嘴及嘴唇都有辣的反应；第六等是入口立即有火辣的反应，但以后舌头对辣失去知觉和反应。

以个人的味感来定量地确定辣度的有斯科维尔指数（SHU）。辣度级别与斯科维尔指数单位对应关系见表 4-6。

表 4-6　辣度级别与斯科维尔指数单位对应表

辣度级别	斯科维尔指数（SHU）	辣度级别	斯科维尔指数（SHU）
1	0～500	6	5001～15000
2	501～1000	7	15001～30000
3	1001～1500	8	30001～50000
4	1501～2500	9	50001～100000
5	2501～5000	10	＞100000

此方法为美国许多公司所采用，具体方法可见第十一章。

也可以用化学分析法进行辣椒素的测定来判断辣度。斯科维尔指数和辣椒素之间的关系：定义 $1×10^{-6}$ 的辣椒素对应于 15 个单位的斯科维尔指数。

　　辣椒或辣椒制品含 0～700 单位的 SHU 的辣椒属不辣型；含 700～3000 单位的 SHU 的属轻辣型；含 3000～25000 单位的 SHU 的属中等辣型；含 25000～70000 单位的 SHU 的为高辣型；超过 70000 单位的 SHU 的为超辣型。

　　辣椒油树脂的辣度是该产品的最重要指标之一。国际上常用的辣椒油树脂一般有以下三种：第一种以热带最小最辣的辣椒做原料制成的油树脂，内含 13%～14% 的辣椒素，170 万～180 万 SHU；第二种以较大的红辣椒为原料，此油树脂中含 2.4% 的辣椒素，约 30 万 SHU；第三种以朝天小椒为原料，油树脂含辣椒素 0.4%，约 5 万 SHU。

　　就红辣椒而言，不同的品种其辣椒素的含量相差很大。即使同一品种，生长地点、采集时间、成熟程度或干燥条件不同，其辣椒素的含量也可相差 1 倍以上；辣椒的大小也对辣味有影响，传统的说法是辣椒越小越辣，但也并不绝对如此。因此在使用红辣椒前，需进行辣度的检查。各种辣椒中辣椒素的含量见表4-7。

表 4-7　各种辣椒中辣椒素的含量

品名	长度/cm	辣椒素含量/%	对应的斯科维尔指数/SHU
菜椒	8～12	很低	＜500
红辣椒	6～8	0.06	9000
牛角红椒	2.5～5.0	0.2	30000
印度萨姆椒	3.0～5.0	0.3	45000
突尼斯哈里萨辣椒	3.0～5.0	约 0.5	40000～50000
美国路易士安娜椒	2.5～5.7	0.5	75000
乌干达椒	0.9～1.5	约 1.0	约 150000
墨西哥哈瓦那椒	0.6～1.4	1.0	150000
印度魔鬼椒	5.0～6.0	—	450000

　　斯维科尔法是以各人的感官感觉为基准的，因此对品评员的要求极高，主观性强；而化学分析法的缺陷是结果偏低，因为辣椒中并不只是辣椒素具备辣味，还存在许多辣味成分。化学分析法和感官判断相结合，才可以得出较科学的结论。

　　至今为止，也只有对辣椒能进行定量的辣度分析，而没有将辣椒的辣与其他香辛料的辣进行比较，因为香辛料在口腔中的作用部位各不相同。

　　对于辣味香辛料在口腔中的作用部位，较一致的说法是胡椒辣味成分的作用部位仅限于舌尖，生姜的作用部位在舌边和底部，辣椒是整个舌面直至喉咙部，芥菜类是全口腔以及嘴唇和鼻腔。

第三节　烹调方法对辣味的影响

如何充分发挥辣味香辛料的辣味，或有意识地将辣味控制在一定的程度，这是制作辣味食品的关键。影响辣味的因素有加热温度、加热时间、pH 值、是否粉碎、粉碎程度、原料的区分和选择等，现一一讨论如下。

一、温度

各种辣味香辛料对受热是否合适见表 4-8。

表 4-8　辣味香辛料队烹调方法的适应性

品种＼烹调方法	加热型					非加热型		
	煮	烤	煎	蒸	炸	浸	腌	拌
胡椒	较好	好	较好	较好	较好	较好	较好	较好
加州胡椒	较好	好	较好	较好	较好	较好	较好	较好
红辣椒	较好	较好	较好	较好	较好	好	好	较好
花椒	较好	—	—	—	较好	好	好	好
生姜	较好	较好	好	好	较好	较好	较好	较好
凹唇姜	较好	较好	较好	较好	较好	好	好	好
良姜	较好	较好	好	好	较好	较好	较好	较好
芒果姜	较好	较好				较好	较好	较好
芥菜	—	—	—	—	—	好	好	好
辣根	—	—	—	—	—	好	好	好
水蓼	较好					好	好	好
丁香	较好	好	较好	较好	好	好	好	好

辣椒、黑白胡椒和姜属热辣型香辛料，相对于芥菜和辣根中的辣味成分而言，它们中的辣味成分对热相对稳定，所以它们可以热来烹调。姜中的辛辣成分是挥发性的羧酸型化合物，相对于辣椒和胡椒中的酰胺类成分来说，稍许不稳定。芥菜和辣根不适合用于烧煮，它们中的辣味成分会很快分解和消失，有时甚至会转化成带苦味的物质。花椒中的麻辣成分也因受热而分解，失去其原有的价值。

前面已经说过，蒜和洋葱中的辣味必须有酶的降解才能产生，用加热的方法可方便地将洋葱和蒜中的酶失活，而使其不产生辣味；一些二硫醚化合物也在加热过程中转化为硫醇，这类化合物在低浓度时有甜味。洋葱和蒜与肉制品一起烧煮时，它们中的辣味成分可与蛋白质结合以中和去肉腥味，因此有效利用洋葱和蒜的方法是将它们与肉一起烹煮，而不是在以后加入，其实这已经是风味的问题了。

二、粉碎度

对热辣型香辛料如辣椒、胡椒来说，粉碎仅是提高辣味成分的利用率，并不能提高它的总量。但对于蒜和洋葱这些香辛料来说，加以粉碎则有助于辣味成分的前导物与酶接触，从而能即时地提高辣度。

同样是酶降解，洋葱和蒜中的降解酶反应速度要比芥菜和辣根中的黑芥菜酶快。因此，将芥菜和辣根切碎后存放一段时间，辣味会更强。

三、pH 值

pH 值对热辣型香辛料如辣椒的辣度有一定的影响。在 pH 值为 7.5～8.5 之间，辣椒碱辣度的呈现能力最强，其余范围，辣度略减。

但酸能妨碍蒜、洋葱、芥菜或辣根中酶的降解反应速度，从而降低其辣度。因此，芥菜或辣根中适量地加入一些米醋，可使这些菜肴的辣味不会太刺激，有研究认为，在此方面，盐也有与醋类似的作用。

四、甜、咸和苦味

研究认为，甜、咸和苦味在一定程度上都可抑制味感对辣的感觉，它们的浓度越大，抑制能力越强。

五、辣味香辛料的复配

从第二节可知，有的成分辣味尖刺但却短暂，有的成分辣味丰盈又很留长。将具有辣味香辛料配合使用，可以增加其辣味的内涵和特征，这就是辣味的调配。辣味调配有以下两个目的：通过类似辣味香辛料的互相替换和复配可以使辣味达到十分和谐融洽的程度；通过几种不同辣味香辛料的复配以提升整体的辣味。要做到辣而不强，即不超过人的忍受能力，辣而不燥，即不能仅是单调枯燥的单味的强辣，缺少层次和回味，辣中有香和辣中有味。

芥菜子、蒜、花椒等属于上口辣味强度大但不持久的辣味料，辣椒属于后发却留长的辣味料，最强的调味料一般是芥菜子和红辣椒的组合。川味的麻辣型调味料是辣椒和花椒的组合，有报道称，以 32 份红辣椒油和 3 份花椒粉配合可给出四川的麻辣风味。

有些香辛料对辣味有提升作用，常用的香辛料有小茴香、桂皮等。

除了上述所介绍的辣味香辛料外，丁香也经常在辣味香辛料的调味料中出现。单从辣味而言，丁香的辣味并不亚于生姜，所谓香辣型的调味料就加入了丁香等香辛料，因为丁香除辣味外，还带有强烈的芳香。

第四节　辣味的应用

辣味可在多种食品中使用，表 4-9 为常见的动植物食品中常用的辣味香辛料。

表 4-9　用于动植物食品的辣味香辛料

香辛料名	动物原料					植物原料			
	肉类	海鲜	淡水鱼	奶制品	蛋类	泡菜	沙拉	豆制品	面制品
胡椒	A	A	A	B	B	B	A	B	B
加州胡椒	B	B	B	—	B	—	B	B	B
红辣椒	A	B	B	B	B	A	B	B	B
花椒	A	A	B	B	B	A	B	B	B
姜	A	A	A	B	B	A	A	B	B
凹唇姜	B	A	A	—	—	—	B	—	—
良姜	B	B	B	—	—	—	B	—	—
芒果姜	B	B	B	—	B	—	B	B	—
辣根	—	A	A	—	B	—	B	B	B
芥菜	B	B	B	—	B	—	B	B	B
水蓼	—	B	B	—	—	—	B	B	B
丁香	B	B	B	—	—	B	B	B	B

注：A 为特别适合；B 为适合；—为不适合

在东方和西方饮食中，对辣味的要求有很大的不同。根据统计，世界主要国家和地区对辣味香辛料的喜爱程度见表 4-10。

表 4-10　东西方烹调对辣味香辛料的应用

烹调方式 / 地区 品名	东方烹调				西方烹调				
	中国	日本	东南亚	印度	美国	英国	德国	法国	意大利
胡椒	常用	一般	常用	常用	嗜好	常用	常用	常用	常用
加州胡椒	—	—	—	—	常用	一般	一般	一般	一般
红辣椒	常用	常用	嗜好	嗜好	常用	常用	一般	一般	一般
花椒	常用	嗜好	一般	一般	一般	一般	一般	一般	一般
生姜	嗜好	常用	常用	常用	一般	常用	一般	一般	一般
凹唇姜	—	—	嗜好	嗜好	—	—	—	—	—
良姜	—	—	嗜好	嗜好	—	—	—	—	—
芒果姜	—	一般	嗜好	嗜好	—	—	—	—	—

烹调方式	东方烹调				西方烹调				
地区 品名	中国	日本	东南亚	印度	美国	英国	德国	法国	意大利
辣根	一般	嗜好	一般	一般	一般	常用	常用	一般	一般
芥菜	一般	嗜好	一般	常用	常用	常用	常用	常用	一般
水蓼	一般	常用	—	—	—	—	—	—	—
丁香	一般	一般	常用	常用	一般	一般	一般	一般	一般

辣味食品与消费群体之间的关系，一直是涉及到辣味食品如何发展的问题。以美国为例，对嗜辣人群及其嗜辣程度的调查发现，对辣的喜好与文化、职业、习俗、年龄、性别、地区等都有关系。一般而言，青年人是嗜辣的主体，以男性为主；嗜辣的程度与文化程度成反比；与当地的都市化成反比；与从事职业的辛苦程度成正比。

第五节　辣味与减盐食品

咸是最重要的味感，咸味主要由盐生成。盐是身体所需钠的主要来源，而钠消费量的增加与人们患高血压、心脏病和脑卒中的概率的增加相关。

我国成年人平均每天食盐摄入量几乎是世界卫生组织建议水平的 2 倍，因此必须立即采取减盐措施。对有些嗜咸者来说，在食品中直接减盐是很痛苦的事，但在食品中加入辣味成分，可减少盐的用量。

一般来说，以辛辣的感觉来降低盐的用量是相当困难的。因为辣是物理性的刺激，有时还产生疼痛感。然而实验表明，只要运用恰当，可以降低部分用盐量。

胡椒对咸味的影响可见 Ohta 等的实验结果：他们配制了浓度分别为 1.38％、1.20％、1.04％、0.91％ 和 0.80％ 的标准盐溶液，加入白胡椒或黑胡椒 0.08％ 和 0.16％，然后请若干名品味员来分别用感官比较各个加香辛料盐溶液的咸度，以算术平均的方法计算出平均咸度。如在盐浓度为 1.04％ 的溶液中加入 0.08％ 的白胡椒，在品尝中，11 位品味员中有 6 个人认为这加香辛料的盐溶液盐的浓度为 1.04％，各有 1 个人认为其盐的浓度为 1.20％ 和 0.91％，有 3 个人认为盐浓度是 0.80％，那么该次品尝计算得的平均盐浓度是 0.97％。依次进行各次品尝，部分实验结果见表 4-11。

表 4-11　胡椒对咸味的影响

盐浓度	加白胡椒 0.16％ 盐溶液的平均咸度	加黑胡椒 0.16％ 盐溶液的平均咸度
0.80％	0.91	0.96

续表

盐浓度	加白胡椒 0.16%盐溶液的平均咸度	加黑胡椒 0.16%盐溶液的平均咸度
0.91%	1.02	0.95
1.04%	1.10	1.09
1.20%	1.20	1.15
1.38%	1.35	1.28

实验表明，当盐的浓度相对较低时（小于 1%）时，加入香辛料可增加咸度的感觉，盐的浓度超过 1%时，香辛料的加入没有意义。

Goto 等研究了辣椒素对咸味的影响，他们首先观察实验老鼠对加了辣椒素盐水溶液的反应，然后检查老鼠身上的脊索（Chorda tympani），看辣椒素如何影响它们对盐的吸收。

在第 1 次实验中，8 个月大的老鼠分成两组，一组喂食含有辣椒素的饲料，另一组喂食标准饲料，分别准备浓度为 0.5%、0.9%和 1.4%的盐溶液。实验发现，标准饲料组的老鼠有 1/10 饮用了 1.4%的盐水，而喂食辣椒素的老鼠没有一个饮用此浓度的盐水；在 8 周内，标准饲料组的平均盐消耗量是 5g/100g 体重。是否是辣椒素对舌头的麻痹作用而使得老鼠对饮水的习惯有所偏移？Goto 以 3mg/只老鼠的量直接灌进老鼠胃部，再来观察它们对盐水的需求反应。实验发现，摄食辣椒素的老鼠还是不喜欢选用高浓度的盐水，对脊索的解剖也显示类似结果。选用高血压组老鼠进行相同实验，高血压老鼠喜欢饮用盐水的浓度是普通老鼠组的 2 倍，而高血压老鼠喂食辣椒素后，对盐的摄食量也降低了，最后导致血压增加的速度放慢。因此，在烹调中使用辣椒素，可减弱和缓解有些人对盐的嗜好，进而降低血压，有益健康。

使用香辛料也可减少盐的用量。在汤中加入下列三种香辛料的混合物均可降低盐的浓度，平均降低 40%，而使咸的感觉一样。这三种组合是甜罗勒、黑胡椒、芹菜子粉和蒜末的混合物；枯茗、芫荽子粉、芹菜子粉和蒜末的混合物；牛至粉、月桂叶粉、芹菜子粉和黑胡椒粉的混合物。

低钠盐是以钠盐为原料，添加了一定量的氯化钾和硫酸镁。与普通食盐比较，低钠盐的后味有些苦涩，这是钾镁离子作用的结果。香辛料与低钠盐配合使用，可很好地解决此后味困扰。

参考文献

[1] Philip R，Ashurst. Food Flavorings. Third Edition Edited. Aspen publishers，1999.
[2] 丁耐克. 食品风味化学. 北京：中国轻工业出版社，1996.
[3] DJ Schneider. Relationship between pungency and food components-A comparison of chemical and sensory evaluations [J]. Food Quality & Preference，2014：38：98-106.
[4] CDO Lopes. Effect of the addition of spices on reducing the sodium content and increasing the antioxidant activity of margarine [J]. Lebensmittel-Wissenschaft und-Technologie，2014：58（1）：63-70.

第五章

香辛料的祛臭功能

有些食品本身或在加工、储存等过程中，往往带有或产生少量不良气味的成分，从而影响了整体的风味。根据食品类型的不同，这种不良气味有时称为"臭"，有时称为"腥"或"臊"，也有用其他词来形容的。食品的不良气味不但影响人的情绪，而且对人体有重大危害。在食品烹调中加入香辛料，其中某些成分与不良气味发生化学反应，来改善食品的风味，这叫香辛料的祛味功能；利用香辛料强烈的香气来覆盖食品中原有的不愉快气味，这是香辛料的屏蔽功能。香辛料的祛臭功能主要包括以上两个方面。

第一节　食品中的不良气味

食品中哪些气味是受人欢迎的，哪些气味是令人讨厌的，各个地区、各个民族甚至各个家庭都有各自不同的标准。例如日本人一般不接受豆浆中的豆腥气，因此他们那里的豆浆都要经过脱臭处理，这也包括如豆腐类制品；而许多中国人却不喜欢日本式的豆浆，认为其缺少了豆浆那种独特的味道。

国与国如此，地区与地区也是如此。北京的豆汁为老北京人津津乐道，而大多数外地人却无法忍受它那独特的酸酵味；浙江绍兴的臭豆腐等菜肴会令一些食客掩鼻，而当地人却可从臭中获得许多食趣。如中国徽州臭鳜鱼、韩国的臭鳐鱼、意大利的臭奶酪等是当地的名菜名点。因此这里涉及到的香臭判别，是以通常的习惯或多数人的一般意见为准。

臭气的化学成分主要有含硫化合物、含氮化合物、低碳脂肪酸、低碳脂肪醇和低碳脂肪醛酮类，它们或是食品中自身携有，或是由微生物经生化发酵反应生成的。

一、含硫化合物

含硫化合物是含硫的氨基酸如半胱氨酸、胱氨酸、蛋氨酸等在细菌作用下的产物。半胱氨酸在细菌作用下的分解见图 5-1。蛋氨酸在细菌作用下的分解见图 5-2。

$$H_2C-CH-COOH \xrightarrow{细菌} H_2S + CH_3SH + NH_3$$
$$\quad\ \ |\ \ \ |$$
$$\quad\ \ SH\ NH_2$$

图 5-1　半胱氨酸在细菌作用下的分解

$$CH_3-S-H_2C-CH-COOH \xrightarrow{细菌} H_3C-S-CH_3 + H_3C-SH + H_2C=CH-COOH$$
$$\qquad\qquad\qquad |$$
$$\qquad\qquad\quad NH_2$$

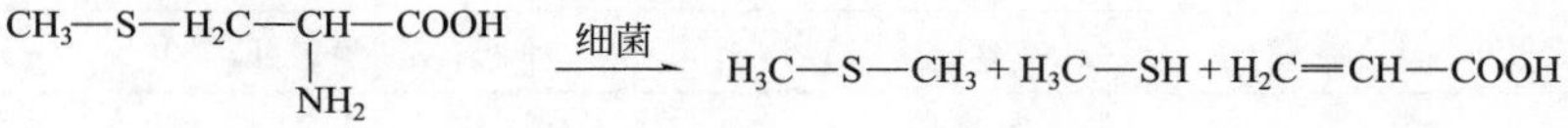

图 5-2　蛋氨酸在细菌作用下的分解

　　低分子量的含硫化合物大多阈值很小，气息强烈，它们的阈值和气息特征见表 5-1。

表 5-1　低分子量含硫化合物的阈值和气味

含硫化合物	阈值/(mL/L)	气味
硫化氢(H_2S)	0.13	臭鸡蛋和臭豆腐的不愉快臭气
甲硫醇(CH_3SH)	0.041	腐烂的洋葱臭
二甲硫醚(CH_3SCH_3)	0.001	韭菜样臭
二乙硫醚($C_2H_5SC_2H_5$)	—	化学酱油中的焦臭味
乙硫醇(CH_3CH_2SH)	0.00025	腐烂的卷心菜和萝卜样臭
丙硫醇($CH_3CH_2CH_2SH$)	0.0016	不愉快臭气
2-丁烯硫醇($CH_3CH=CHCH_2SH$)	0.00012	黄鼠狼释放的臭气
丙烯硫醇($CH_2=CHCH_2SH$)	0.0015	大蒜臭
2-甲基噻吩	—	奶酪中汽油塑料样臭

二、含氮化合物

　　胺类含氮化合物一般是碱性氨基酸在细菌作用下分解的产物，碱性氨基酸如精氨酸、赖氨酸等，分解的低分子含氮化合物见表 5-2。这类变化在鱼肉中最为常见。精氨酸在细菌作用下的分解见图 5-3。氧化三甲胺在细菌作用下的变化见图 5-4。

表 5-2　常见低分子含氮化合物的阈值和气味

化合物	阈值/(mL/L)	气味
氨(NH_3)	0.1	刺激性的特征氨臭
一甲胺(NH_2CH_3)	0.021	生鱼臭
二甲胺($NH(CH_3)_2$)	0.047	腐烂的鱼臭
三甲胺($N(CH_3)_3$)	0.00021	刺激性的鱼臭
吡啶(C_5H_5N)	0.23	不愉快臭

续表

化合物	阈值/(mL/L)	气味
吲哚(C_8H_6N)	0.1	粪便臭
3-甲基吲哚(C_9H_9N)	3.3×10^{-7}	粪便臭,公猪膻味
腐肉胺(C_4H_9N)	1×10^{-9}	窒息样尸臭

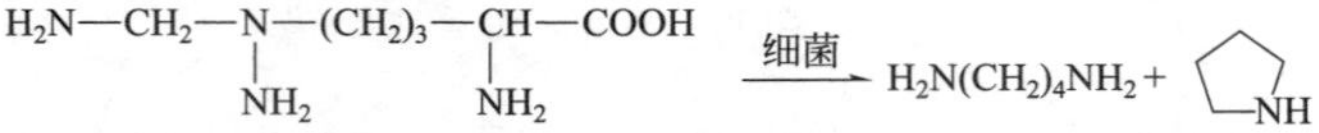

$$H_2N-CH_2-N-(CH_2)_3-CH-COOH \xrightarrow{\text{细菌}} H_2N(CH_2)_4NH_2 + \text{〔吡咯环〕NH}$$

图 5-3　精氨酸在细菌作用下的分解

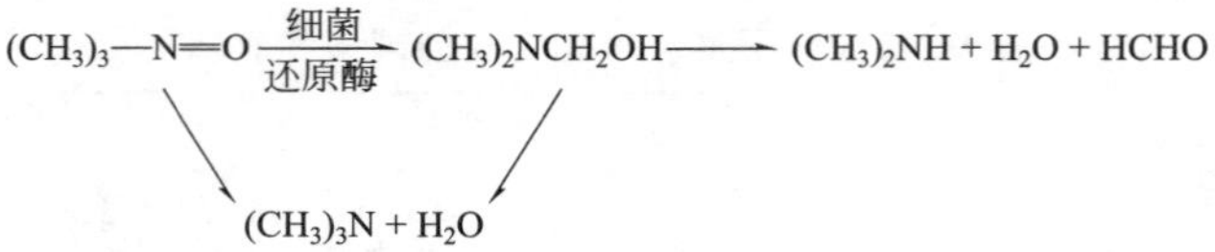

$$(CH_3)_3-N=O \xrightarrow[\text{还原酶}]{\text{细菌}} (CH_3)_2NCH_2OH \longrightarrow (CH_3)_2NH + H_2O + HCHO$$
$$\searrow (CH_3)_3N + H_2O$$

图 5-4　氧化三甲胺在细菌作用下的变化

三、低碳脂肪酸

　　低碳脂肪酸、低碳脂肪醇和低碳脂肪醛酮类化合物是人体常见的生化代谢物,在禽畜肉类中普遍存在,在未处理的奶酪中也存在。低碳脂肪酸也可以是微生物作用的产物,奶酪中的气味物质就是由此生成的。

　　有些低碳脂肪酸、醇或醛酮是由于油脂的氧化而生成的,如陈米气。低碳脂肪酸化合物的阈值和气息特征见表 5-3。

表 5-3　低碳脂肪酸化合物的阈值和气味

化合物	阈值/(mL/L)	气味
丙酸	0.015	不愉快臭
丁酸	0.00056	汗臭和奶酪腐败臭
戊酸	0.0012	汗臭
乳酸	—	醇酸臭
硫代巴比土酸	—	大豆腥味

四、低碳醛酮

表 5-4　低碳醛酮化合物的阈值和气味

化合物	阈值/(mL/L)	气味
丙酮	1.6	尿样臭
乙醛	0.066	刺激性青臭

续表

化合物	阈值/(mL/L)	气味
丙醛	1.0	刺激性臭
丙烯醛	0.0041	催泪刺眼的刺激性气息
3-甲基-2-丁烯醛	—	金属般草样醛臭
戊醛	—	陈米臭
雄甾烯酮	—	公猪尿膻臭

从表 5-4 可以看出，不良气味成分的阈值大多很小，感官作用大，因此在食品加工中必须最大限度地祛除或屏蔽它们。

第二节　香辛料的祛臭机理

从香辛料祛臭的作用机理来看，祛臭可分为三种类型：化学祛臭、物理祛臭和感官屏蔽祛臭。

一、化学祛臭

通过香辛料中某些化学成分与上述那些臭气分子之间的氧化还原、缩合、络合、取代等反应，将其转化为没有臭味或臭味较小的新物质，从而达到祛臭的目的，称为化学祛臭。许多香辛料都是以化学法来祛臭的。

由于臭味的成分有多种，因此化学祛臭的历程各不相同。这里着重介绍含硫和含氮臭气成分的祛除。

1　含硫化合物

对许多食品加工中所产生的含硫化合物分析发现，以甲硫醇出现的概率最高，所占比例也最大，是臭味中的主要成分，因此对含硫化合物的祛除，一般都以甲硫醇为研究对象。而叶绿素铜钠是迄今已知的最好祛除含硫化合物的祛臭剂，它是以铜离子与硫原子形成络合物来达到消除含硫化合物的目的（叶绿素铜钠是叶绿素的衍生物，存在于植物的叶中）。香辛料的祛臭可以叶绿素铜钠做对照物来表征它们的效果。表 5-5 为各种香辛料对甲硫醇的祛臭率。

表 5-5　各种香辛料对甲硫醇的祛臭率

香辛料名	祛臭率/%	香辛料名	祛臭率/%	香辛料名	祛臭率/%
鼠尾草	95	莳萝	13	葫芦巴	4
百里香	99	茴香	27	胡椒	30
香薄荷	90	枯茗	11	姜黄	5
牛至	93	小茴香	0	姜	4

续表

香辛料名	袪臭率/%	香辛料名	袪臭率/%	香辛料名	袪臭率/%
甘牛至	91	丁香	79	小豆蔻	9
迷迭香	97	众香子	61	八角	39
罗勒	63	花椒	72	葛缕子	24
紫苏	91	龙蒿	36	芫荽	3
薄荷	90	甘菊	12		
芹菜	44	辣椒	8		

注：上述香辛料的甲醇萃取物对 500mg 甲硫醇的捕获率。

从表 5-5 中可看出，鼠尾草、百里香、香薄荷、紫苏、甘牛至、迷迭香等对甲硫醇的捕获率最大，也即袪臭能力很强。图 5-5 是鼠尾草、百里香、迷迭香的甲醇萃取物和叶绿素铜钠袪臭效率的比较。

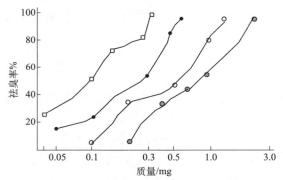

□鼠尾草提取物　●迷迭香提取物　○百里香提取物　●叶绿素铜钠

图 5-5　香辛料甲醇萃取物和叶绿素铜钠袪臭效率的比较

从图 5-5 中可见，百里香的袪臭效率与叶绿素铜钠相似，而迷迭香是其 2 倍，鼠尾草则是其 3 倍。

迷迭香和鼠尾草中的主要成分是迷迭香酚和鼠尾草酚等酚类物质，这种酚类化合物可与硫醇进行如图 5-6 所示的反应。

2　含氮化合物

在挥发性的含氮化合物中，对食品风味影响最大的是三甲胺（TMA）。因为氧化三甲胺（TMAO）是鱼、海鲜和禽肉等中的鲜味成分，在细菌或还原酶的作用下，氧化三甲胺会被还原为三甲胺。因此三甲胺的浓度可作为食品鲜度的指标。随着鱼类存放时间的延长，三甲胺的浓度越大，该食品就越不新鲜。

由于三甲胺是碱性物质，在食品中加入酸性物质如醋、柠檬汁等，可简单地中和此类气息，这也为常人所知，但从烹调的整个范围来说，此方法有一定的局限性，不如在食品中加入香辛料有广泛意义。

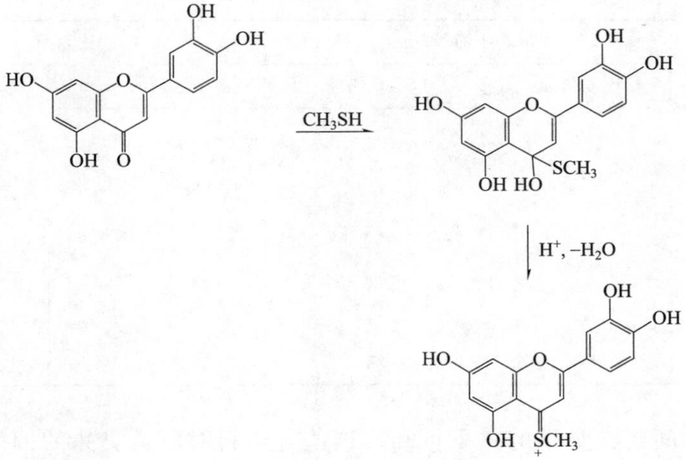

图 5-6　硫醇化合物与黄酮化合物的复合反应

Kikuchi 等研究了若干香辛料祛除三甲胺的能力。将香辛料的精油加入到三甲胺的溶液中去，与之混合，观察它们对三甲胺的祛臭情况。以气相色谱法对残留的三甲胺进行峰面积定量测定，来比较它们的祛除效果。实验结果见表5-6。

表 5-6　九种香辛料精油对三甲胺的祛除率

香辛料名	三甲胺峰面积/mm²	三甲胺残留率/%	祛除率/%
空白	333	—	—
月桂叶	312	93.7	6.3
生姜	300	90.1	9.9
肉豆蔻	297	89.2	10.8
肉桂	294	88.2	11.8
丁香	288	86.4	13.6
百里香	288	86.4	13.6
小豆蔻	276	82.9	17.1
胡椒	249	74.8	25.2
鼠尾草	222	64.7	35.3

从表 5-6 中可见，祛臭效率最好的是鼠尾草和胡椒，次之是小豆蔻、百里香和丁香等香辛料。

总体而言，香辛料或香辛料精油与三甲胺混合接触的时间越长，对三甲胺的祛除效率越好，姜油和鼠尾草精油的试验见表5-7。

表 5-7　混合时间与袪除率的关系

混合时间/天	三甲胺峰面积/mm²		袪除率/%	
	生姜精油	鼠尾草精油	生姜精油	鼠尾草精油
0	700	712	—	—
1	650	540	7.14	24.2
2	600	450	14.3	36.8
3	550	—	21.4	—
4	495	225	29.3	68.4
6	—	75	—	89.5
7	440	45	37.1	93.7

　　从混合时间与袪臭率的关系可知，这些香辛料对胺类臭味的抑制是以化学反应的机理进行的，在到达平衡点之前，混合时间越长，残留的三甲胺的量越少。

　　香辛料在混合时是否加热对胺类成分的抑制也有影响。Yoshida 研究了若干香辛料与青花鱼混合时，在加热和不加热不同情况下，鱼腥味以及二甲胺、三甲胺和氧化三甲胺的变化，见表 5-8。

表 5-8　香辛料与青花鱼混合后胺类化合物的含量

品名	加入量/g	加热情况	pH 值	鱼腥味	二甲胺/(mg/100g)	三甲胺/(mg/100g)	氧化三甲胺/(mg/100g)
空白	— —	不加热 加热	5.9 5.9	重 重	0.22 0.33	1.10 1.79	6.36 5.94
胡椒	2 2	不加热 加热	6.0 6.0	无 无	0.32 0.32	1.41 1.38	7.31 6.05
月桂	2 2	不加热 加热	5.8 5.8	无 无	0.24 0.33	1.05 1.35	6.43 5.67
鼠尾草	2 2	不加热 加热	6.0 6.0	无 无	0.22 0.32	1.26 1.48	6.85 5.60
花椒	2 2	不加热 加热	5.8 5.7	无 无	0.33 0.36	1.00 1.27	7.09 6.29
芥菜	2 2	不加热 加热	6.0 5.9	弱 弱	0.20 0.32	1.23 1.46	5.67 6.72
辣根	2 2	不加热 加热	5.8 5.9	中等 中等	0.24 0.38	1.09 1.37	6.67 5.38
枯茗粉	2 2	不加热 加热	6.1 6.1	弱 中等	0.29 0.53	1.18 1.84	7.57 5.64
大蒜	10 10	不加热 加热	6.0 6.1	弱 弱	0.25 0.38	1.49 1.91	6.03 6.01
生姜	10 10	不加热 加热	5.9 6.0	弱 弱	0.24 0.38	1.04 1.24	5.36 5.54

品名	加入量/g	加热情况	pH 值	鱼腥味	二甲胺/(mg/100g)	三甲胺/(mg/100g)	氧化三甲胺/(mg/100g)
洋葱	10	不加热	5.9	中等	0.26	1.08	6.22
	10	加热	6.1	较强	0.37	1.89	5.57
萝卜	10	不加热	5.9	较强	0.27	1.10	6.38
	10	加热	6.0	较强	0.43	1.88	5.42

香辛料精油中哪些化学成分对三甲胺有抑制作用呢？经过对香辛料精油成分的分离，分别测定各种成分对三甲胺的抑制效果，发现酚类化合物对三甲胺的作用最大。川岛鸿一郎选择 15 种酚类风味成分依上法进行三甲胺气相色谱的含量测定，并结合嗅觉检测效果，结果见表 5-9。

表 5-9　酚类化合物对三甲胺的祛除率

化合物名	与标准三甲胺峰面积比	祛除率/%	嗅感情况
香兰素	0.15	85	抑制特别有效
苯酚	0.59	41	抑制无效
苯甲醛	0.94	6	抑制有效
大茴香醛	0.97	3	抑制有效
对羟基苯甲醛	0.11	89	抑制特别有效
间羟基苯甲醛	0.38	62	抑制无效
邻羟基苯甲醛	0.65	35	抑制无效
间甲氧基苯甲醛	0.95	5	抑制无效
邻位香兰素	0.13	87	抑制特别有效
异香兰素	0.28	72	抑制无效
乙酰香兰酮	0.15	85	抑制无效
丁香醛	0.12	88	抑制特别有效
胡椒醛	0.91	9	抑制有效
丁香酚	0.73	27	抑制无效
异丁香酚	0.57	43	抑制无效

从表 5-9 中可以发现，有些酚类成分的抑制率和三甲胺的祛除率是平行的，如香兰素、丁香醛等，有人认为三甲胺与酚类化合物形成了不挥发的 α 型络合物；然而有许多化合物如异丁香酚、丁香酚等，虽对三甲胺有一定的祛除率，但在感觉上却无抑制作用，这说明酚类化合物除了形成络合物这一机理外，还应有别的机理问题尚未清楚。胺化合物与酚类化合物的复合情况如图 5-7 所示。

表 5-9 中一个独特的例子是大茴香醛，它对三甲胺的祛除作用很小，但却能有效地抑制三甲胺的气息，这和洋葱对三甲胺的抑制形式一样，在气相色谱上三甲胺的量没有改变，然而在感官上已感觉不到三甲胺，这种抑制形式以后讨论。

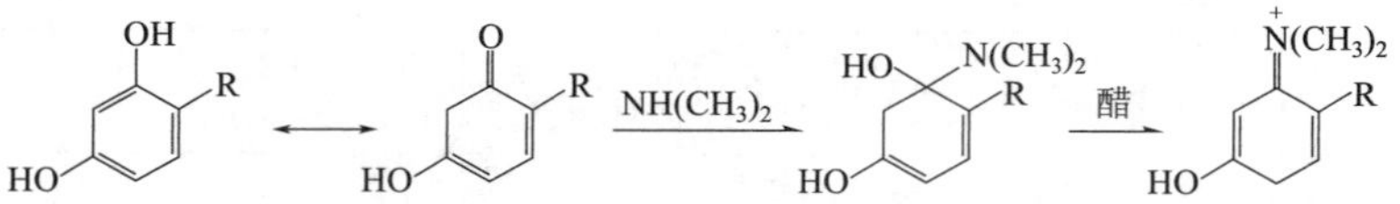

图 5-7　胺化合物与酚类化合物的复合变化

二、物理祛臭

常见的物理祛臭是采用多孔物质如活性炭、沸石等来吸附不愉快的气味，冰箱中安放活性炭能祛臭就是这个道理。以不能食用的活性炭和沸石进行祛臭在食品烹调中只有理论意义，在实际加工中毫无用处。

勾芡是食品加工中祛臭的常用手法，淀粉在加热过程中糊化成半固体状物质，有人认为这对臭味有一定的吸附作用，但有人认为是包裹作用。咖喱粉有很强的祛臭功能可能与它有一些糊化作用有关。

由上可见，香辛料基本不具物理吸附这一祛臭的功能。

三、感官屏蔽祛臭

利用香辛料中某些化学物质对嗅觉细胞的刺激作用，来转移、分散或模糊人们嗅觉对某些气味的注意，以达到掩盖其气息的目的，这就是感官屏蔽祛臭。可利用某些香辛料特别尖刺强烈的香气来压制不良气味，在此方面，中国厨师最惯用的是葱姜，在扬州菜烹调行中有所谓"不用葱姜，厨师不像"的俗语；而西式烹调中最常用的是小豆蔻、肉桂和肉豆蔻。这方法简单，但不科学。或可选用一些香气与该不良气味完全不同的香辛料，对此气味进行矫正，使该不良气味不易被嗅出。如日本人喜欢用月桂叶（香叶）来对豆制品的腥味进行矫正。也可使用一些有麻醉气息的香辛料以麻醉鼻黏膜，使之暂时不接受其他气味而达到祛臭的目的，这类香辛料都含有辛辣成分，如花椒、芥菜和辣根等。

化学祛臭法中出现的反常示例如洋葱、大茴香醛等有祛臭的效果，是由于它们的气息强烈，或有麻辣作用，使人们的嗅觉对三甲胺失去反应。

烹调中的祛臭除了使用香辛料外，还有其他多种方法，如加入料酒、酱油或醋；加入烟熏料；或加入糖，通过烹调与氨基酸发生麦拉德反应形成风味物掩盖祛臭等，在此不一一叙述。

综上，对臭气祛除的评判标准最终以感官评判为准。

第三节　祛臭香辛料的应用

根据 Weber-Fechner 定律，可感知气味的强度与该气味物质浓度的对数成正比（见下式）。换句话说，有嗅觉所感觉到的刺激强度与这些刺激的实际强度的对数成正比。例如，从化学浓度的角度来说，不良气味的 99％已经祛除，但它的嗅感强度仅减弱了 66％，因此，残存的 1％不良气味的危害仍很大。

Weber-Fechner 定律：

$$S = K \frac{I}{I_0}$$

式中　S——可感觉到气味的强度；

　　　K——常数；

　　　I——原刺激强度；

　　　I_0——刺激强度的增量。

对于如此微量的不良气味，经验表明，只有香辛料才能达此目的。而食品的臭气经常是多种类型臭成分的混合物，香辛料对它们的祛除则是综合的效果。哪一种香辛料更适合该种食品的臭气祛除，需在实践中不断地探索研究。

羊肉和羊油均有腥膻味，因为其含有膻味成分 4-甲基辛酸和 4-甲基壬酸。一般而言，羊膻味的祛除较牛膻味难。以羊油的祛臭为例对 14 种香辛料精油进行研究，用感官评定法检测，结果见表 5-10。

表 5-10　香辛料精油对羊油的祛臭效果

香辛料名	完全祛臭的添加量/mL	香辛料	完全祛臭的添加量/mL
鼠尾草油	0.007	小豆蔻油	0.30
百里香油	0.025	众香子油	0.30
丁香油	0.03	肉豆蔻油	0.45
葛缕子油	0.04	芥菜子油	0.50
芫荽子油	0.05	姜油	0.90
蒜油	0.23	洋葱油	1.90
芹菜子油	0.25	胡椒油	6.00

从表 5-10 中可见，鼠尾草油对羊油的祛臭效果最好，其次是百里香油。

对羊膻气的祛除，中国人在烹调中常用的香辛料有胡椒、砂仁、肉豆蔻、小茴香、八角、花椒、丁香和草果等。

同样用感官评定法检测，以两种不同的香辛料组合对同一种羊油的祛臭效果，以表 5-10 为基础，数据见表 5-11。

表 5-11　两种香辛料精油组合对羊油的祛臭效果

香辛料组合	完全祛臭的添加量/mL		
	实验量	理论计算量	差值＝理论计算量－实验量
鼠尾草油＋丁香油	0.014	0.0185	＋0.0045
鼠尾草油＋葛缕子油	0.022	0.0285	＋0.0065

续表

香辛料组合	完全祛臭的添加量/mL		
	实验量	理论计算量	差值＝理论计算量－实验量
鼠尾草油＋芫荽子油	0.0285	0.0285	0
鼠尾草油＋芹菜子油	0.127	0.1285	＋0.0015
鼠尾草油＋蒜油	0.80	0.1685	－0.6315
鼠尾草油＋百里香油	1.70	0.016	－1.684
百里香油＋丁香油	0.0275	0.0275	0
百里香油＋葛缕子油	0.0315	0.0325	＋0.001
百里香油＋芫荽子油	0.0316	0.0375	＋0.0059
百里香油＋芹菜子油	0.0801	0.1375	＋0.0574
百里香油＋蒜油	0.10	0.1375	＋0.0375
丁香油＋芫荽子油	0.0375	0.040	＋0.0025
丁香油＋蒜油	0.125	0.130	＋0.005
丁香油＋芹菜子油	0.145	0.145	0
丁香油＋葛缕子油	1.800	0.035	－1.765
葛缕子油＋芫荽子油	0.0425	0.0450	＋0.0025
葛缕子油＋芹菜子油	0.1207	0.1450	＋0.0243
葛缕子油＋蒜油	0.135	0.135	0
芫荽子油＋芹菜子油	0.095	0.150	＋0.055
芫荽子油＋蒜油	0.140	0.140	0
蒜油＋芹菜子油	1.90	0.24	－1.660

注：两种精油各占50％。

　　从表5-11中可以发现，对同一种食品的臭气而言，有的两种香辛料精油组合可加大祛臭效果，最显著的是百里香油和芹菜子油的组合，次之是芫荽子油和芹菜子油的组合；但有一些却降低了祛臭效果，如丁香油和葛缕子油的组合等。前者是香辛料的正效应，后者是香辛料的负效应。在选择香辛料组合时，要尽量采用正效应组合。

　　香辛料的组合，为何有时是正效应，有时却是负效应，至今还没有理论解释。

　　各种食品的臭味不同，对它们的祛除应采用不同的香辛料。牛肉的膻味成分主要是丁醛、2-甲基丁醛和3-甲基丁醛、3-羟基丁酮、丁酸、异丁酸等，祛臭的香辛料为胡椒、洋葱、蒜、丁香、肉豆蔻、木香等。

　　鱼总带有腥味，而海鱼更甚。以金枪鱼为例，除一般鱼都有的三甲胺外，还含有己醛、庚醛、2-己醛等刺激性气味。对金枪鱼臭味抑制作用最好的香辛料是肉豆蔻、姜和胡椒，次之是鼠尾草和芥菜子。海鱼祛臭常用的香辛料见表5-12。

淡水鱼的腥味较易处理，但需注意，如果腌制不恰当的话，腌制的淡水鱼腥味就要重许多。在腌制淡水鱼时适当用些香辛料如花椒、芫荽子或藿香等，不但可去除腥味，还可赋予其风味。

表 5-12　海鱼祛臭常用的香辛料

海鱼类别	香辛料名	说明
金枪鱼类	花椒、洋葱、蒜、姜、肉豆蔻、芥菜子等	香辛料用量要稍多一些
日本竹荚鱼类	洋葱、蒜、众香子、姜、月桂叶、丁香、芥菜子	后五种效果较差，葛缕子、枯茗、百里香反而会增加鱼腥味
乌贼鱼类	众香子、丁香、月桂叶、芫荽、姜、芹菜子	芫荽和芹菜子最好
鲛鱼类	芫荽、小茴香、枯茗、葛缕子	四者都有效
鳎鱼类	芫荽、芹菜子、月桂叶、百里香、众香子	前两者最好，后三者次之

祛臭香辛料的选用，各国有各国的习惯传统，一般而言，各国选用祛臭香辛料的情况见表 5-13。

表 5-13　各国选用祛臭香辛料情况

香辛料名	东方烹调				西方烹调				
	中国	日本	东南亚	印度	美国	英国	德国	法国	意大利
大蒜	常用	常用	常用	常用	常用	常用	常用	常用	常用
生姜	嗜好	常用	常用	常用	—	常用	—	—	—
洋葱	—	常用	嗜好	常用	嗜好	常用	常用	常用	常用
月桂叶	—	—	常用	—	常用	常用	常用	嗜好	常用
丁香	—	—	—	常用	常用	常用	常用	常用	常用
肉豆蔻	—	—	—	常用	常用	嗜好	嗜好	常用	常用
韭菜	常用	嗜好	常用	—	—	—	—	常用	—
百里香	—	—	—	—	常用	常用	常用	嗜好	常用
迷迭香	—	—	—	—	常用	嗜好	常用	常用	嗜好
葛缕子	—	常用	常用	—	—	常用	嗜好	—	—
鼠尾草	—	—	—	—	常用	嗜好	—	—	常用
牛至	—	—	—	—	常用	—	—	—	嗜好
香薄荷	—	—	—	嗜好	—	—	嗜好	—	—
芫荽	常用	—	常用	常用	—	—	—	常用	—

　　动物性食品和植物性食品对祛臭香辛料的选择也有不同，常规应用见表5-14。

表 5-14　动植物食品祛臭适用的香辛料

香辛料名	动物类食品				植物类食品				
	肉类	海鲜	奶制品	蛋类	谷物类	蔬菜	果品	豆制品	饮料
蒜	适合	一般	—	一般	—	一般	一般	一般	—
洋葱	一般	一般	一般	一般	一般	一般	一般	一般	一般
月桂叶	一般	一般	一般	一般	一般	一般	一般	—	适合
丁香	一般	一般	一般	一般	一般	一般	一般	一般	一般
肉豆蔻	一般	一般	一般	一般	一般	一般	一般	一般	一般
韭菜	—	一般	一般	一般	一般	一般	一般	一般	一般
百里香	一般	一般	一般	适合	一般	一般	一般		一般
迷迭香	适合	一般	一般	—	一般	一般	一般	一般	一般
葛缕子	—	—	适合	一般	适合	一般	一般	一般	一般
鼠尾草	适合	一般	一般	一般	一般	一般	一般	一般	一般
牛至	一般	一般	一般	一般	一般	一般	一般	一般	一般
香薄荷	一般	—	—	—		一般	一般	适合	—
芫荽	—	—	—	—		适合	—	—	适合

　　烹调时加热与否、加热的程度等都对祛臭效率有影响，祛臭香辛料是否适合热烹还是冷拌，见表5-15。

表 5-15　适宜香辛类祛臭的烹调方式

品名 \ 烹调方式	加热型					非加热型		
	煮	烤	煎	蒸	炸	浸	腌	拌
蒜	适合	特好	特好	适合	适合	适合	适合	适合
洋葱	适合	特好	特好	适合	适合	适合	适合	适合
月桂叶	特好	特好	适合	适合	适合	适合	适合	—
丁香	特好	适合	适合	适合	适合	适合	适合	—
肉豆蔻	适合	特好	特好	特好	适合	—	特好	适合
韭菜	适合	特好	特好	适合	特好	适合	适合	适合
百里香	特好	适合	特好	特好	特好			
迷迭香	特好	特好	特好	适合	特好			
葛缕子	适合	适合	适合	适合	适合	特好	适合	适合

续表

烹调方式 品名	加热型					非加热型		
	煮	烤	煎	蒸	炸	浸	腌	拌
鼠尾草	适合	特好	适合	特好	特好	适合	—	—
野甘牛至	适合	特好	特好	适合	特好	—	适合	适合
香薄荷	适合	适合	适合	适合	适合	适合	适合	适合
芫荽	适合	适合	适合	适合	适合	适合	特好	特好

综上所述，使用祛臭香辛料时要注意如下几点。

（1）祛臭用香辛料可以在配菜时就加入或浸渍，也可以在烹调快结束时加入，很少在烹调过程中使用，因为效果不好。

（2）对动物性肉类来说，花椒、洋葱、蒜和姜是使用最广泛的祛臭香辛料，它们在祛臭的同时，还可增加风味。在这四种中，蒜的效果最好。经验表明，在用蒜时，可少量加入些洋葱，既可以减少蒜的用量，祛臭效果也可提高。

（3）肉豆蔻、肉豆蔻衣和众香子也是祛臭常用的香辛料，它们的作用时间长，但不能过量，否则会有涩味和苦味。在使用丁香、葛缕子和芥菜子时同样要避免产生苦味。

（4）祛臭用芹菜子、百里香、鼠尾草和莳萝时要少量，过多会有药味。

（5）一般而言，两种香辛料同时使用会提高祛臭效率，如鼠尾草和其他香辛料合用时，均能提高祛臭效率。

（6）蒜、洋葱、胡葱等是矛盾的香辛料，它对肉膻气有祛除作用，但有些人将它认为也是臭源。在烹调时，蒜与胡椒、花椒、八角、小茴香、丁香、肉桂或莳萝一起使用时可减少蒜臭。

第四节　香辛料与口臭和体臭的防治

中国是以谷类食物为主的国家，相对于以肉食为主的世界其他地区而言，属低口臭和体臭地区。随着中国人民生活水平的不断提高，肉食品和奶制品的消耗量大幅度提高，有的地区已经接近或达到西方国家的水平。因此，口臭和体臭的发生率也有所增长。

口臭是由口腔中细菌（如口腔中的具核梭杆菌）的活动而引起的。该细菌会分解唾液和口腔中的食物残渣，使之转化为恶劣气味，它包括挥发性的含硫化合物如硫化氢、二甲硫醚和甲硫醇；挥发性的含氮化合物如氨；低碳脂肪酸、醇、醛和酮类物质，这些成分都能引起口臭。近来研究表明，口臭的程度与硫化氢、二甲硫醚和甲硫醇的含量成正比，而甲硫醇是其中最主要的作用因素，对体臭影响最大的也是甲硫醇。

体臭分外源性体臭和内源性体臭两种。如抽烟等产生的身体烟臭属于外源性体臭；内源性体臭是由肠部的细菌和酶活动引起的。我们知道，营养成分在胃和肠中经消化后，在小肠中被吸收而进入血液。在消化过程中，一部分营养物质降解为有气味的物质，如含硫化合物、氨、吲哚、硫化氢等，它们能通过肠壁吸收进入血液，继而到达肝脏，如果肝功能衰退，不能将它们及时分解，它们在血液中不断地积累，最终导致体臭和口臭。因此内源性体臭常与某些疾病或寄生虫有关，如血液中氨的浓度过高，就可能患有动脉硬化、癌或肿瘤等疾病。

消除口臭和体臭的方法有如下三种：

（1）杀灭口腔和胃肠中的有害细菌，或使用某些抑菌剂来抑制他们的活性。在牙膏或其他口腔清洁用品中可以使用抑菌剂来消除口臭，在胃肠部位使用的抑菌剂尚无系统研究。

（2）用一些香气特别强烈的风味物质来掩盖口臭和体臭，如口香糖中重用薄荷和桉叶油即可屏蔽口臭，体臭则借助于香水。

（3）利用食物中的某些化学成分来结合、络合或反应去除甲硫醇，来减轻口臭和体臭的程度。相对前两种来说，第三种方法是从根源上消除口臭和体臭源。臭味成分如硫化氢、氨、三甲胺对人体都是有害的，对它们的消除有更积极的意义。

一些香辛料如九里香、迷迭香、芹菜子等对致口臭的细菌——具核梭杆菌活性有强烈的抑制作用，见表5-16。因此食用这些香辛料有助于减轻口臭。

表5-16　香辛料对致口臭菌具核梭杆菌活性的抑制（培养18h）

品名	试验浓度	抑制率
调料九里香	100×10^{-6}	85.9%
迷迭香	200×10^{-6}	99.8%
九里香中的生物碱	20×10^{-6}	97.5%

有没有饮食可改变体臭即血液中臭味成分的浓度呢？安培重治等用老鼠做实验，喂食蘑菇的萃取物，每隔10天用气相色谱法检测硫化氢、氨、甲硫醇、胺类化合物在粪便中的浓度，因为血液中臭味成分的浓度与粪便中的浓度有对应关系，因此检测粪便中臭味成分的含量就可知道血液中的浓度。试验结果见图5-8。

实验表明，非葱蒜韭菜植物香辛料的食用，如芫荽、芹菜子、西方菜中的欧芹、龙蒿等都有助于降低血液中臭味成分的浓度。

体臭与人的体质、体况以及生活习惯如饮食、沐浴等有关，与年龄也有关系。我们知道，婴儿、少年、青年和中老年不同年龄段的人都有不同的体臭。一般而言，随着年龄的增大，特别到中老年阶段，无论男女，人的体臭将会明显化和恶化，原因是在老年人体的挥发性成分中，不饱和脂肪醛尤其是壬烯醛的含量增加了，而这类成分在二三十岁的年轻人体臭中却不存在。壬烯醛具强烈的药草

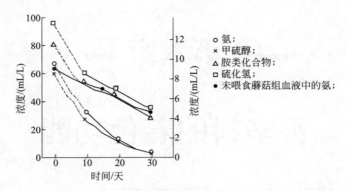

图 5-8　食用植物萃取物后臭味成分浓度的变化

和油脂样气息，阈值约为 1.0×10^{-7} ，另一不饱和脂肪醛辛烯醛的阈值为 2.9×10^{-8} 。它们的阈值如此之低，因此有微量存在就可对体臭产生重大的影响。这类气息通称为老人味。

　　体臭中的不饱和脂肪醛是由棕榈油酸（9-十六烯酸）的降解而形成的。在对人体皮脂进行分析中发现，棕榈油酸在年轻人中几乎不存在，在中老年人中随着年龄的增长而增多。而且中老年人皮脂中含有较多的过氧化脂质，使氧化降解反应很易进行；或者由于皮肤常在细菌的作用下，也可使棕榈油酸降解为不饱和脂肪醛。

　　对这方面体臭的防治，在饮食上可选用抗氧性较强的香辛料，延缓氧化降解反应，详细可见本书第九章；在生活习惯上，选用有抗菌作用的清洁剂，加强个人卫生，勤沐浴，能有效地抑制体臭。

　　对烟臭类外源性体臭，应采用不同的方法处理。如香辛料香桃木中的风味成分可以与生成烟臭的物质结合，从整体上降低此类体臭的强度。

参考文献

[1] Kenji Hirasa. Spice Science and Technology. Marcel Dekker Inc. ，2000.
[2] 太田静行. 鱼臭・兽肉臭. 日本：日本恒星社原生阁，1981.
[3] JG Wilkes. Sample preparation for the analysis of flavors and off-flavors in foods. Journal of Chromatography A，2000，880（1-2）：3-33.
[4] N Hudson. Odour sampling：Physical chemistry considerations. Bioresource Technology，2008，99（10）：3982-3992.
[5] B Auffarth. Understanding smell——The olfactory stimulus problem. Neuroscience & Biobehavioral Reviews，2013，37（8）：1667-1679.

第六章

香辛料的着色功能

食品的色泽是人们在感官享受时必不可少的一环。由于人类在进化过程中，嗅觉与动物相比退化很多，而视觉则有所进化，因此人们对一食品的好坏进行初步判断时，常常借助于视觉。如果食品的色泽与平常所见的不一致，则人们嗅闻和品尝的兴趣则大大降低。因此色在"色香味"中列首位即说明这一点。研究表明，食品的色泽与其营养价值也有很大的关系，因此更具特殊作用。

食品中的色泽可分为两类，一类是自身具有的，如青叶菜中的叶绿素、胡萝卜中的胡萝卜素等；另一类是通过烹调赋予的，如咖喱食品中的姜黄素。香辛料的一个主要功能是给食品着色，它们是常用的着色剂之一。

香辛料几乎可赋予食品所需要的所有色泽，如黄、橙、红、绿、黑、紫等。根据菜肴色泽对食欲心理的研究，色泽对食欲有很大作用。黄色和橙色可刺激消化系统，引起食欲，对食品可产生香、酥、甜、酸之感；红色最能刺激神经并使其兴奋，肉制品的红色经常表示鲜活和营养，对辣制品表示热辣的程度；绿色可表示新鲜和脆嫩，有镇静和缓解情绪的作用；黑色和紫色常用于衬托有汁厚味浓干香之感。选用合适的着色剂，善于利用色差对比是中国传统食品的重要特点，因此如何正确利用香辛料的色泽色调，也是香辛料应用的一个课题。

第一节　香辛料中的色素成分

香辛料中的色素成分按其化学结构可分为如下几类：卟啉类化合物、类胡萝卜素类衍生物、黄酮类化合物、酮类化合物和吡啶类衍生物等。

一、卟啉类化合物

卟啉的基本结构见图 6-1。

绿叶蔬菜中的绿色主要来源于叶绿素，它可赋予鲜亮的绿色色调，其结构见图 6-2。叶绿素在受热时依图 6-3 转变为棕色。因此，如食品需加热，又需保持绿色，必须尽可能地缩短加热时间，或在加热即将结束时加入，这样还可以减少风味的损失。以叶绿素为特征的香辛料是欧芹、芫荽、薄荷等。

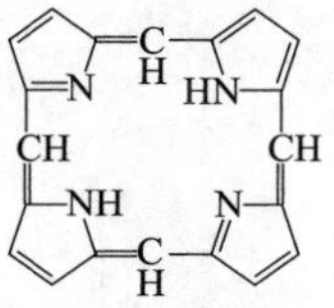

图 6-1　卟啉的结构

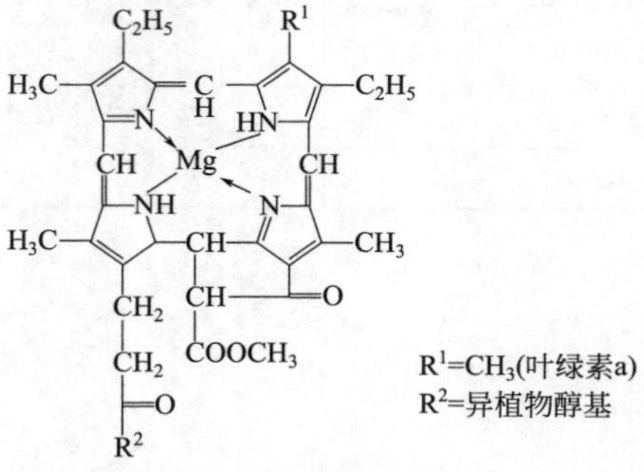

图 6-2　叶绿素的结构

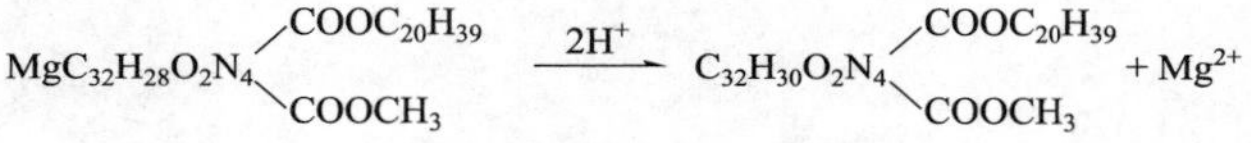

$R^1=CH_3$(叶绿素a)
$R^2=$异植物醇基

$$MgC_{32}H_{28}O_2N_4 \begin{smallmatrix} COOC_{20}H_{39} \\ COOCH_3 \end{smallmatrix} \xrightarrow{2H^+} C_{32}H_{30}O_2N_4 \begin{smallmatrix} COOC_{20}H_{39} \\ COOCH_3 \end{smallmatrix} + Mg^{2+}$$

图 6-3　叶绿素变化示意

二、类胡萝卜素类衍生物

类胡萝卜素广泛存在于自然界，常见的也有 300 种以上，但从色泽而言，仅可分为橙色和红色两种。β-胡萝卜素的结构见图 6-4。

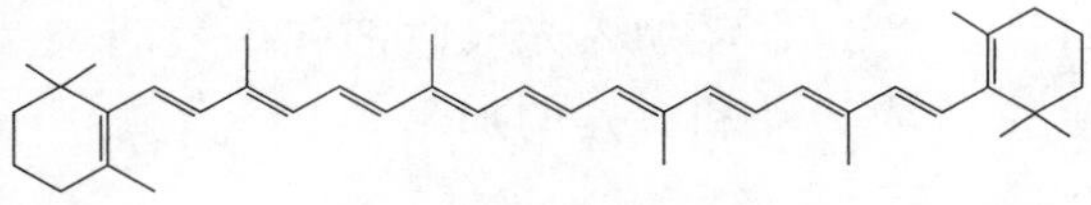

图 6-4　β-胡萝卜素的结构

胡萝卜素类色素都是油溶性的，对脂肪和油脂有较强的亲脂性，因此常用作色拉油的着色剂。与叶绿素相比，胡萝卜素类色素一般不怕受热，可在烹调中直接使用。

含胡萝卜素类的香辛料有以下几种。

1　辣椒

辣椒中重要的胡萝卜类色素有 11 种，它们的结构相似，难以分离，因此有时统称为辣椒红素，它们的结构见表 6-1，其中各基团的结构见图 6-5。

表 6-1　辣椒中胡萝卜类色素成分的基本结构

色素成分	X	Y	色素成分	X	Y
辣椒红素（Capsanthin）	b	d	玉米黄素（Zeaxanthin）	b	b
胡萝卜素（β-Carotene）	a	a	花药黄素（Antheraxanthin）	b	c

续表

色素成分	X	Y	色素成分	X	Y
堇菜黄质（Violaxanthin）	c	c	氧化辣椒红素（Capsanthin Epoxide）	c	d
隐黄质（Cryptoxanthin）	a	b	二羟基柠黄质（Mutatoxanthin）	b	c
辣椒玉红素（Capsorubin）	d	d	新叶黄素（Neoxanthin）	c	f
去羟基辣椒红素（Cryptocapsin）	a	d			

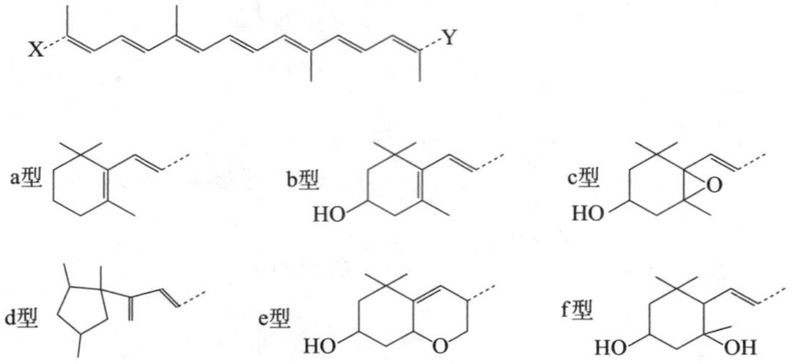

图 6-5　表 6-1 中的符号表示

辣椒红素也为油溶性成分，可用油脂或其他极性相似的有机溶剂将它们从辣椒中提取出来。辣椒红素的色泽为橙至红色，与其他胡萝卜素相比，有更强的红色调。可溶于油，但不溶于水，其色泽不随 pH 值的变化而变化，对热相当稳定，对光照和氧气不怎么稳定，需加入光吸收剂和抗氧剂来提高它的稳定性。辣椒红素可用于各类点心、农产品和海鲜的加工。

2　藏红花

香辛料藏红花中的色素成分是不常见的栀子素和栀子苷，也属胡萝卜类色素，结构见图 6-6。

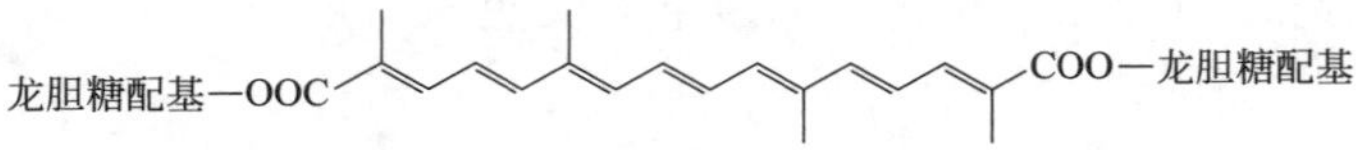

图 6-6　栀子素和栀子苷的结构

栀子素和栀子苷是水溶性色素，可用酒精从藏红花中提取。栀子素和栀子苷有非常亮丽诱人的略带红光的黄色。它们对酸和光都不稳定，在酸性条件下易被氧化，可加入抗氧剂予以改进；对重金属离子有反应，遇铁或铜离子后会逐渐褪色。鉴于此，藏红花或栀子素和栀子苷就不能用于啤酒的着色。栀子素和栀子苷可用于糖果、农制品和海鲜的加工。

3　胭脂树

食品中常用的另一类胡萝卜类色素是顺/反胭脂树橙和降胭脂树橙。可用油或其他极性相似的有机溶剂从胭脂树红的种子中提取，其中重要成分是顺胭脂树橙和降胭脂树橙。结构见图 6-7。

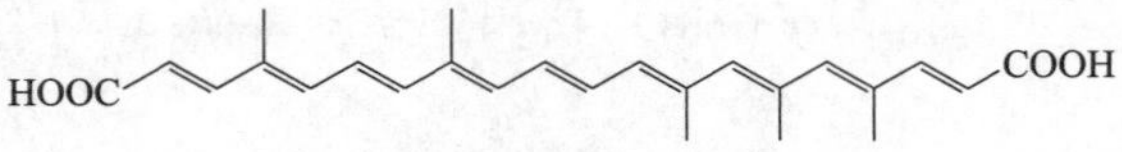

图 6-7　胭脂树橙的结构

这两个色素成分均为橙黄色，可溶于油和碱溶液，对光稍不稳定，对热稳定性尚可。胭脂树橙的油溶液和碱溶液广泛用于糖果食品、肉类和海鲜。

三、黄酮类化合物

黄酮类色素的基本骨架为苯并吡喃，常见的结构如图 6-8 所示。

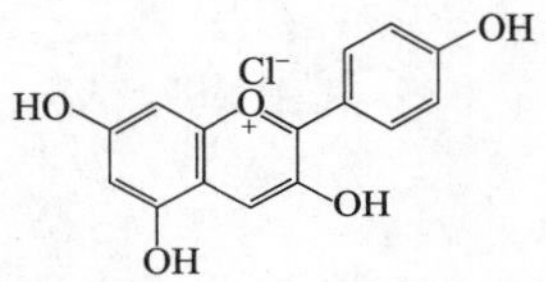

图 6-8　黄酮类化合物的基本构型

在自然界中，这些基本结构上经常连有数目不等的酚羟基和糖苷，连有糖苷较多的黄酮类化合物尤其是花青素是水溶性的，它们的色泽因酸和碱的变化而变化。易被氧化，在碱性条件下和加热时，氧化速度加快。花青素在酸碱条件下不同的结构见图 6-9。

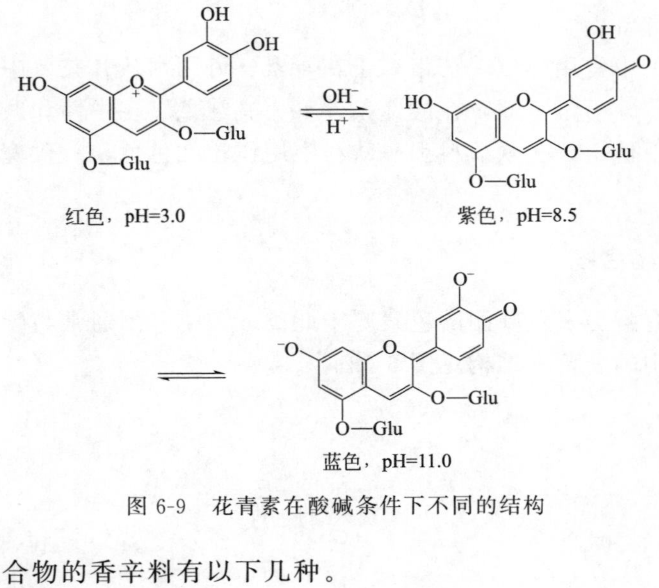

红色，pH=3.0　　　　　紫色，pH=8.5

蓝色，pH=11.0

图 6-9　花青素在酸碱条件下不同的结构

含黄酮化合物的香辛料有以下几种。

1　紫苏

紫苏特别是红紫苏是常用的着色用香辛料，红紫苏有若干花青素类色素成分，其中最主要的色素成分是紫苏素（Shisonin），结构见图 6-10。

紫苏素可溶于水、醇和乙酸，但不溶于油，可用酒精将色素从紫苏中提取出来。在酸性条件下为亮鲜红色，对光和热都稳定，其染色度比苋菜红更好；在中性转变为紫色，碱性时为蓝色，但此时的色调并不稳定，易褪色，在短时间内全部转变为棕色。红紫苏粉及其水溶液广泛用于糖果食品、农产品和甜点。

>>> **2　洋葱**

洋葱中的色素成分是槲皮素的苷类，其结构见图6-11。

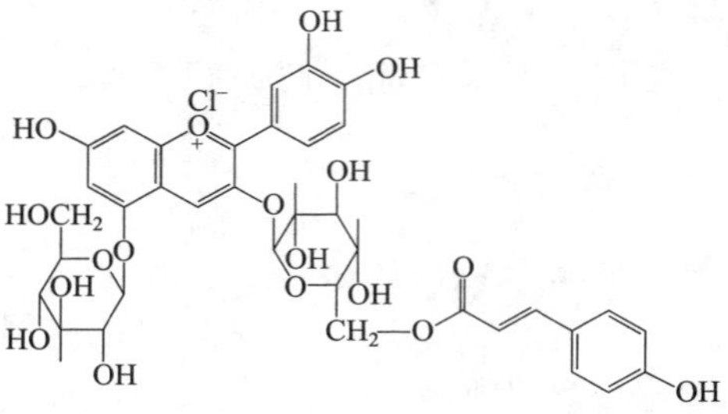

图 6-10　紫苏素的结构

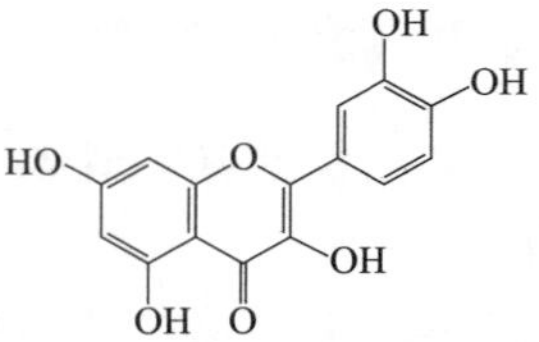

图 6-11　槲皮素的苷类结构

槲皮素的苷类稍溶于水，可溶于碱，在酸和油中不溶，可用乙醇的水溶液从洋葱中提取。槲皮素属黄酮醇类化合物结构，棕色或红棕色，对光和热稳定，色泽在中性或碱性时无多大变化，有很好的着色效果，其粉状制品可用于糖果食品、肉制品和海鲜。

在食品加工中常用的玫瑰茄素属于花青素，可用水从其花萼中萃取。玫瑰茄素可溶于水和醇，不溶于油，在酸性条件下为亮红色，在中性和碱性条件下为紫色，对光和热不稳定，在软饮料和醇饮料中用作粉红色色素。玫瑰茄素的结构见图6-12。

四、酮类化合物

分子中含有酮类发色基团的色素属于此类，该酮基团通常与碳碳不饱和双键成共轭。姜黄中的姜黄素结构见图6-13。

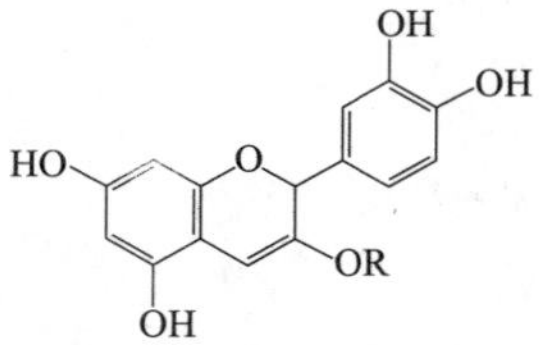

图 6-12　玫瑰茄素的结构

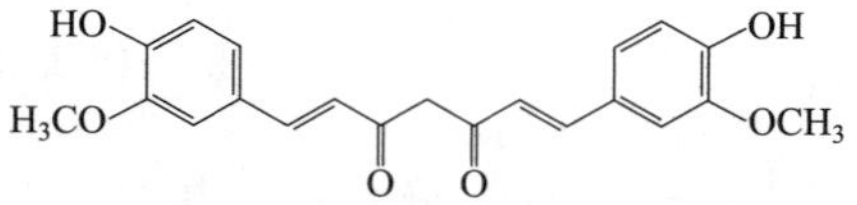

图 6-13　姜黄素的结构

姜黄素可溶于乙醇、丙二醇和醋酸，但不溶于水，在中性和酸性下为黄色，在碱性下为红至棕色，它能很好地使蛋白质着色，而且色泽不会下降很多，对热的稳定性尚可，但对光不稳定，遇到重金属离子尤其是铁离子会转变为暗色调。

姜黄素广泛用于糕点、糖果、农制品和海鲜。

五、吡啶类衍生物

香辛料碱蓬草中含有的甜菜红素，是一类含氮的吡啶类衍生物，结构见图 6-14。甜菜红素为红紫至深紫色液体、块状、粉末状或糊状物，易溶于水、牛奶、50%乙醇或丙二醇水溶液，难溶于无水乙醇、丙二醇和乙酸，不溶于乙醚、丙酮、氯仿、苯、甘油和油脂等有机溶剂。水溶液呈现红色至紫红色、色泽鲜艳。在 pH 值 3.0～7.0 时比较稳定，pH 值 4.0～5.0 时稳定性最好。甜菜红素染着性好，但耐热性较差，因而不宜用于高温加工的食品。为韩国硫黄烤鸭的必须用料。

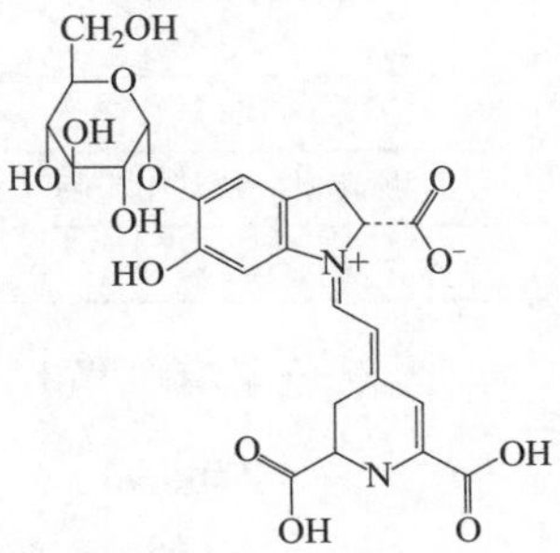

图 6-14　甜菜红素的结构

第二节　香辛料色素的应用

如上所述，香辛料色素有多种化学结构，它们的物理和化学性质各不相同，因此在使用中要注意以下几点。

（1）香辛料色素有水溶性和油溶性两种，要根据原料的性质选择合适的色素。所谓着色，对液体物料来说，是一溶解过程；对固体物料来说，是一吸附过程，两者性质相近，着色效果越好。因此水溶性的色素对含脂类较高的食品几乎没有着色力；而油溶性的色素对水溶性食品的着色效果也不好，且不稳定。

（2）许多水溶性色素的色调都受 pH 值的影响，必要时可通过控制 pH 值来生成适宜的色调，食品中的 pH 值一般采用食用碱或柠檬酸来调节。

（3）金属离子的存在可影响色素的色调，这主要是针对有多酚羟基的色素成分而言的。酚类化合物可与离子反应生成络合物，过程见图 6-15。

铜、铁等重金属离子一般更易与酚类化合物络合反应，微量存在即可使色调变暗，这是要注意避免的；但有的离子与酚类化合物反应却可改善色泽，如铝离子与黄酮化合物反应生成的络合物为亮黄色。

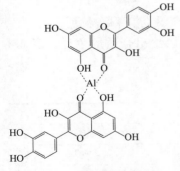

图 6-15　黄酮化合物与金属离子的络合物

（4）大多数香辛料色素在加热后会变色，以叶绿素最敏感。对叶绿素类色素来说，除非不加热，否则，其色调总有些暗。

（5）相对于人工合成色素，香辛料色素更易受氧气和光线的作用而破坏，使色泽降低或变化。对氧的忍受能力，除胡萝卜素类色素一般性外，其余均较差，因此在配方中要加入抗氧剂，食品中常用的抗氧剂是 BHA、BHT、抗坏血酸及其衍生物、生育酚等，它们的性质见表 6-2。

表 6-2　常用抗氧剂的性质

品名	性质	推荐用量
BHA	白色结晶，微溶于水	0.2%～0.03%
BHT	白色结晶，微溶于水	0.02%
抗坏血酸及其衍生物	白色粉末，溶于水	0.005%～0.5%
生育酚	油状物质，不溶于水	0.1%～0.2%

光对色素有降解作用，以姜黄素为例，见图 6-16。

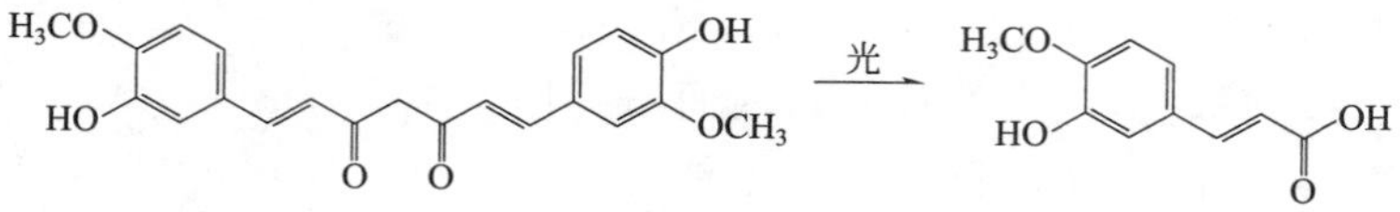

图 6-16　姜黄素光降解过程

胡萝卜素类色素的光降解为另一过程，见图 6-17。

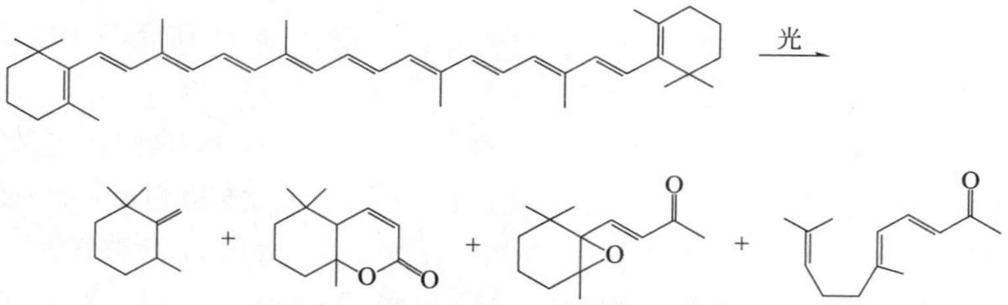

图 6-17　胡萝卜素类色素光降解过程

抗氧剂有时可用于稳定色素，图 6-18 为抗氧剂维生素 C 和芦丁对胡萝卜素的光稳定作用，笔者发现当维生素 C 和芦丁一起用于胡萝卜素时其稳定性更好。Lease 考察了 BHA、BHT 和生育酚对胶囊的辣椒素红色的稳定作用，发现 BHA 在 0.1% 时即有效，而 BHT 和生育酚即使浓度用到 0.5% 也没有效果。因此香辛料色素要避光保存，并尽可能地隔绝空气。

因此烹调中勾芡、淋油等操作有时是用于隔绝空气、防止香辛料色变的。

（6）香辛料色素可以与其他食用色素进行调配，以给出合适的色泽。表 6-3 为胭脂树橙色素的复配。

表 6-3　胭脂树橙色素的复配

品名	比例（质量比）	色泽
胭脂树橙		土黄色
胭脂树橙＋红曲色素	1∶2	赤褐色
胭脂树橙＋栀子红色素	1∶20	茶褐色

续表

品名	比例(质量比)	色泽
胭脂树橙＋胭脂红	1∶2	红橙色
胭脂树橙＋食用红色 3 号	1∶0.1	红橙色
胭脂树橙＋姜黄素	1∶0.5	橙黄色

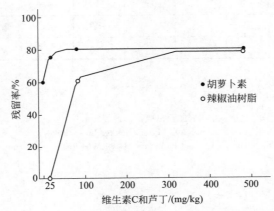

图 6-18　维生素 C 和芦丁对胡萝卜素的光稳定作用

注：芦丁和维生素 C 置于胡萝卜素和辣椒油树脂内，经 8h 后测定胡萝卜素残留量。

香辛料色素在食品中适用情况可见表 6-4。

表 6-4　香辛料色素在食品中的应用

食品原料\品名	动物性原料				植物性原料				
	肉类	鱼类	奶制品	蛋制品	谷物类	蔬菜	水果	豆制品	饮料
辣椒	适合	适合	适合	适合	适合	适合	适合	适合	适合
姜黄	适合	适合	适合	适合	适合	适合	适合	—	—
番红花	适合	适合	适合	适合	适合	适合	适合	—	—
芫荽	适合	—	—	适合	适合	—	适合	适合	适合
欧芹	适合	—	—	适合	适合	适合	—	适合	适合
紫苏	—	适合	适合	适合	适合	适合	适合	适合	适合

世界重要国家和地区对香辛料色素的喜爱程度见表 6-5。

表 6-5　香辛料色素在世界各地应用情况

地区\品名	东方				西方				
	中国	日本	东南亚	印度	美国	英国	德国	法国	意大利
辣椒	一般	一般	嗜好	一般	嗜好	一般	嗜好	一般	一般

续表

地区 品名	东方				西方				
	中国	日本	东南亚	印度	美国	英国	德国	法国	意大利
姜黄	一般	一般	一般	嗜好	一般	一般	一般	一般	一般
番红花	—	一般		嗜好	—	—	—	一般	嗜好
芫荽	一般	一般	—	一般	一般	一般	一般	一般	一般
欧芹	—	—		—	一般	一般	一般	一般	一般
紫苏	一般	一般		—	—	—	—	—	—

参考文献

［1］黄梅丽. 食品色香味化学. 北京：中国轻工业出版社，1987.

［2］Kenji Hirasa. Spice Science and Technology. Marcel Dekker Inc.，2000.

［3］Singh HB. Handbook of Natural Dyes and Pigments. UK：Woodhead Publishing，2014.

第七章

香辛料的风味功能

　　风味是食物摄入口腔后产生的嗅感、味感和口感的综合感觉。某一风味的形成和确立都经过了长期的演化和沉积的过程。依据各地的特产、文化和习俗的不同，为多数人所接受，其一旦形成，它的特征就相对固定了。因此，风味带着强烈的地区和民族的倾向和嗜好。在食品的风味中，香辛料起着十分重要的作用。

　　但是并非人人都喜欢香辛料在食品中的应用。有调查报告指出，较成人而言，儿童对香辛料的喜欢程度要小，原因是讨厌其中的药味。许多香辛料确有药味，当香辛料使用不当时就会出现这个问题，但这不是香辛料的错。如何正确运用香辛料，最大限度地发挥其风味效应，同时使其副作用降至最小，这是本章讨论的主要内容之一。

　　但也要指出，食物的可口性不仅仅在于它的味觉、香气和质地，也受诸如心理因素的影响，如视觉，主要指的是它的色泽和形状等。在决定食物可口的许多因素中，香辛料的最直接的影响是其风味、辣味和色泽，这就是香辛料的风味部分置于香辛料辣味功能、祛臭功能和着色功能之后的原因。

第一节　香辛料的香气强度

　　就风味而言，最先起作用的是香气，然后才是口感。

　　各种香辛料有不同的香气，它的整体香气是由所含香气成分的不同和多寡而确定的。所谓香辛料的主要香气成分是该成分在此香辛料中含量占优，但更重要的是该成分有很大的香气强度。

一、香气强度的定性评价

　　香气强度也称香势，是对香气本身强弱程度的定性评价。香气强度可粗分为五级，其评价方法见表 7-1。

表 7-1　香气强度的定性评价

级别	强度	浓度界限
1	特强	稀释至万分之一时,能嗅辨者
2	强	稀释至千分之一时,能嗅辨者
3	平	稀释至百分之一时,能嗅辨者
4	弱	稀释至十分之一时,能嗅辨者
5	微	不稀释时,能嗅辨者

　　香气是芳香成分在物理、化学上的质和量在空间和时间上的表现,所以在某一固定的质和量、某一固定的空间和时间所观察到的香气现象,并不是其真正的香气全貌。有些香辛料在冲淡后香气变强烈,使人易低估它们的强度;有些香辛料在冲淡后香气显著减弱,使人易高估它们的强度。如果没有丰富的经验,对香气强度的定性判定就容易形成错觉。各种香辛料在香气强弱变化程度上的区别是很大的。香气强度不仅与气相中有香物质的蒸气压有关,而且与该有香分子的结构和性质,即分子对嗅感细胞的刺激程度相关联。风味分子对嗅感细胞的刺激和被鉴别出的难易程度因人而异,需要足够长时间的训练、体会和实践。

　　以留兰香的香气强度为 100,各香辛料的香气强度对比见表 7-2。

表 7-2　各香辛料的香气强度对比 (定义干留兰香的香气强度为 100)

香辛料名	香气强度	香辛料名	香气强度
新鲜的红辣椒	1000	新鲜薄荷	230
干红辣椒	900	芫荽子	230
新鲜的辣根	800	干姜黄	220
芥子粉	800	新鲜留兰香	200
干丁香	600	干莳萝子	160
新鲜大蒜	500	干薄荷	150
干月桂叶	500	干小豆蔻	125
干姜	500	干龙蒿	115
干黑胡椒	450	干留兰香	100
干中国玉桂	425	干迷迭香	95
干玉桂	400	干莳萝叶	95
新鲜洋葱	390	干罂粟子	90
干白胡椒	390	干牛至	90
胡葱	380	干百里香	85
干八角	380	干甘牛至	85

续表

香辛料名	香气强度	香辛料名	香气强度
干肉豆蔻	360	干紫苏	80
肉豆蔻衣	340	干欧芹	75
干葛缕子	320	干甜罗勒	70
干芹菜子	300	干香薄荷	65
干枯茗子	290	干茴香子	65
干小茴香	280	干细叶芹	60
新鲜细香葱	270	干洋葱	60
咖喱粉	260	干菜椒	50
干众香子	250	干番红花	40
芥菜子	240	干芝麻子	20

二、香气的定量评价

通常用阈值来对香气进行定量评价。阈值是嗅觉器官在嗅辨香气时，香气物质的最低浓度值，又称最小可嗅值。一般来说，阈值愈小，表示该物质的香气愈强；阈值越大，表示香气强度愈弱。表 7-3 为部分香辛料中香成分在水介质中的香气阈值。

表 7-3　部分香辛料中香成分在水介质中香气阈值　　单位：$\mu g/kg$

香气物质	香气阈值	香气物质	香气阈值
丁香酚	4×10^{-2}	桉叶油素	12
芳樟醇	6	丁香甲醚	820
肉豆蔻酸	10000	香叶醇	40~75
大茴香醚	50	薄荷酮	170
香茅醇	40		

阈值的测定方法有空气稀释法和水稀释法两种，阈值的单位用空气中含有香物质的浓度（可用 g/m^3、mol/m^3、$\mu g/kg$）表示。

由于阈值与香气物质的物理性质、化学性质、化学结构、浓度以及自然环境和人为因素有关，所以阈值很难非常客观地用一个数值定量表示某香气物质的香气强度。对于同一个香气物质，有时也会出现两个或多个阈值。

鉴于以上原因，在调配复合香辛料时，要注意香辛料之间香和味的和谐和统一，不能过分突出某些香辛料或某个香辛料，这样就对食品的风味产生副作用。常规香辛料在复合调味品中的用量见表 7-4。

表 7-4　常规香辛料在复合调味品中的用量　　　　　单位：mg/kg

香辛料	用量	香辛料	用量
黑胡椒	690	白胡椒	2700
八角	96～5000	肉豆蔻	100
肉桂	100	丁香油	55
丁香油树脂	14～40	小茴香	50
姜油	13	姜油树脂	10～1000

蒜葱类挥发成分的阈值都很低，见表 7-5，使用它们时要十分注意。

表 7-5　蒜葱及其挥发成分的阈值　　　　　单位：$\mu g/kg$

成分	阈值	成分	阈值
洋葱油	0.8(0.1～2.1)	3,4-二甲基噻吩	1.3(0.2～2.7)
甲基-(1-丙烯基)二硫醚	6.3(2.7～3.1)	2,4-二甲基噻吩	3
二丙基二硫醚	3.2(2.3～4.0)	2,3-二甲基噻吩	5
1-丙烯基丙基二硫醚	2.2(0.3～2.7)	2,5-二甲基噻吩	3
二丙基硫代磺酸酯	1.5(0.3～2.7)	2-甲基噻吩	3
甲基丙烯基硫代磺酸酯	1.7(0.3～2.7)	3-甲基噻吩	5

各香辛料和各香辛料制品的香气描述见第二、第三章。

第二节　香辛料的味觉和触觉功能

香辛料的味觉是它们对舌和味蕾产生的刺激作用。触觉是指辛辣、涩、热和清凉等的感觉。

一、香辛料的味觉

基本味觉有甜、酸、苦、咸、鲜五味。

1　甜味

食物的甜味是最受欢迎的味觉。甜味不但可以满足食用者的爱好，并且还能改进食品的可口性，以及提供人体一定的热量。食物中常见的甜味物质是糖类成分，而香辛料中的甜味成分大多为非糖类物质。

香辛料中带有甜味的有月桂叶、甜罗勒、香荚兰豆、八角、百里香、肉桂、芫荽子、龙蒿、甘牛至、牛至等。

2　酸味

酸味是舌黏膜受到呈味物质中氢离子刺激而产生的味觉。

有酸味的香辛料不多，如续随子等。

3　苦味

苦味物质在风味方面不能说有多大的单独的味觉价值，它曾被认为是确认食物有毒、有害、变质的信号。

苦味不仅在生理上能对味感器官起着强烈有力的刺激作用，而且对消化有障碍、味觉出现衰退或减弱有重要的调节作用。从味觉本身来说，如果调配得当，适量的苦味起着丰富和改进食品风味的作用，不但能去腥解腻，而且有清淡爽口的感觉。

应注意的是，在五种基本口味中，苦味是最易被感知的一种。甜的呈味阈值是 0.5%，咸是 0.25%，酸是 0.007%，而苦是 0.0016%。因此人对苦味最敏感。

香辛料中带苦味的有小豆蔻、欧芹、姜黄、葛缕子、酒花、杜松子等。这些香辛料中的苦味成分为生物碱、糖苷、氨基酸、多肽和盐类等。既是风味成分，又有苦味的成分可见表 7-6。

表 7-6　香辛料中的苦味成分

香辛料名	苦味成分	香辛料名	苦味成分
众香子	丁香酚	莳萝	香芹酮
月桂叶	芳樟醇、多酚类化合物	甘牛至	松油醇
葛缕子	香芹酮	肉豆蔻/肉豆蔻衣	丁香酚
小豆蔻	松油醇	牛至	香芹酚、百里香酚
肉桂	丁香酚、柠檬醛	迷迭香	龙脑
丁香	丁香酚、多酚类化合物	鼠尾草	芳樟醇
芫荽	芳樟醇	百里香	百里香酚
枯茗	枯茗醛		

4　咸味和鲜味

香辛料与此两味无关。

二、香辛料的触觉

1　辛辣味

辛辣味是指辛辣物质对口舌产生的特殊烧灼感和尖刺的刺痛感，使味感细胞受到强烈的刺激。辛辣物质不仅刺激口舌上的味感受体，辛辣物质还在食物下咽时随口腔部回旋的暖气流升腾进入咽喉、鼻道，刺激大面积的感觉受体，产生流泪流涕等现象。

香辛料中带有辛辣味的有大蒜、芥子、花椒、生姜、姜黄、胡椒、辣椒和辣根等。

有关辣味已在第四章作了详细介绍。

>>> 2　涩味

涩味是口腔组织所感觉到的引起组织表面粗糙褶皱的收敛感觉和干燥感觉。

引起食品涩味的主要化学成分是多酚类化合物，其次是铁离子、草酸、香豆素等物质。香辛料中的花椒和欧芹都带有涩味。

涩味对大多数食品的风味会产生不良的影响，但有些食品则需要一定的涩味。

>>> 3　清凉味

清凉味是指某些物质入口后，口腔组织或神经受刺激而产生的清凉感。

清凉感与辛辣味的味感相反，常使人产生清凉舒服感。

香辛料中最典型的产生清凉味感的是薄荷和留兰香，主要成分是 L-薄荷醇和 D-樟脑，后者带有些药味。

第三节　香辛料的调味

食品的风味特征各异，有些食品本身的风味不强，有些食品在加工中风味损失或破坏较大，所以在食品加工中需要进行调味处理。香辛料具有很强的调味功能，使用香辛料的目的是要再现和强化食品的香气、协调风味、突出食品的风味。但应注意，如使用不当，不但不能达到调味的功能，甚至可能恶化食品的风味。

食品的种类很多，以下对典型的种类作大致的介绍。

一、肉类菜肴中的香辛料

有研究认为，人类最早使用香辛料的历史是从肉类开始的。主要目的是去腥解膻，改善风味。肉类菜肴原料众多，有猪、牛、羊、禽肉等及其内脏；制作方法多样，有硝化、腌制、烟熏、灌肠、烧烤、煎炸、蒸煮等，因此香辛料的使用变化最大，东西方对肉类菜肴的烹调差别更大，具体的用法见第十二章。表 7-7 是肉类制品常用的香辛料。

表 7-7　肉类菜肴常用的香辛料

肉类别	香辛料名
牛肉	胡椒、肉豆蔻、肉豆蔻衣、芫荽、大葱、迷迭香、洋葱、生姜
猪肉	胡椒、肉豆蔻、百里香、鼠尾草、芫荽、小茴香、生姜、芹菜
羊肉	胡椒、肉豆蔻、肉豆蔻衣、肉桂、丁香、众香子、紫苏、月桂、生姜、芫荽、甘牛至
鸡肉	胡椒、辣椒、芥菜、丁香、肉豆蔻、洋葱、大葱、小茴香

肉灌肠制品是肉制品中较特殊的一类产品。上述香辛料中，有些在肉灌肠制品中就不能采用，如芥菜子。芥菜子中的酶与肉蛋白会产生令人不愉快乃至腐臭的气味。如芥菜子预先加热杀酶，也仅可用于新鲜香肠。肉灌肠制品中也不常加

入菜椒。

风制或熏制肉制品常用的香辛料有黑胡椒、丁香、肉豆蔻、肉桂或杜松子等。在制作风制、灌注式肉制品或熏制肉制品耗时较长，其中带有些发酵的性质，因此香辛料的目的除风味外，作用是防腐以减少盐的使用量，避免影响乳酸菌等的活动。

烧烤常用的香辛料有蒜、姜、百里香、迷迭香、辣椒、胡椒、枯茗等的粉状物，烧烤用香辛料基于两个目的，一是赋予风味，二是减少有害物质的生成。

二、水产类菜肴中的香辛料

水产食品的品种很多，有贝壳类海鲜、海水鱼、淡水鱼等，烹调方法有炸、煎、蒸、熏等多样，但不管如何加工，都要使用香辛料。使用香辛料的目的是添加香味、产生刺激性的味感、清蒸时的上色等。世界各地水产品用香辛料差别很大，如日本和韩国海鲜中常用的是花椒和辣根，西欧地区煮鱼时最常用的是小茴香，据说是可防止吃鱼后生病；小茴香也用于中式鱼的烹调，有特殊的风味。葫芦巴是印度水产品烹调中常用的香辛料；番红花是法式蒸鱼的必用香辛料，除了色泽外，赋予风味也是重要因素。常用的香辛料见表7-8。

表7-8 水产食品中常用的香辛料

水产品类别	香辛料名
贝壳类	生姜、大蒜、洋葱、芹菜子、芥菜子、胡椒、辣椒、欧芹、众香子、细香葱
熏炸煎鱼	生姜、大蒜、甘牛至、洋葱、莳萝、八角、小茴香、肉豆蔻、辣椒、花椒、肉桂、葛缕子
蒸鱼	番红花、姜黄、芥菜子、红辣椒、生姜、细香葱、大蒜

三、蛋制品用香辛料

蛋制品包括蛋糕、蛋卷等用蛋的食品，香辛料的作用主要是能抑制蛋的特征腥味和增加风味。有一种流行在中北欧的风味蛋糕即加入粉状的肉豆蔻、丁香和肉桂，以肉桂的用量和场合最多。美国人在制作蛋卷时喜欢用一些百里香，原因也是去腥；同样韭菜和韭菜花很适合与蛋配合作多种蛋菜，这在中国的家庭菜肴中也可看到。与蛋配合的香辛料见表7-9，其中有些是作为蔬菜与蛋配合的。

表7-9 与蛋配合的香辛料

功能	香辛料名
去腥	大蒜、月桂叶、丁香、韭菜、百里香、小豆蔻、鼠尾草、牛至、洋葱
风味	欧芹、众香子、莳萝、薄荷、龙蒿、甘牛至、八角、茴香、肉豆蔻、肉豆蔻衣、芝麻、香荚兰、芹菜
辣味	辣根、辣椒、胡椒、花椒、芥菜
着色	菜椒、姜黄、番红花

四、奶类食品用香辛料

奶类食品包括鲜奶、冰激凌、奶酪、干酪、奶酱等。香辛料可增加奶制品的风味，如香荚兰对含有鲜奶的冰激凌来说是必不可少的；有些香辛料如葛缕子可掩盖奶酪中的酸臭味，因此葛缕子几乎是奶酪产品的必用香辛料。有关香辛料与奶制品的配合见表 7-10。

表 7-10 香辛料与奶制品的配合

功能	香辛料名
祛臭	月桂叶、丁香、百里香、迷迭香、葛缕子、牛至、洋葱、鼠尾草、韭菜
风味	香荚兰、八角、罗勒、茴香、肉豆蔻、小豆蔻、芹菜子、肉桂、众香子、龙蒿、莳萝、薄荷、枯茗、甘牛至、欧芹
着色	姜黄、番红花、菜椒

五、谷类食品用香辛料

谷类食品中加香辛料主要以面食为主。面制品中使用香辛料的目的主要是提供鲜明特征的香气，有时则为了掩盖某些面食品发酵的不良气味。面食可分为甜香面食和咸香面食两类。甜香面食以焙烤型加工为主，如面包、饼干等，西式面包常用肉桂、香荚兰或葛缕子以增香。例如，西式苹果馅饼中主要用的香辛料是肉桂，配以少量的众香子、肉豆蔻衣、茴香和小茴香；法式的面包卷以小豆蔻为主要的风味料；意大利风味小吃的炸面卷、松饼等中，肉豆蔻和肉桂是必用的香辛料；当然芝麻是饼干中常用的增香物质。咸香面食以蒸、煎、炸、煮、烤为主，如比萨饼、南瓜饼、面条等。西式南瓜饼中可加入多种香辛料，主要有鼠尾草、百里香、黑胡椒、肉桂、肉豆蔻、生姜、丁香等；咸味面包卷中则加入胡椒、细香葱、蒜、芫荽子以改良风味；美国所谓的姜味面包则是加入了生姜、肉桂和胡椒粉。具体情况见表 7-11。

表 7-11 香辛料与面制品的配合

面食种类	香辛料名
甜香面食	肉桂、薄荷、甘牛至、肉豆蔻、葛缕子、茴香、芝麻、香荚兰、罗勒
咸香面食	洋葱、蒜、韭菜、细香葱、鼠尾草、枯茗、众香子、欧芹、葛缕子

有相当多的膨化食品中加入了香辛料，那种带点儿辣的薯条以洋葱末、蒜末、辣椒末为主，配以小量的芹菜子粉、枯茗粉、丁香粉、众香子粉、肉桂粉和黑胡椒粉为风味料。

六、蔬菜菜肴中的香辛料

蔬菜品种繁多，形态各异，色彩丰富，风味各具特色，然而多数蔬菜自身的香气较淡，所以蔬菜类常以芳香性香辛料为主。使用香辛料要注意添加量宜少不宜多，不能将蔬菜本身的香气压制掉。例如，香葱、生姜和大蒜等有中等偏弱的香辛气味和辣辛味，它们均能刺激人们的食欲，并能使蔬菜增香。所以，烹制蔬菜类食物常以它们为调味品。表7-12为西式凉拌蔬菜常用的香辛料。

表 7-12 西式凉拌蔬菜常用的香辛料

蔬菜种类	香辛料名
花菜	细香葱、莳萝子、肉豆蔻衣、菜椒、迷迭香
紫花菜	罗勒、细香葱、辣根、肉豆蔻衣、洋葱、甘牛至、胡椒
西蓝花	百里香、葱、姜、蒜头、花椒、枸杞、辣椒、香菜叶
芹菜	豆蔻、肉豆蔻衣
黄瓜	葛缕子、细香葱、莳萝子、小茴香、芥菜子、胡椒
卷心菜	小茴香、细香葱、莳萝子、茴香、野甘牛至、芥菜、甘牛至、菜椒、罂粟子
茄子	罗勒、肉桂、枯茗粉调和物、野甘牛至、薄荷、甘牛至、迷迭香、鼠尾草
洋葱	细叶芹、肉桂、枯茗粉调和物、肉豆蔻衣、芥菜、罂粟子、鼠尾草、龙蒿
萝卜	众香子、葛缕子、枯茗粉调和物、胡椒、迷迭香
胡萝卜	豆蔻、细香葱、肉桂、丁香、细叶芹、枯茗粉调和物、生姜、肉豆蔻衣、薄荷、肉豆蔻、胡椒、罂粟子
南瓜	生姜、胡椒
番茄	罗勒、月桂叶、续随子、肉桂、莳萝子、小茴香、野甘牛至、肉豆蔻衣、肉豆蔻、甘牛至、鼠尾草、香薄荷、百里香
红薯	众香子、小豆蔻、肉桂、葛缕子、丁香、生姜、肉豆蔻衣、肉豆蔻
土豆	细叶芹、葛缕子、细香葱、莳萝子、小茴香、肉豆蔻衣、肉豆蔻、洋葱、胡椒、罂粟子、百里香
芦笋	细叶芹、迷迭香、龙蒿

七、豆类菜肴中的香辛料

豆类菜肴中最常见的是大豆制品，其次是青豆和豌豆。对于中国特色的大豆制品来说，由于其中普遍带有豆腥气，加入的香辛料需有一定的除臭功能和屏蔽功能，同时赋予其与豆制品风味相和谐的香气。西式菜中的青豆和豌豆所用香辛料有些特别。豆制菜肴中所用香辛料见表7-13。

表 7-13 豆制菜肴中所用香辛料

豆类品种	香辛料名
大豆制品	肉桂、枯茗、八角、罗勒、肉豆蔻、芝麻、菜椒、姜黄、花椒、红辣椒、洋葱、胡椒、小茴香、小豆蔻
青豆	茴香、罗勒、细香葱、芜荽、莳萝子、细叶芹、肉豆蔻衣、甘牛至、胡椒、迷迭香、龙蒿、百里香
豌豆	细叶芹、细香葱、肉豆蔻衣、薄荷、洋葱、胡椒、香薄荷、龙蒿

八、酱用香辛料

在所有调味品中，酱的变化最多，也是最有吸引力的风味料。

酱是由香辛料、植物油、淀粉类赋形剂、天然调味料（如番茄酱、盐糖酱）等呈味物质组成的半固体样产品。东西方的酱制品有很大的不同，比较而言，西方的酱制品种类更多，基本可囊括东方的酱制品。

将酱制品粗分，可分为含奶油基和不含奶油基两种，前者主要用于西式餐点。含奶油基的酱制品有一些相当于水果沙拉酱，也有的可用于海鲜或肉类，它们的色泽一般较浅，主要由盐、淀粉类赋形物、奶粉、白脱或白朊和香辛料等组成，香辛料主要是白胡椒、肉豆蔻和菜椒等。如意大利的波洛尼亚酱（Bolognese sauce），由奶油、牛肉、番茄酱、面粉、胡萝卜酱和香辛料（洋葱、芹菜子、大蒜、百里香等）组成，用于烤肉等意大利食品，现在则加入酵面、肉汁以增加口味。

不含奶油基的酱制品种类很多，主要有番茄酱、香辣酱、蛋黄酱、辣酱、酸辣酱等，即使同一种名称的产品由于产地不同而口味相差很大，如墨西哥番茄酱和中国的番茄酱截然不同，墨西哥番茄酱以番茄为主料，而多量加入墨西哥产红辣椒、牛至粉、枯茗粉、蒜末、黑胡椒和芫荽子粉，丁香、众香子、肉桂和其他香辛料小量配入，味极辣。意大利风味的酱以蒜、洋葱、罗勒、小茴香、黑胡椒等香辛料为主，有时会加入百里香。意大利风味的酱有辣与不辣之分，意大利辣酱则加入红辣椒。意大利番茄酱在加入香辛料的同时，混入若干干酪或奶酪作为独特的风味。印度最有名的酱产品是酸辣酱，以水果、醋、洋葱、肉豆蔻、枯茗等组成。有关酱制品的配比见第十二章。

与酱有相似的产品为卤汁，与酱比较，卤汁的赋形物含量较低，流动性较好，主要用于肉制品和豆制品的熟食，它用香辛料的随意性更大。

九、汤料用香辛料

现市场供应的汤料有方便汤料、方便面汤料多种，方便面汤料的生产量较大。几乎所有的方便面汤料都以重香辛料为特色，在矫味的同时，增强风味强度。汤料用香辛料见表 7-14。

表 7-14　汤料用香辛料

汤料种类	香辛料名
鱼汤料	胡椒、生姜、百里香、丁香、芹菜子、肉桂、八角、洋葱、月桂叶
牛肉汤料	胡椒、肉豆蔻、芫荽子、大蒜、迷迭香
猪肉汤料	胡椒、肉豆蔻、百里香、鼠尾草、芫荽子、小茴香、姜粉、芹菜子
鸡肉汤料	胡椒、红辣椒、芹菜子、丁香、肉桂、肉豆蔻、洋葱、大蒜、小茴香、菜椒
蔬菜汤料	桂皮、丁香、洋葱、月桂叶、芹菜子

十、酒中常用的香辛料

加入香辛料的酒类常常称为花色酒。酒中加入香辛料的主要目的是给酒一种独特的香型，或增强酒香气，掩盖酒中不良的刺激性气息，有的则是在改善口感的同时，有一定的疗效作用，用以增强食欲或消食解腻。国外花色酒用香辛料见表 7-15。

表 7-15　酒中常用的香辛料

酒品种	香辛料名
苦艾酒（Vermouth）	甘牛至、鼠尾草、芫荽子、生姜、小豆蔻、肉桂、丁香、肉豆蔻衣、薄荷、百里香、茴香、香荚兰
金酒（Gin）	杜松子、芫荽子、香荚兰
火酒（Aquavit）	茴香、小茴香、莳萝、葛缕子
柑桂酒（Curacao）	肉桂、丁香、肉豆蔻、芫荽子
葛缕子酒（Kummel）	葛缕子、小茴香、芫荽子
大茴香酒（Anisette）	茴香、小茴香、肉豆蔻
金水酒（Goldwasser，德国甜酒）	葛缕子、芫荽子
甘怡（Gancia，法国甜酒）	肉桂、小豆蔻、芫荽子、薄荷、小茴香、丁香、胡椒
枯茗甜酒（Crème de cumin）	枯茗
可可甜酒（Crème de cacao）	丁香、肉豆蔻衣（香荚兰）
薄荷甜酒（Crème de menthe）	薄荷

具体花色酒的应用示例见第十二章。

第四节　风味香辛料的烹调

对风味影响的因素很多，有烹调时的温度、烹调中的助剂和复合香辛料的使用等。

一、烹调的温度

食品中使用香辛料时烹调方法不同可生成完全不同的风味，即所谓火候或时机的掌握。有些香辛料只适合热加工，它们在加热条件下，其香气比不加热时更浓郁，这是因为加热可促进香气物质的挥发，如肉桂等；葫芦巴和芝麻则必须加热，它们之中的不挥发油一定要在受热的情况下才能释放出它们特有的风味；甘牛至、野甘牛至和罗勒等香辛料加热使用的原因是它们各带有一些淡水样涩味，加热可使涩味减弱；迷迭香和百里香的加热则可驱除其中夹杂的一些药味。但有的香辛料只适合冷加工，见表 7-16 和表 7-17。

表 7-16 适用于热加工的风味香辛料

加工方式	香辛料名
煮	欧芹、肉桂、众香子、莳萝、薄荷、龙蒿、枯茗、甘牛至、八角、罗勒、茴香、肉豆蔻衣、肉豆蔻、小茴香、香荚兰、葫芦巴、小豆蔻、芹菜子、香薄荷、韭菜、葛缕子、鼠尾草、野甘牛至、洋葱、芫荽、生姜、红辣椒、胡椒、菜椒、姜黄、番红花
烤	肉桂、众香子、莳萝、枯茗、甘牛至、茴香、肉豆蔻衣、肉豆蔻、小茴香、芝麻、香荚兰、葫芦巴、小豆蔻、芹菜子、蒜粉、香薄荷、月桂叶、丁香、韭菜、百里香、迷迭香、葛缕子、鼠尾草、野甘牛至、洋葱、芫荽、生姜、红辣椒、胡椒、菜椒、姜黄
蒸	肉桂、众香子、莳萝、枯茗、甘牛至、肉豆蔻衣、肉豆蔻、小茴香、芝麻、香荚兰、葫芦巴、小豆蔻、蒜、香薄荷、月桂叶、丁香、韭菜、百里香、迷迭香、葛缕子、鼠尾草、野甘牛至、洋葱、芫荽、生姜、红辣椒、胡椒、菜椒、姜黄
煎	肉桂、众香子、莳萝、枯茗、肉豆蔻衣、肉豆蔻、小茴香、芝麻、葫芦巴、小豆蔻、芹菜子、蒜、香薄荷、月桂叶、丁香、韭菜、百里香、迷迭香、葛缕子、鼠尾草、野甘牛至、洋葱、芫荽、生姜、红辣椒、胡椒、菜椒、姜黄
炸	欧芹、肉桂、众香子、莳萝、枯茗、甘牛至、肉豆蔻衣、小茴香、芝麻、香荚兰、葫芦巴、小豆蔻、芹菜子、蒜、香薄荷、月桂叶、丁香、韭菜、百里香、迷迭香、葛缕子、鼠尾草、野甘牛至、洋葱、芫荽、生姜、红辣椒、胡椒、菜椒、姜黄

表 7-17 适用于冷加工的风味香辛料

加工方式	香辛料名
腌制	欧芹、肉桂、众香子、莳萝、薄荷、龙蒿、枯茗、甘牛至、八角、罗勒、茴香、肉豆蔻衣、肉豆蔻、小茴香、香荚兰、葫芦巴、小豆蔻、芹菜子、蒜、香薄荷、月桂叶、丁香、韭菜、葛缕子、野甘牛至、洋葱、芫荽、花椒、芥菜子、生姜、辣椒、红辣椒、胡椒、菜椒、姜黄
凉拌(酱油)	欧芹、肉桂、众香子、莳萝、薄荷、龙蒿、枯茗、甘牛至、八角、罗勒、茴香、肉豆蔻衣、肉豆蔻、小茴香、香荚兰、葫芦巴、小豆蔻、芹菜子、蒜、香薄荷、月桂叶、丁香、韭菜、葛缕子、鼠尾草、洋葱、芫荽、花椒、芥菜子、生姜、辣椒、红辣椒、胡椒、菜椒、姜黄
凉拌(菜)	欧芹、肉桂、众香子、莳萝、薄荷、龙蒿、枯茗、甘牛至、八角、罗勒、茴香、肉豆蔻衣、肉豆蔻、小茴香、香荚兰、葫芦巴、小豆蔻、芹菜子、蒜、香薄荷、韭菜、葛缕子、野甘牛至、洋葱、芫荽、花椒、芥菜子、生姜、辣椒、红辣椒、胡椒、菜椒

二、油、醋和酒对香辛料风味的影响

许多中国菜肴制作中少不了使用油、醋和酒，这三者对香辛料的正确使用都有重要影响。醋和酒常被称作助剂，而油是原料，现分别介绍如下。

1 油

烹调用油可分为植物性油和动物性油两种。最常用的是大豆油、花生油、菜子油、橄榄油和芝麻油。现市场上销量最大的色拉油其实是上述几种精制油的调和。小量使用的植物油还有茶油等。动物性油主要是猪油。有些带有油字的食用品实际与油脂无关，如蚝油等。

任何香辛料的风味成分和辣味成分都溶于油，香辛料用油进行加工，则可将风味成分进入油相，因此可提升香辛料的风味特征。

许多香辛料中的色素也溶于油，除叶绿素和花青素外，如胡萝卜素、辣椒红色素和姜黄色素。

油对香辛料使用影响最大的是油本身的气息，特别是加热以后。菜子油的气息最大，而花生油最好。另一种能耐高温而不变色又气味较小的是茶油，茶油适合香辛料的煎炸。

2　酒

香辛料中的油溶性挥发成分一般也可溶于酒，加之酒精的挥发度很大，因此香辛料的风味可在烹调时加入酒而大大提升。

烹调用酒有黄酒、白酒和果酒三大类。中国黄酒是烹调荤腥菜肴常用的调味品。黄酒中乙醇的含量在 15％左右，比例比白酒低许多，但其含糖量和含酸量比白酒高。黄酒能除腥解腻的原理是引起腥味的三甲胺会溶解于乙醇，在加热烹调时它随乙醇的蒸发而跑掉；另外乙醇能带走的是肉中的小分子脂肪酸，它们是产生肉荤腻气的主要物质，因此黄酒和香辛料配合主要用于肉鱼类菜肴的烹调。日本人的烹调用酒主要是日本清酒和味淋（一种糯米酒），以清酒为主。日本清酒的制作用料与中国黄酒相似，以大米为主料，口味较黄酒稍清淡，用法也与黄酒相同，如日本人在制作冷拌面卤汁时喜欢加入一些清酒，说是可以去除面条中的面碱气。白酒中有很高的酒精含量，酒香成分由乳酸乙酯、乙酸乙酯、己酸乙酯等组成，如法国的利口酒（一种法国烈酒，极香）常用于沙拉等菜肴的调味，有提升香气的作用。但白酒的用量要绝对恰当，否则破坏风味。中国仅在烹调某些蔬菜时微量加入。果酒以葡萄酒为主，西式菜中经常使用。如意大利人烹调的食品中如用到洋葱、韭菜和大蒜时，常常加一些白葡萄酒，他们认为洋葱的气味很冲，较难协调，白葡萄酒的加入则会别有风味。

3　醋

醋是以酸为特点的调味品。由于酿造方法的不同，有白醋、米醋、香醋、陈醋、熏醋等许多品种。醋用某些香辛料处理能使该醋具有独特的风味，称为香味醋，如姜汁醋、蒜汁醋等。国外喜欢使用醋的国家有日本和韩国，如日本人经常在他们的米醋中加入辣根，作为生鱼片的调料。

醋能融合和增强香辛料风味，米醋和香醋本身就有酸中带甜、味醇香浓的特点，因此对有甜香的香辛料都有增效作用。醋因酸性能提高酶的活性，芥菜子、辣根、洋葱和大蒜中适量加入醋可加快辣味成分的分解，减少生辣味。醋能解腥是大家公认的事实，但醋和香辛料配合，能大大提高祛臭除腥的能力。醋对香辛料的增效作用见表 7-18。

表 7-18　醋对香辛料的增效作用

功能	香辛料名
增强香辛料风味	桂皮、生姜、丁香、众香子、八角、砂仁、茴香、肉桂、紫苏

续表

功能	香辛料名
调和辣味	芥菜子、辣根、洋葱、大蒜、辣椒
增强祛臭除腥	花椒、草果、百里香

三、香辛料的协同作用

把同一类型味觉的几种呈味物质混合在一起，有时可以出现味感增加的现象，这称为相乘效应，这意味着它们之间有协同作用；反之称为消杀作用，即香辛料之间味感互相屏蔽。

在大多数情况下，最好将香辛料混合使用，而不是只用其中的一种，因为实践证明香辛料混合使用的效果会更好，加之进行适当的熟化或陈化工艺，可使各种风味融合和协调。如在混合香辛料中加入适量的芫荽子粉、月桂叶、芥菜子、百里香、莳萝或丁香，会从整体上提升风味效果。

从理论上说，陈化是将香辛料的精油逐步进行化学和物理变化、最终均一化的过程。对多数混合香辛料来说，陈化并没有一定之规，一般应在温度较低和避光的条件下进行。低温陈化比高温陈化的风味足，因为温度高能使某些香辛料的精油改变性质和挥发，但所需时间较长。适当地提高陈化温度可加速陈化，如发觉咖喱粉的香气较粗糙的话，可加热焙烤一下，可是温度不能太高，否则会导致风味成分的挥发而使质量下降。混合香辛料的这种焙烤技术已经为许多公司所采用。但要注意的是，混合香辛料的用量比单个使用的要多，因为在一般情况下，香辛料混合后特征的风味将有所减弱，因此香辛料的混合不能用于提高其香气强度，而是使味感更协调和柔和。

在本章开始时已提到香辛料有不受欢迎的药味。很明显的例子是在混合香辛料中加入适量的芫荽子粉、月桂叶、芥菜子、百里香、莳萝或丁香等，会从整体上提高风味效果；但过量则为药味，这一现象也适用于所有的香辛料，即使是平常认为最香味可口的香辛料也是如此。但是香辛料的恰当调配可减少此药味，可以做以下对照试验，一个在白酒中只加入丁香，另一个在白酒中加入丁香、肉桂和众香子的混合物，两者丁香的量是相等的。前者为明显的丁香味，药味较重；后者丁香的药味减弱了，这说明肉桂和众香子对丁香的特征风味有屏蔽作用。另一个屏蔽作用较强的香辛料是紫苏，因此在与其他香辛料混用时千万要小心。

香辛料使用过量易出现的问题是会带来苦味和涩味。

第五节　香辛料与减糖食品

一个人的品味随着年龄而变化，表 7-19 为各个年龄段的人可感到的若干味

道的最小味感阈值的浓度。75～89 岁这个年龄段的人甜、咸和苦味的感知浓度
要高于 15～29 岁这个年龄段的人，这说明随年龄的增加，味感的功能减弱了。

表 7-19　各年龄段对有味溶液感知的最低浓度　　　单位：g/100mL

溶液种类	15～29 岁	30～44 岁	45～59 岁	60～74 岁	75～89 岁
蔗糖	0.54	0.522	0.604	0.979	0.919
盐	0.071	0.091	0.11	0.27	0.31
盐酸	0.0022	0.0017	0.0021	0.0030	0.0024
奎宁硫酸盐	0.000321	0.000267	0.000389	0.000872	0.000930

有对各种年龄段的人的味蕾数目进行研究发现，少年的味蕾数为 2500，中
年为 200，75 岁以上老人的味蕾为 80。另外，一个人在 20 岁左右时，在整个舌
头上味蕾的数目急剧减少。这就是有些人特别是老年人口味总是感到偏淡的原
因。他们的菜肴或饮食常要求更多的糖和盐，这些物质的过多摄入对人体特别是
患有糖尿病和肾脏方面疾病的人是有害的。

在食物中，蔗糖和果糖是最重要的甜源。但要指出的是甜的感觉不仅取决于
糖的含量，也与食物的质地有关，如要达到相同的甜度质地较硬的食品的含糖量
要大一些，所以块糖和一些甜的糕点比质地软的食品如软饮料和冰激凌需要更多
的糖。

糖可大致分为单糖、双糖、三糖、寡糖和多糖等类型，虽然它们的化学结构
相似，但它们的甜度相差很大。所有的单糖都有甜味，大多数双糖如蔗糖也有甜
味，但有些双糖的甜味很弱。多糖基本没有甜感。除了上述糖外，糖醇、氨基
酸、肽类和其他的一些物质也可赋予甜味，但它们的甜感与纯正的蔗糖甜味相比
有不同，有的略带些酸味，有的有一些苦味。另外，能感觉到它们甜味所需的时
间也不同，有的糖在品尝时可立即感到
甜味，有的则只给出甜的后感。温度也
是影响甜感的因素之一，见图 7-1，蔗糖
在不同温度下其甜度会发生变化。假定
在某个温度下蔗糖的甜度为 100，然后
将各种糖与它比较，可以发现果糖在
0℃时甜度是蔗糖的 1.4 倍，但在 60℃
时仅为蔗糖的 0.8 倍。所以在冰激凌中
要增加它的甜度是较困难的事，因为蔗
糖在低温时的甜度很弱，但多加蔗糖将
改变整体的味感和风味的平衡。在这种
情况下，添加香荚兰豆一类的香辛料将
很有效，它虽没有甜味，但有浓郁的甜

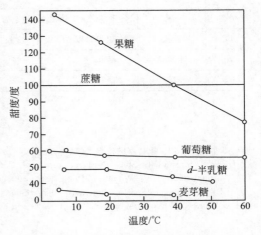

图 7-1　糖类甜度随温度的变化

香气，它比单加糖的好处是香荚兰豆的甜香可与蔗糖的甜味起协同作用，它将甜香扩展分散到整个口腔，从整体上提升甜的感觉。

有些香辛料中也有若干糖类化合物，如洋葱和大蒜实际上是有甜味的，它们所含的糖类化合物见表 7-20。表 7-21 为香辛料中具甜香的芳香化合物。茴香脑是茴香类香辛料中含有的强烈甜香的物质之一，它们都能提升食品的甜感。肉桂和小豆蔻也可用于甜食品。

表 7-20　一些香辛料中所含糖类化合物

香辛料名	糖类化合物
洋葱、大蒜	葡萄糖、果糖、蔗糖、乳糖、蜜二糖、大蒜糖
丁香	葡萄糖、鼠李糖、木糖、半乳糖、果糖、乳糖
甘牛至、紫苏	甘露糖、葡萄糖、果糖、鼠李糖、木糖、阿拉伯糖、半乳糖、乳糖、麦芽糖、蔗糖、蜜二糖

表 7-21　一些香辛料中所含甜香成分

香辛料名	化合物	香辛料名	化合物
茴香	茴香脑	罗勒	佳味酚甲醚、茴香脑
小茴香	茴香脑	肉桂	肉桂醛
八角	茴香脑	香荚兰豆	香兰素

既然有的香辛料能增甜，就会有香辛料能减弱甜感，就同香辛料能减少和增加咸度一样。表 7-22 为香辛料增减甜度或咸效应在一些食品中的应用。

表 7-22　香辛料的增减甜度或咸效应

味感	食品	组合	风味变化	影响
甜	冰激凌	糖和香兰素(香荚兰豆)	更甜,风味更足	协同效应
甜	糕点	糖和肉桂	更甜,风味更足	协同效应
奶香	糕点	香兰素(香荚兰豆)和丁香	奶香更足	协同效应
咸	沙拉	盐和胡椒	咸度更大	协同效应
甜	冰激凌	糖和胡椒	甜感减弱	屏蔽效应
咸	汤	盐和胡椒	咸度减弱	屏蔽效应

参考文献

[1] 日本化学会编. 味与香的化学. 东京：东京大学出版社，1976.
[2] Rekha S Singhal. Spices, Flavourants and Condiments (Handbook of Indices of Food Quality and Authenticity). UK：Woodhead Publishing，1997.
[3] J S Pruthi. Spices and Condiments. India：India National Book Trust，2006.
[4] D Manley. Technology of biscuits, crackers and cookies. UK：Woodhead Publishing Limited，2000.

第八章

香辛料与微生物

时至今日，我们对于微生物及其群落的形成和"运转"，还所知甚少。常识告诉我们，微生物在食品工业中有着十分重要的作用，如腌制品、泡菜、发酵食品等；但在多数情况下，许多微生物会使食物腐烂变质，对食品工业是有害的，而在食品加工中，也根本无法杜绝微生物的侵入。因此香辛料与微生物之间的关系不仅仅是抑制和杀灭，有时则需要它们去促进和保护。

可抑制微生物生长的物质称为抗微生物活性物，通俗的叫法是抗菌剂、抗霉菌剂、防腐剂等。发现香辛料有防止食物腐烂变质的作用已有数千年的历史了。古埃及人曾用肉桂、枯茗、百里香来制作木乃伊；在古希腊和罗马，早就知道可用芫荽子来保存肉制品，在牛奶中加入薄荷可防止变质；中国商代就发现香辛料可使食品"久而不腐"，那时将香辛料的这种特性列为最重要的作用。换句话说，是先有香辛料的抗菌防腐，后有香辛料的风味应用。

单就抗菌性而言，我们已有许许多多合成的抗菌剂，但出于安全性方面的考虑，这些抗菌剂在食品中的应用却有很大的局限性。人类最早发现和使用了香辛料的抗菌性，的安全性已无可置疑，至今仍发挥着无可取代的作用。对香辛料及其成分抗菌性能的研究，其意义不仅在于食品的防腐，还可延伸至保健品、口腔卫生用品、环境保护等多方面。

第一节　香辛料的抗菌性

虽然香辛料对微生物的抑制作用已有公论，但需指出的是，并不是所有的香辛料都有此功能。由于各种微生物的性质不同，同一种香辛料对细菌、霉菌或真菌的抑制作用或杀灭作用有很大的不同。有的香辛料过去认为没有抗菌性，而现在发现有抗菌性，而有的香辛料一向认为有抗菌性，但最新的研究却不尽然。为此，有必要对香辛料的抗菌性作全面的介绍。

一、香辛料对细菌的抑制

殖田志贺子等用滤纸片法对 14 种香辛料的乙醇提取物（无水酒精提取，提取物浓缩至干的产物）在不同的 pH 下对细菌进行抗菌性研究，结果见表 8-1 和表 8-2。从实验中可知，丁香的最低抑制浓度最小，其次是肉桂和甘牛至。在细菌方面，大肠杆菌对这些香辛料有抵抗性，而枯草芽孢杆菌和金黄色葡萄球菌对香辛料萃取物的抵抗力最差。对枯草芽孢杆菌来说，在弱酸性条件下，香辛料的抑制效果要好许多，但对多数细菌则影响不大，有的甚至不如中性条件。

表 8-1　14 种香辛料乙醇提取物对细菌的最小抑制浓度（pH＝7）　　　　单位：μg/mL

香辛料名	枯草芽孢杆菌	金黄色葡萄球菌	大肠杆菌	鼠伤寒沙门菌	黏质沙雷菌	铜绿假单孢菌	普通变形杆菌	摩尔根变形杆菌
茴香子	4.0	2.0	＜4.0	＜4.0	＜4.0	＜4.0	＜4.0	＜4.0
小豆蔻	2.0	2.0	＜4.0	＜4.0	＜4.0	＜4.0	＜4.0	＜4.0
葛缕子	＜4.0	4.0	＜4.0	＜4.0	＜4.0	＜4.0	＜4.0	＜4.0
芹菜子	4.0	1.0	＜4.0	＜4.0	＜4.0	＜4.0	＜4.0	＜4.0
肉桂	4.0	2.0	4.0	＜4.0	＜4.0	＜4.0	2.0	4.0
丁香	1.0	1.0	1.0	1.0	1.0	2.0	1.0	1.0
月桂叶	4.0	2.0	4.0	4.0	4.0	4.0	4.0	4.0
肉豆蔻衣	0.2	0.05	＜4.0	＜4.0	＜4.0	＜4.0	＜4.0	＜4.0
甘牛至	4.0	4.0	＜4.0	＜4.0	＜4.0	＜4.0	＜4.0	＜4.0
牛至	1.0	1.0	2.0	2.0	4.0	＜4.0	2.0	4.0
迷迭香	0.5	0.5	＜4.0	＜4.0	＜4.0	＜4.0	＜4.0	4.0
香薄荷	2.0	2.0	＜4.0	＜4.0	＜4.0	＜4.0	4.0	＜4.0
鼠尾草	1.0	0.2	＜4.0	＜4.0	＜4.0	＜4.0	＜4.0	＜4.0
百里香	2.0	1.0	＜4.0	＜4.0	＜4.0	＜4.0	＜4.0	＜4.0

表 8-2　14 种香辛料乙醇提取物对细菌的最小抑制浓度（pH＝5）　　　　单位：μg/mL

香辛料名	枯草芽孢杆菌	金黄色葡萄球菌	大肠杆菌	鼠伤寒沙门菌	黏质沙雷菌	铜绿假单孢菌	普通变形杆菌	摩尔根变形杆菌
茴香子	0.5	2.0	＜4.0	＜4.0	＜4.0	＜4.0	＜4.0	＜4.0
小豆蔻	0.1	0.5	＜4.0	＜4.0	＜4.0	＜4.0	＜2.0	4.0
葛缕子	＜4.0	＜4.0	＜4.0	＜4.0	＜4.0	＜4.0	＜4.0	＜4.0
芹菜子	0.5	1.0	＜4.0	＜4.0	＜4.0	＜4.0	2.0	4.0
肉桂	0.5	2.0	2.0	4.0	4.0	4.0	1.0	2.0
丁香	0.5	2.0	1.0	1.0	1.0	1.0	0.5	0.5
月桂叶	0.5	1.5	4.0	4.0	4.0	4.0	2.0	4.0

续表

香辛料名	枯草芽孢杆菌	金黄色葡萄球菌	大肠杆菌	鼠伤寒沙门菌	黏质沙雷菌	铜绿假单孢菌	普通变形杆菌	摩尔根变形杆菌
肉豆蔻衣	0.1	0.5	<4.0	<4.0	<4.0	<4.0	<4.0	<4.0
甘牛至	0.5	0.2	<4.0	<4.0	<4.0	<4.0	<4.0	<4.0
牛至	0.2	0.5	2.0	2.0	4.0	2.0	2.0	2.0
迷迭香	0.2	0.5	<4.0	<4.0	<4.0	<4.0	0.5	4.0
香薄荷	0.2	1.0	4.0	4.0	4.0	4.0	4.0	4.0
鼠尾草	0.2	2.0	<4.0	<4.0	<4.0	<4.0	0.5	<4.0
百里香	0.2	2.0	<4.0	4.0	<4.0	<4.0	1.0	4.0

　　从此研究中发现，肉豆蔻衣对金黄色葡萄球菌的抑制浓度相当小，此外其他实验也得出肉豆蔻类香辛料对革兰氏阳性菌和革兰阴性菌都有抑制作用，这对在肉制品和填充式肉制品如香肠中正确使用香辛料很有意义。对肉制品和香肠中的肉豆蔻衣进行了研究发现，将香肠浸入肉豆蔻衣的乙醇提器物中 10s，然后在 10℃ 和 20℃ 存放数天，分别按日观察加入香辛料后香肠腐败变质产生黏液的情况，并与丁香酚作对照。黏液现象越严重，说明该香辛料的抗菌性越差。结果见表 8-3。

表 8-3（a）　肉豆蔻衣对香肠中黏液形成的影响（25℃）

品名	浓度/%	时间/日			
		1	2	3	4
空白		—	++	+++	+++
酒精	2.5	—	+	+++	+++
	5.0	—	+	+++	+++
肉豆蔻衣	2.5	—	+	+++	+++
	5.0	—	±	+++	+++
丁香酚	0.1	—	+	+++	+++
	0.2	—	+	++	+++

表 8-3（b）　肉豆蔻衣对香肠中黏液形成的影响（10℃）

品名	浓度/%	时间/日								
		8	9	10	11	12	14	16	18	20
空白		—	+	+	+	++	+++	+++	+++	+++
酒精	2.5	—	—	—	—	+	+	++	+++	+++
	5.0	—	—	—	—	—	+	++	+++	+++

续表

品名	浓度/%	时间/日								
		8	9	10	11	12	14	16	18	20
肉豆蔻衣	2.5	—	—	—	—	+	+	++	+++	+++
	5.0	—	—	—	—	—	—	+	+	++
丁香酚	0.1	—	—	—	—	—	—	+	++	++
	0.2	—	—	—	—	—	—	—	+	+

由于肉豆蔻衣提取物的加入，黏液的形成较普通香肠晚，在低温下，肉豆蔻衣的效果更好。肉豆蔻衣的乙醇提取物对巨大芽孢杆菌、不动杆菌类（*Acinetobacter* sp.）和假单孢杆菌类（*Pseudomonas* sp.）有明显的抑制效果，上述这些细菌是香肠中的常见菌。除此之外，肉豆蔻衣的萃取物对产气肠杆菌、短杆菌、无色杆菌、黄色微球菌、枯草芽孢杆菌、肠膜明串珠菌、植物乳杆菌有抑制力，但对黏质沙雷菌却不能延缓其生长。

肉毒梭状芽孢杆菌（*Clostridiun botuliun*，简称肉毒杆菌）是一种有毒的厌氧菌。属革兰氏阳性芽孢杆菌，也是抗热力最强的菌种，它能产生强烈的外毒素，对人和动物具有强大的毒性。对肉毒梭状芽孢杆菌的抑制是香辛料抗菌研究的重点之一。各香辛料对该细菌的抑制见表 8-4。结果显示，肉豆蔻衣是对该细菌抑制效果最好的香辛料，其次是肉豆蔻、月桂叶和黑白胡椒，有许多香辛料对该细菌的抑制浓度要到 2000mg/kg 以上，这说明它们基本没有抑制效果。

表 8-4　香辛料对肉毒杆菌的抑制

品名	最小抑制浓度/(μg/mL)	品名	最小抑制浓度/(μg/mL)
众香子	2000	小茴香	＞2000
欧芹	＞2000	龙蒿	＞2000
甘牛至	＞500	莳萝	＞2000
芥菜子	＞2000	迷迭香	500
蒜	＞2000	肉桂	2000
芹菜叶	＞2000	丁香	500
芹菜子	2000	红辣椒	＞500
细香葱	＞2000	月桂叶	125
白胡椒	125	枯茗	＞2000
黑胡椒	125	牛至	500
菜椒	＞2000	姜黄	500
辣椒	500	洋葱	＞2000
茴香	＞2000	百里香	500
鼠尾草	2000	肉豆蔻	125

续表

品名	最小抑制浓度/(μg/mL)	品名	最小抑制浓度/(μg/mL)
姜	2000	肉豆蔻衣	31
葛缕子	＞2000	芫荽子	＞2000

金黄色葡萄球菌不仅广泛存在于自然界，也存在于人的皮肤和肠道内，该细菌可引起食物中毒、皮肤发炎和肠道发炎。尽管有多种药物可用来抑制该细菌，或治疗由它引起的疾病，但现在发现，金黄色葡萄球菌对一些抗生素如2,6-二甲氧基苯青霉素有耐药性，利用香辛料对付耐药的金黄色葡萄球菌也是研究的课题之一。Kohchi 对 28 种香料的己烷提取物进行检测，其中 7 种属于香辛料，表 8-5 为香辛料抗菌测试结果。

表 8-5　香辛料己烷提取物对金黄色葡萄球菌等的最小抑制浓度　　单位：μg/mL

香辛料名	大肠杆菌	沙门菌	金黄色葡萄球菌	蜡状芽孢杆菌	弯曲杆菌
众香子	10	＞10	10	10	10
肉桂	5	10	2.5	2.5	1.3
丁香	10	10	5	5	2.5
甘牛至	＞10	＞10	10	10	＞10
牛至	2.5	5	1.3	2.5	1.3
迷迭香	＞10	＞10	0.31	0.16	＞10
鼠尾草	＞10	＞10	0.83	0.31	＞10

辣根也有显著的抗微生物性质。Miyamoto 用辣根的乙醇提取物来测试对大肠杆菌的抑制，以吸光度和糖的含量作判断标准。当微生物繁殖时，培养液会浑浊，从而有较高的吸光度，并且微生物的能量被消耗时，糖的消耗量会增加。有关试验数据见表 8-6。辣根提取物的浓度增加时可有效抑制大肠杆菌的繁殖。这一研究是针对日本海鲜、生鱼片的食用卫生而进行的。

表 8-6　辣根提取物对大肠杆菌的作用

辣根提取物含量	0		0.2%		0.4%	
培养时间/h	光密度/(600nm)	糖消耗量/(mg/mL)	光密度/(600nm)	糖消耗量/(mg/mL)	光密度/(600nm)	糖消耗量/(mg/mL)
0	0	0	0	0	0	0
6	0.46	0.5	0	0.5	0	0
12	0.93	2.2	0	0.10	0	0
18	0.97	2.6	0.06	0.12	0	0

续表

辣根提取物含量	0		0.2%		0.4%	
培养时间/h	光密度/(600nm)	糖消耗量/(mg/mL)	光密度/(600nm)	糖消耗量/(mg/mL)	光密度/(600nm)	糖消耗量/(mg/mL)
24	1.08	3.2	0.64	0.16	0	0.5
30	—	—	0.85	2.2	0.13	0.8
48	1.41	4.6	1.06	2.9	0.89	2.3
72	1.54	6.1	1.38	5.2	1.15	4.6
96	1.70	8.2	1.49	5.8	1.30	5.5

　　大蒜是中国民间常用的抗菌剂。研究表明，大蒜对食品中常见的细菌均有较强的抑制作用，以培养皿中抑菌圈直径的大小作标准，结果见表 8-7。

表 8-7　大蒜汁对细菌抑菌圈的测定（37℃，24h）

菌种 ＼ 大蒜汁浓度	7%	5%	3%	1%
大肠杆菌	+++	+++	++	+
志贺菌	+++	+++	++	+
沙门菌	+++	+++	++	+
普通变形杆菌	+++	++	+	+
枯草芽孢杆菌	+++	++	+	+
金黄色葡萄球菌	+++	++	++	+
铜绿假单胞菌	+++	++	+	±
巨大芽孢杆菌	+++	++	+	±
节杆菌	+++	+++	++	+
微球菌	++	++	+	—

　　注：—为无抑菌圈出现；±为抑菌圈不明显；+为抑菌圈直径 7～9mm；++为抑菌圈直径 10～12mm；+++为抑菌圈直径 13mm 以上。

　　随着大蒜汁浓度的变小，其抑菌能力也随之降低。有报道称，将大蒜汁稀释到 750 倍时还没有大肠杆菌的生长，但当稀释到 15000～150000 倍时，可看到大肠杆菌的生长。进一步的研究发现大蒜中的蒜素可加速大肠杆菌的繁殖。不同浓度大蒜汁对大肠杆菌的作用见图 8-1。

　　紫苏精油也有很好的抗菌活性，Rao 发现它对枯草杆菌、金黄色葡萄球菌和绿脓杆菌的活性与链霉素和氯霉素相似；而对真菌如黑曲霉、米根霉、白假丝酵母的活性则比灰黄色青霉素更显著。

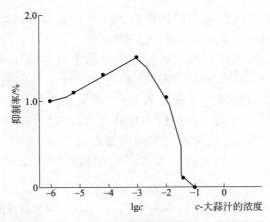

图 8-1　不同浓度大蒜汁对大肠杆菌的作用（空白定为 1.0）

其他叶类精油如亚洲薄荷油对 6 种革兰氏阳性菌和 4 种阴性菌有显著的抗菌活性；而迷迭香油则对各种不同的革兰氏阳性菌有选择性的活性。

一些区域性香辛料精油对细菌的抗菌活性见表 8-8。

表 8-8　一些区域性香辛料制品对细菌的 MIC 值

香辛料产品名	金黄色葡萄球菌	大肠杆菌	枯草芽孢杆菌	铜绿假单孢菌	李斯特菌
甘松精油	3.9μL/mL	62.5μL/mL	—	3.9μL/mL	—
韭菜精油	2.0μL/mL	2.0μL/mL	2.0μL/mL	2.0μL/mL	—
良姜精油	12.0μL/mL	180.0μL/mL	120.0μL/mL	—	—
香茅草精油	0.05μL/mL	0.2μL/mL	0.1μL/mL	—	—
阿魏精油	28.0μg/mL	107.0μg/mL	23.0μg/mL	—	—
摩洛哥豆蔻酒精提取物	—	20μg/mL	—	—	4.3μg/mL
巴西胡椒精油	36.0μg/mL	9.0μg/mL	—	36.0μg/mL	72.0μg/mL
春黄菊精油	10.0μg/mL	12.5μg/mL	10.0μg/mL	—	—
塔斯马尼亚胡椒酒精提取物	5.0μg/mL	5.0μg/mL	—	—	5.0μg/mL
香桃木叶精油	0.5μg/mL	0.5μg/mL	0.5μg/mL	>1.0μg/mL	—
香椿精油	2mg/mL	—	—	—	—
香旱芹精油	500μg/mL	500μg/mL	—	10mg/mL	—
阴香叶精油	10.0μg/mL	—	—	—	—

二、香辛料对真菌的抑制

有些剧毒真菌可产生毒素，如黄绿青霉可产生黄绿毒素，冰岛青霉可生成冰岛霉毒素和黄天精，橘青霉生成橘毒素，赤霉产生致呕毒素，黄曲霉产生黄曲霉毒素，发霉粮食中的三线镰刀菌的代谢物为 T-2 毒素等。因此，有关香辛料抑制剧毒真菌的分析和研究早就广泛引起人们的注意。

　　西方人有将肉桂粉末加入面包的传统，除给予面包特有的风味外，主要是发现这种面包不易霉变。Bullerman 则对肉桂是否可抑制真菌的生长、是否可阻止黄曲霉毒素的形成进行研究，结果见表 8-9。研究结果显示，真菌的生长随着肉桂粉末的浓度加大而被抑制，肉桂的浓度在 0.02％时黄曲霉毒素的浓度可减少21％～25％，在 2.0％时可完全抑制黄曲霉毒素的生成，肉桂风味的面包中肉桂的浓度为 0.5％～1.0％。因此此浓度在一定时间内可完全抑制真菌的生长以及黄曲霉毒素的形成。

表 8-9　肉桂粉末对寄生黄曲霉（*Aspergillus parasiticus*）的抑制作用（25℃，10 天）

肉桂浓度/%	菌种 NRRL2999				菌种 NRRL3000			
	黄曲霉毒素质量/mg	抑制率（以质量计算）/%	黄曲霉毒素浓度/(μg/mL)	抑制率（以浓度计算）/%	黄曲霉毒素质量/mg	抑制率（以质量计算）/%	黄曲霉毒素浓度/(μg/mL)	抑制率（以浓度计算）/%
空白	2301	—	356	—	1896	—	292	—
0.02	1943	16	267	25	1959	(+3)	232	21
0.2	1768	23	148	58	1557	18	49	83
2.0	1589	31	11	97	1658	13	2	99
20.0	ND	100	ND	100	100	95	0.3	99.9

注：ND 为检测不出。

　　肉桂的乙醇提取物对真菌呈同样强烈的抑制效果，从而阻止黄曲霉毒素的生成。加入 0.02％的肉桂乙醇提取物可使黄曲霉毒素的四个异构体都有大幅减少，但在此浓度下，真菌并不能完全抑制，需高浓度才对真菌有抑制作用。肉桂乙醇提取物对寄生黄曲霉的抑制见表 8-10。

表 8-10　肉桂乙醇提取物对寄生黄曲霉（*Aspergillus parasiticus*）NRRL2999的抑制（25℃，10 天）

肉桂浓度/%	黄曲霉毒素 B1				黄曲霉毒素 B2		黄曲霉毒素 G1		黄曲霉毒素 G2	
	质量/mg	抑制率（以质量计算）/%	浓度/(μg/mL)	抑制率（以浓度计算）/%	浓度/(μg/mL)	抑制率（以浓度计算）/%	浓度/(μg/mL)	抑制率（以浓度计算）/%	浓度/(μg/mL)	抑制率（以浓度计算）/%
空白	534	—	5.52	—	4.11	—	1.01	—	1.01	—
0.02	564	—	1.44	78	0.90	74	0.16	84	0.12	89
0.20	466	13	0.83	99	0.03	98	0.007	99	0.006	99
1.00	126	76	0.008	99+	0.01	99+	0.001	99+	0.001	99+
2.00	108	80	0.007	99+	0.006	99+	0.001	99+	0.001	99+

除肉桂外，对可产生毒素的曲霉（*Aspergillus*）类菌如黄曲霉（*A. flavas*）、赭曲霉（*A. ochraceus*）、杂色曲霉（*A. versicolor*）能够完全抑制的香辛料还有丁香、八角和众香子。Farag 等研究了百里香、鼠尾草、丁香、葛缕子、枯茗和迷迭香精油对黑曲霉（*Aspergillus parasiticus*）的抑制以控制黄曲霉毒素的含量。在这项研究中，发现百里香精油有效抑制真菌生长的浓度是 0.2mg/mL。另外。尽管枯茗、丁香和迷迭香精油对真菌的抑制浓度较百里香低，但产生的黄曲霉毒素的浓度也较低，结果见表 8-11。

表 8-11　香辛料精油对真菌生长的抑制以及黄曲霉毒素的含量

品种	精油浓度 /(mg/mL)	黄曲霉毒素浓度/(μg/mL)		
		黄曲霉毒素 B	黄曲霉毒素 G	合计
空白	0	80.4	115.1	195.5
鼠尾草油	0.2	97.9	141.6	239.5
	0.4	104.3	123.0	227.3
	0.6	93.5	81.7	175.2
	0.8	61.5	30.7	92.2
	1.0	41.6	29.7	71.3
	2.0	2.2	1.3	3.5
迷迭香油	0.2	129.2	153.9	283.1
	0.4	107.9	104.9	212.8
	0.6	113.3	84.6	197.9
	0.8	97.6	79.2	176.8
	1.0	72.9	44.9	117.8
	2.0	0	0	0
葛缕子油	0.2	78.0	119.5	197.5
	0.4	28.4	16.3	44.7
	0.6	1.1	0.5	1.6
	0.8	0	0	0
丁香油	0.2	87.6	110.0	197.6
	0.4	0.4	0.3	0.7
	0.6	0	0	0
枯茗油	0.2	50.0	66.9	116.9
	0.4	1.2	0.9	0.7
	0.6	0	0	0
百里香油	0.2	2.4	3.6	6.0
	0.4	0	0	0

注：底物为蔗糖发酵液。

香茅草精油、依兰精油和印度藤黄精油对黄曲霉（*A. flavas*）的 MIC 分别为 $600\mu g/mL$、$1600\mu g/mL$ 和 $3000\mu g/mL$。

三、香辛料对霉菌的抑制

香辛料对霉菌也有良好的抑制作用。殖田志贺子用 14 种香辛料乙醇的提取物对霉菌进行抗霉性研究。见表 8-12。

表 8-12　香辛料乙醇提取物对霉菌的最小抑制浓度　　　单位：$\mu g/mL$

菌种 品名	啤酒酵母 (*S. Cerevisiae*)	付克柔假丝酵母 (*C. Parakrusei*)	克柔假丝酵母 (*C. Krusei*)	青霉类霉 (*P. species*)	米曲霉 (*A. Oryzae*)
茴香子	4.0	<4.0	<4.0	4.0	1.0
小豆蔻	4.0	4.0	<4.0	<4.0	<4.0
葛缕子	<4.0	4.0	<4.0	4.0	4.0
芹菜子	4.0	4.0	4.0	1.0	1.0
肉桂	1.0	1.0	1.0	1.0	1.0
丁香	0.5	0.5	0.5	0.5	0.2
月桂叶	<4.0	<4.0	<4.0	4.0	4.0
肉豆蔻衣	<4.0	<4.0	<4.0	<4.0	<4.0
甘牛至	<4.0	<4.0	<4.0	<4.0	<4.0
牛至	2.0	2.0	2.0	1.0	1.0
迷迭香	1.0	<4.0	<4.0	<4.0	<4.0
香薄荷	4.0	4.0	4.0	2.0	2.0
鼠尾草	2.0	<4.0	<4.0	<4.0	<4.0
百里香	<4.0	4.0	4.0	2.0	2.0

大蒜对多种食品污染霉菌都有抑制作用。马慕英的实验结果表明，5％的大蒜液对 16 种霉菌的杀灭率均达 100％；2.5％浓度的大蒜液，对各种霉菌的杀灭率均达到 90％以上；即使是 0.3％的较低浓度，杀灭率也大多达 50％左右。大蒜对霉菌的杀灭率见表 8-13。

表 8-13　大蒜对霉菌的杀灭率

菌种	不同浓度的大蒜液对各种霉菌的杀灭率/%					
	浓度 10%	浓度 5%	浓度 2.5%	浓度 1.25%	浓度 0.6%	浓度 0.3%
橘青霉	100	100	90.41	82.08	71.85	62.62
岛青霉	100	100	94.70	90.06	80.13	66.88

续表

菌种	不同浓度的大蒜液对各种霉菌的杀灭率/%					
	浓度10%	浓度5%	浓度2.5%	浓度1.25%	浓度0.6%	浓度0.3%
产黄青霉	100	100	99.34	93.37	60.26	47.02
黑曲霉	100	100	98.76	96.29	93.83	86.46
杂色曲霉	100	100	96.00	92.00	80.00	72.00
赭曲霉	100	100	90.46	88.33	80.15	70.05
黄曲霉	100	100	99.20	76.01	68.21	60.11
黄色镰刀霉	100	100	100	92.86	88.09	83.33
串珠镰刀霉	100	100	85.71	80.95	76.19	61.91
黑根霉	100	98.33	91.66	79.16	66.66	58.33
灰色葡萄孢霉	100	100	90.49	71.46	61.92	52.42
总状毛霉	100	100	93.35	80.46	73.42	50.16
赤霉	100	100	100	88.57	71.43	57.14
绿色木霉	100	100	93.33	86.66	80.00	70.00
互隔交链孢霉	100	100	98.01	75.06	37.65	25.18
芽枝霉	100	100	90.95	72.72	54.54	45.45

产黄青霉、橘青霉、黄曲霉、烟曲霉和禾谷镰刀霉是食品中常见的腐败霉。以菌落法对白胡椒、肉豆蔻和丁香的抑制霉菌性质进行研究，结果见表8-14。总体而言，丁香的效果最好。

表8-14　三种香料对霉菌的抑制效果

菌种	白胡椒浓度/%			肉豆蔻浓度/%			丁香浓度/%				空白对照
	1.0	1.5	2.0	1.0	1.5	2.0	0.2	0.25	0.3	0.35	
产黄青霉	8	5	3	16	5	3	6	3	微	0	22
橘青霉	6	微	0	15	10	5	7	3	微	0	24
黄曲霉	26	6	3	29	11	5	17	3	微	0	56
烟曲霉	11	5	0	27	10	4	8	1	0	0	44
禾谷镰刀霉	15	7	微	20	6	微	6	0	0	0	86

注：菌落直径越小，表示抑菌效果越好。

酵母菌是一常见的食品污染菌，周建新等考察了白胡椒、肉豆蔻和丁香对啤酒酵母和黏红酵母的抑制作用，与对霉菌的抑制相比，香辛料对酵母的抑制所需浓度要高一些，如0.35%的丁香可完全抑制霉菌的生长，但要完全抑制酵母菌，浓度则需0.5%。三种香料对酵母菌的抑制效果见表8-15。

表 8-15　三种香料对酵母菌的抑制效果

菌种	白胡椒浓度/%			肉豆蔻浓度/%			丁香浓度/%				空白对照
	1.0	1.5	2.0	1.0	1.5	2.0	0.2	0.25	0.3	0.35	
啤酒酵母	38	3	0	62	8	1	60	30	0	0	68
黏红酵母	49	6	1	45	10	3	54	25	8	0	70

注：菌落直径越小，表示抑菌效果越好。

大蒜对酵母菌的杀灭率也高。2.5%浓度的大蒜对啤酒酵母和黏红酵母的杀灭率高达 100%，而对热带假丝酵母和产朊假丝酵母，2.5%大蒜液的杀灭率也达 90%左右；即使 0.3%低浓度的大蒜液，对上述四种酵母菌的杀灭率也都达 50%以上，见表 8-16。

表 8-16　大蒜对酵母菌的杀灭率

菌种	不同浓度的大蒜液对各种霉菌的杀灭率/%					
	浓度 10%	浓度 5%	浓度 2.5%	浓度 1.25%	浓度 0.6%	浓度 0.3%
啤酒酵母	100	100	100	95.86	75.21	57.93
黏红酵母	100	100	100	94.12	80.39	50.98
热带假丝酵母	100	100	97.51	85.07	60.20	50.25
产朊假丝酵母	100	96.71	89.02	83.52	78.22	72.53

第二节　香辛料中有效成分的抗菌活性

除了上面提到的香辛料和它们的精油的抗菌活性，有必要对香辛料中所含成分的抗菌性进行研究。

对香辛料抗菌有效成分的研究主要集中在挥发性成分上，Katayana 等用香辛料中常见的 42 种风味成分对 6 种细菌进行抑制试验，以这些化合物的稀释倍数来比较它们的相对抗菌活性，结果发现它们对绝大多数被测细菌有较显著的抗菌活性，即使将这些化合物稀释 1000 倍也有较强的抑制效果，见表 8-17。

表 8-17　香辛料有效成分的抗菌活性

化合物	枯草芽孢杆菌	大肠杆菌	肠炎沙门菌	金黄色葡萄球菌	绿脓杆菌	铜绿假单孢菌
乙酸芳樟酯	20	10	20	20	20	10
乙酸松油酯	100	—	—	100	20	—
正己醇	100	100	100	20	200	100
正辛醇	200	200	200	200	200	200

续表

化合物	枯草芽孢杆菌	大肠杆菌	肠炎沙门菌	金黄色葡萄球菌	绿脓杆菌	铜绿假单孢菌
糠醇	10	—	10	20	20	100
苯甲醇	20	20	20	20	20	200
α-松油醇	20	20	20	20	20	20
香茅醇	200	20	100	100	100	20
香叶醇	1000	200	200	200	200	200
芳樟醇	10	20	20	10	10	20
丁香酚	<2000	<2000	<2000	<2000	<2000	<2000
百里香酚	1000	<2000	2000	1000	1000	<2000
邻甲酚	100	100	100	100	1000	1000
间甲酚	100	100	100	100	100	100
对甲酚	100	100	100	20	100	100
香芹酚	2000	200	1000	2000	<2000	<2000
异龙脑	2000	—	1000	1000	1000	1000
香兰素	2000	2000	2000	2000	<2000	200
异香兰素	100	100	100	100	100	200
水杨醛	2000	<2000	<2000	<2000	2000	1000
糠醛	20	20	20	20	20	100
肉桂醛	200	20	100	200	100	20
大茴香醛	20	100	200	20	1000	1000
香茅醛	100	10	100	100	20	20
柠檬醛	200	100	100	100	100	20
紫苏醛	100	20	20	20	20	10
香芹酮	100	20	20	20	20	10
假性紫罗兰酮	200	20	20	200	200	1000
樟脑烯	10	10	10	—	—	20
茴香脑	20	10	20	20	20	20
苯甲醛	20	100	100	20	100	100
乙醛	20	20	20	20	20	20
黄樟素	100	—	100	100	100	100
异黄樟素	200	10	1000	200	200	100

续表

化合物	枯草芽孢杆菌	大肠杆菌	肠炎沙门菌	金黄色葡萄球菌	绿脓杆菌	铜绿假单孢菌
1,8-桉叶油素	—	20	10	10	10	10
驱蛔萜	10	10	10	10	10	20
α-蒎烯	10	10	10	10	10	10
β-蒎烯	100	20	20	20	100	100
松油烯	20	20	100	20	20	200
d-柠檬烯	200	10	10	10	10	100
α-水芹烯	10	20	20	10	10	10
对伞花烃	—	—	—	—	—	10

注：表中数据为稀释倍数。

　　表 8-17 中数据显示，酚类化合物如百里香酚、水杨醛、香芹酚、丁香酚等对微生物的抗菌效果最好。丁香酚是丁香和众香子中的重要化学成分，也是肉桂中含量第二多的化合物。对丁香酚的抗菌性性质进行了研究后，发现该化合物对不动杆菌（Acinetobacter）类和酵母的完全抑制浓度为 200mg/kg，对巨大芽孢杆菌和绿脓杆菌的完全抑制浓度为 800mg/kg，对黄曲霉和杂色曲霉的抑制浓度为 250mg/kg。Hitokoto 则对丁香酚、百里香酚和茴香脑的霉菌抑制效果进行测定，见表 8-18。

表 8-18　丁香酚对霉菌的抑制

丁香酚浓度 /(μg/mL)	黄曲霉		赭曲霉		杂色曲霉	
	菌丝质量 /mg	黄曲霉素 B 浓度 /(μg/mL)	菌丝质量 /mg	赫曲毒素 A 浓度 /(μg/mL)	菌丝质量 /mg	柄曲菌素浓度 /(μg/mL)
空白	183	15.0	365	3.0	585	15.0
500	0(100%)	0(100%)	0(100%)	0(100%)	0(100%)	0(100%)
250	0(100%)	0(100%)	6(98%)	0.5(83%)	0(100%)	0(100%)
125	110(40%)	0(100%)	248(32%)	0.7(76%)	427(27%)	0.8(95%)
62.5	148(19%)	2.5(83%)	335(8%)	3.0(0)	555(5%)	4.5(70%)
31.2	182(14%)	3.5(76%)	399.8(0)	2.5(17%)	563(4%)	6.0(60%)

注：表中括号内数字为抑制率。

　　百里香酚是百里香中的主要成分。它对上述三种菌的抑制能力稍不如丁香酚，但对真菌的完全抑制浓度也为 200mg/kg，见表 8-19。酚类化合物的抑制机理可能是由于它能破坏或损伤微生物的细胞壁，或干扰细胞壁的合成过程。

表 8-19　百里香酚对霉菌的抑制

百里香酚浓度 /(μg/mL)	黄曲霉		赭曲霉		杂色曲霉	
	菌丝质量 /mg	黄曲霉毒素 B 浓度 /(μg/mL)	菌丝质量 /mg	赭曲霉毒素 A 浓度 /(μg/mL)	菌丝质量 /mg	柄曲菌素 浓度 /(μg/mL)
空白	183	15.0	365	3.0	585	15.0
400	0(100%)	0(100%)	0(100%)	0(100%)	0(100%)	0(100%)
200	51(72%)	0.3(98%)	12(96%)	0(100%)	0(100%)	0(100%)
100	158(25%)	15.0(0)	155(58%)	5.0(0)	230(61%)	0.5(97%)
50	237(0)	15.0(0)	414(0)	5.0(0)	385(34%)	2.5(83%)
25	—	—	—	—	597(0)	15.0(0)

注：表中括号内数字为抑制率。

　　茴香脑是茴香子内的主要挥发成分，属酚醚类结构，对霉菌的抑制作用比酚类成分差，茴香脑对真菌的完全抑制浓度为 0.2%。茴香脑对霉菌的抑制见表 8-20。

表 8-20　茴香脑对霉菌的抑制

茴香脑浓度 /(mg/mL)	黄曲霉		赭曲霉		杂色曲霉	
	菌丝质量 /mg	黄曲霉毒素 B 浓度 /(μg/mL)	菌丝质量 /mg	赭曲霉毒素 A 浓度 /(μg/mL)	菌丝质量 /mg	柄曲菌素 浓度 /(μg/mL)
空白	183	15.0	365	3.0	585	15.0
2	0(100%)	0(100%)	0(100%)	0(100%)	0(100%)	0(100%)
1	273(0)	15.0(0)	539(0)	0.8(73%)	253(57%)	1.0(93%)
0.5	246(0)	15.0(0)	614(0)	1.0(67%)	426(28%)	6.0(60%)
0.25	258(0)	15.0(0)	607(0)	1.5(50%)	511(13%)	15.0(0)

　　醛类化合物也有强烈的抗真菌性，醛能对微生物的细胞壁和细胞膜产生作用，并对酶活性或对细胞原生质部分的遗传微粒结构发生影响。Kurita 等研究了紫苏醛、肉桂醛等化合物对真菌的抑制，这些化合物对真菌的抑制活性可用它们对 18 种真菌的生长抑制期长短来表征，见表 8-21。肉桂醛的浓度在 0.66mol/L 时，对多数受测真菌有抑制作用。另外有研究显示，肉桂醛对啤酒酵母、青霉和曲霉都有较强的抑制效果。

表 8-21　醛类化合物对霉菌的抑制

香辛料成分	抑制生长的时间/天							
	肉桂醛		紫苏醛		柠檬醛		香茅醛	
	0.33 mol/L	0.66 mol/L	0.33 mol/L	0.66 mol/L	0.33 mol/L	0.66 mol/L	0.33 mol/L	0.66 mol/L
Fansecaea pedrosoi	0	2	0	1	0	0	0	0

续表

香辛料成分	抑制生长的时间/天							
	肉桂醛		紫苏醛		柠檬醛		香茅醛	
	0.33 mol/L	0.66 mol/L	0.33 mol/L	0.66 mol/L	0.33 mol/L	0.66 mol/L	0.33 mol/L	0.66 mol/L
芽枝霉(1169)	0	>20	0	3	0	1	0	0
深红发癣霉	3	>20	0	7	1	>20	0	0
须发癣霉	>20	>20	2	4	1	>20	0	0
紫色发癣霉	>20	>20	10	>20	7	>20	0	0
石膏状小孢霉	>20	>20	2	12	3	>20	0	0
Histoplasma capsulatum	>20	>20	6	13	2	>20	0	0
皮炎芽生菌	>20	>20	4	10	4	>20	0	0
中克分枝菌	1	>20	0	1	0	2	0	0
筒囊蓝污霉	4	>20	0	2	0	0	0	0
斜卧青菌	0	>20	0	0	0	1	0	0
皱褶青菌	1	>20	0	0	1	3	0	0
常现青菌	0	1	0	1	0	1	0	0
黑曲菌	0	1	0	0	0	1	0	0
烟曲菌	0	>20	0	0	1	2	0	0
构巢曲菌	1	>20	0	0	0	0	0	0
白假丝酵母	0	>20	0	0	0	0	0	0
新隐球酵母	6	>20	0	1	0	2	0	0

异氰酸酯是芥菜子中的活性成分，其中以异氰酸烯丙酯为主要成分。异氰酸烯丙酯和芥菜对微生物的抑制性早有研究，它们对大肠杆菌和金黄色葡萄球菌有抑制效果，对假单孢菌属抑制作用更强。Isshiki 等对异氰酸烯丙酯和它的蒸气对各种微生物的抑制进行了研究。在这项研究中，将加有 $100\mu L$ 的异氰酸烯丙酯和玉米油的混合物的滤纸放入一容器内，于其中培养微生物，异氰酸烯丙酯和它的蒸气的抑制效果通过顶空测量的最小抑制剂量和最小抑制浓度来表征。如表 8-22 所示，每盘 $31 \sim 470\mu g$（相当于 $16 \sim 110 ng/mL$ 的异氰酸烯丙酯蒸气），可抑制细菌和酵母菌的生长，从数据上看，它对霉菌和酵母菌的抑制效果要比细菌好。异氰酸酯类化合物对微生物的抑制机理可能是由于该分子中的—$N \!=\! C \!=\! S$ 和—SH 基团对细胞质和细胞壁膜的作用。

表 8-22 异氰酸烯丙酯蒸气的抑制微生物活性

微生物名	最小抑制量/(μg/盘)	最小抑制浓度(顶空气相)/(ng/mL)
枯草芽孢杆菌	420	110
蜡状芽孢杆菌	360	90
金黄色葡萄球菌	420	110
表皮葡萄球菌	420	110
大肠杆菌	110	34
鼠伤寒沙门菌	210	54
肠炎沙门菌	420	110
副入血弧菌	210	54
绿脓杆菌	210	54
啤酒酵母	62	22
异常汉逊酵母	124	37
戴氏有孢圆酵母	50	18
接合酵母	31	16
热带假丝酵母	62	22
白假丝酵母	62	22
黑曲霉	124	37
黄曲霉	124	37
冰岛青霉	62	22
黄青霉	62	22
产黄青霉	250	62
尖镰孢霉	62	22
禾谷镰刀霉	31	16
茄病镰刀霉	110	34
互隔交链孢霉	62	22
总状毛霉	250	62

辣椒在一定程度上可抑制霉菌和细菌，其主要作用物是辣椒素，它对一般微生物的抑制能力并不突出，但却是高效的霍乱菌抑制剂。生姜中的抑菌成分是姜酮和姜酚，对致病的病菌如霍乱、伤寒等都有较强烈的抑制效果。

对啤酒酵母的抑制是抗菌研究的重点之一，与香辛料有关的是，香兰酸对啤酒酵母有抑制作用，在 100mg/kg 浓度时可延缓其生长，香兰酸是香荚兰豆中的一种成分；阿魏酸在 50mg/kg 浓度时也延缓啤酒酵母的生长，250mg/kg 时可完全抑制，阿魏酸在香辛料迷迭香、百里香中存在。

在肉豆蔻衣中新发现三个具酚羟基的木酚素类化合物有很强的抑制链球菌作

用，它们的结构见图 8-2。化合物 A 和 B 的链球菌 MIC（最小抑制浓度）是 12.5mg/kg，化合物 C 的 MIC 是 25mg/kg。

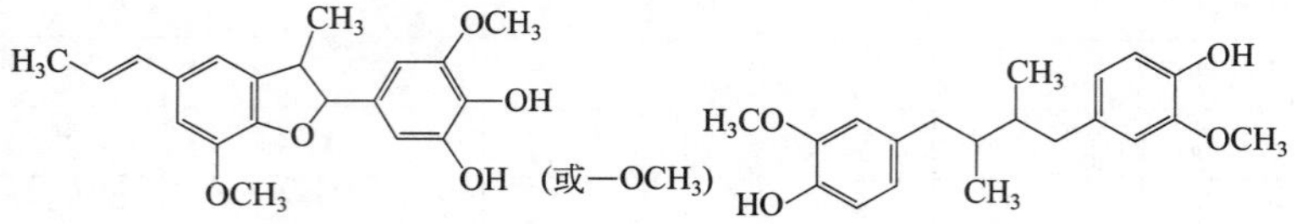

化合物A和B   化合物C

图 8-2　肉豆蔻衣中三个酚素类化合物的结构

第三节　香辛料的驱虫性

寄生虫也是人类的危害之一，中国古代就有用香辛料驱虫的介绍，现代则是对食品中香辛料延缓寄生虫的生长或寄生虫传播途径的切断进行研究。

一、香辛料对异尖线虫的驱除

在海洋食品中，现发现有 1 万多种寄生虫。其中大部分对人体无害，但有一小部分则对人体有害，如果食用带有这些寄生虫的海洋食品，就可能得病。异尖线虫是常见的海洋寄生虫之一，已有许多病例证明，人食用含有异尖线虫的食品后数小时便有呕吐和腹痛症状，异尖线虫可寄生在人体肌肉或内脏器官内。

由于海洋生物食物链的存在，因此异尖线虫在任何的海洋生物中都有可能存在。异尖线虫的幼虫在 $-20℃$ 时存放数小时便可杀死，但在海洋食品中加入香辛料也可达到驱虫的目的。安田彻也研究了若干香辛料或香成分对异尖线虫幼虫的抑制和杀灭效果，发现肉桂醇和肉桂醛有较强的抑制作用；紫苏、辣根、姜和蒜有杀灭效果，见表 8-23。

表 8-23　香辛料对异尖线虫的杀灭作用

香辛料名	使异尖线虫停止活动所需时间/h	该香辛料中主要有效成分
紫苏(红)	3	紫苏醛
姜	3	姜酚
辣根	5.5	异氰酸烯丙酯
蒜	11	烯丙基二硫醚
盐水(对照物)	2 周	

注：香辛料的浓度为 5%。

上述香辛料中的有效成分杀灭异尖线虫的浓度更低，紫苏醛杀灭浓度为 125mg/kg，姜酚则为 73mg/kg。但在胃液中紫苏醛这个量对异尖线虫却无抑制作用，也就是说，如果在饮食中按常规摄入紫苏醛的话，还不能杀灭异尖线虫。

二、香辛料对粮食食品害虫的杀灭

若干香辛料对粮食害虫和食品害虫有杀灭作用。印度谷螟危害各种粮食和加工品、豆类、油料、花生、各种干果、干菜、奶粉、蜜饯果品等；粉斑螟蛾是一种重要的仓储害虫，特别是黄花菜干制品等是最易受害的产品之一，香辛料精油对这些害虫的杀死率见表 8-24。

表 8-24　香辛料对粮食和食品害虫的杀死率

香辛料精油名	浓度/%	印度谷螟的杀死率/%	粉斑螟蛾的杀死率/%
小豆蔻	1	80	60
鼠尾草	1	90	90
香桃木	1	100	100
迷迭香	1	100	100
牛至	1	100	100
薄荷	1	50(2%)	70(1%)
肉豆蔻	1	85	90
罗勒	1	70	30

三、香辛料对螨虫的驱除

据统计，有 $60\% \sim 90\%$ 的人对螨虫呈抗原性阳性，在多种螨虫中，尤以嗜皮螨属中的两种螨虫（*Dermatophagoides farinae* 和 *D. pteronyssinus*）的抗原性最强。这些螨虫有 $0.2 \sim 0.4\mathrm{mm}$ 大小，在温度 $25\,^{\circ}\mathrm{C}$、湿度 75% 时繁殖迅速。Yuri 研究了若干香辛料精油对上述螨虫的抑制效果，他把螨虫放在一香辛料精油浓度为 $80\mu\mathrm{g/cm^2}$ 的体系上，维持温度 $25\,^{\circ}\mathrm{C}$、湿度 75% 的条件 1 天，然后观察螨虫的存活数，以此作为香辛料抑制螨虫的表征。实验发现，茴香、月桂叶、丁香、紫苏和众香子的抑制都超过 50%。见表 8-25。

表 8-25　香辛料精油对螨虫的致死率

香辛料精油名	致死率/%	香辛料精油名	致死率/%
茴香	56.5	肉豆蔻衣	0.5
月桂叶	89.2	肉豆蔻	—
葛缕子	13.2	百里香	27.5
小豆蔻	4.7	紫苏	58.2
丁香	97.3	众香子	58.2
芫荽子	4.4	迷迭香	14.9
枯茗	14.9	鼠尾草	12.0

续表

香辛料精油名	致死率/%	香辛料精油名	致死率/%
小茴香	0.2	白胡椒	0.1
蒜	72.8	辣椒油树脂	6.7

他以同样的方法进行香辛料中成分对螨虫的抑制，结果发现，肉桂醛、丁香酚、异丁香酚和乙基丁香酚的抑制效果最好，见表8-26。

表8-26　香辛料成分对螨虫的致死率

成分名	致死率/%	成分名	致死率/%
芳樟醇	28.6	异丁香酚	95.5
l-香芹酮	13.2	乙基丁香酚	96.3
苯甲醛	3.1	甲基丁香酚	37.6
α-蒎烯	27.6	黄樟素	2.5
肉桂醛	100	香兰素	7.4
丁香酚	99.0		

四、香辛料对蛔虫的驱除

蛔虫是最常见的寄生虫。香辛料对蛔虫的杀灭性早就有所研究，实验对象是犬弓蛔虫（Toxocara canis）的幼虫。将香辛料的水提取物或甲醇提取物与该幼虫放置一起1天后，观察它们移动的情况，不会移动说明已被杀灭；如还能移动则表示其杀灭性不佳。结果见表8-27，大多数测试香辛料对该幼虫都有杀灭性，茴香、肉桂和丁香对蛔虫幼虫的杀灭效果最好，一般而言，甲醇提取物的杀灭效果较水提取物好。

表8-27　香辛料提取物对犬弓蛔虫幼虫的杀灭性

香辛料	水提取物/(10mg/mL)	甲醇提取物	
		(10mg/mL)	(1mg/mL)
茴香、肉桂、丁香、肉豆蔻衣、牛至、胡椒、姜黄	+	+	+
小豆蔻、枯茗、生姜、肉豆蔻、花椒、百里香	−	+	+
众香子、罗勒、葛缕子、芫荽、莳萝	−	+	−
小茴香、蒜、甘牛至、迷迭香、鼠尾草、龙蒿	+	−	−
红辣椒、葫芦巴、辣根、芥菜子、菜椒、欧芹	−	−	−

注：+表示没有移动；−表示有移动。

香辛料对农业生产中的各种害虫也有驱除和防治作用。害虫对蔬菜、水果和庄稼的危害使得农业离开了杀虫剂就一筹莫展，而香辛料的驱虫性为无农药蔬菜、无农药水果等的生产开辟了一条新途径。Sangwan 等分别测定了罗勒、椒样薄荷和丁香等香辛料对小麦线虫（*Anguina tritici*）、柑橘根线虫（*Tylenchulus semipenetrans*）、爪哇根结线虫（*Meloidogyne javanica*）和木豆孢囊线虫（*Heterodera cajani*）的杀线虫活性。丁香油及其有效成分丁香酚和一些香成分如芳樟醇和香叶醇等对上述四种线虫都显示非特异活性。香辛料与蔬菜的轮种或间种可抑制昆虫对它们的侵害。

香辛料对蚊蝇也有驱避性，Singh 研究了多种香辛料精油（2%的丙酮溶液）对实验室繁殖的家蝇的驱避性和直接毒害性。发现丁香、罗勒、茴香、肉豆蔻和姜黄精油有 100%的驱避活性，此结果接近化学合成的驱虫剂马拉硫磷（*Malathion*），见表 8-28。

表 8-28　香辛料对淡色库蚊（*Culex pipiens pallens*）的杀死率

香辛料精油	浓度	杀死率/%
百里香	50×10^{-6}	100
椒样薄荷	50×10^{-6}	100
肉豆蔻	50×10^{-6}	100
罗勒	50×10^{-6}	96.0 ± 4.0
香桃木	50×10^{-6}	93.0 ± 2.3
牛至	50×10^{-6}	95.0 ± 2.3
春黄菊	50×10^{-6}	80.0 ± 4.0
藿香	50×10^{-6}	81.0 ± 2.3
丁香	50×10^{-6}	85.0 ± 2.3
柠檬草	50×10^{-6}	83.0 ± 2.3
生姜	50×10^{-6}	83.0 ± 2.3

Bower 发现花椒的二氯甲烷提取物对昆虫有很强的驱避作用，从中分离出三种活性成分：胡椒酮、4-松油醇和芳樟醇，其中胡椒酮的驱避作用比普通的昆虫驱避剂 *N*,*N*-二乙基-*m*-甲苯甲酰胺（DEET）更强。

第四节　香辛料对有益菌的促进

有些微生物在发酵类、腌制类等食品工业中有着十分重要的作用，如榨菜中的肠膜明串珠菌（*Leuconostoc mesenteroides*）、植物乳酸杆菌（*Lactobacillus plantarum*）和短乳酸杆菌（*Lactobacillus brevis*）等；韩国泡菜中的融合魏斯氏菌（*Weissella confuse*）、柠檬明串珠菌（*Leuconostoc citreous*）、清酒乳酸杆菌（*Lactobacillus sakes*）和弯曲乳酸杆菌（*Lactobacillus curvatus*）等；香肠中的干酪乳酸杆菌（*Lactobacillus caseii*）；奶酪中的干酪乳酸杆菌（*Lactobacillus caseii*)、瑞士乳酸杆菌（*Lactobacillus helveticus*）、木糖葡萄球菌（*Staphylococcus xylosus*）等；酸奶中的嗜酸乳酸杆菌（*Lactobacillus acidophilus*）、动物双歧杆菌（*Bifidobacterium animalis*）等；腌制黄鱼中的植物乳酸杆菌（*Lactobacillus plantarum*）、肠膜明串珠菌（*Leuconostoc mesenteroides*）、戊糖片球菌（*Pediococcus pentosaceus*）、嗜酸乳酸杆菌（*Lactobacillus acidophilus*）和短乳酸杆菌（*Lactobacillus brevis*）等，它们除提供特有的风味外，还可抑制有害菌如金黄色葡萄球菌、李斯特菌等。这些微生物称为有益菌。

　　有意义的是，有益菌对一些香辛料有抗体，即香辛料不会对这些微生物的活动有抑制，如果条件合适的话，还可促进有益菌的生长。蒜头、干生姜、干辣椒和小茴香子对酸泡菜有益菌植物乳酸杆菌和肠膜明串珠菌的促进作用见表 8-29 和表 8-30。

表 8-29　香辛料对有益菌生长的促进（空白 100%）

香辛料名	浓度	植物乳杆菌	肠膜明串珠菌
蒜头	1.0%	403.8%	289.7%
生姜	1.0%	154.5%	132.7%
辣椒	1.0%	500.0%	240.1%
小茴香	1.0%	296.0%	133.5%

表 8-30　香辛料对酸奶中有益菌的促进（空白 100%）

香辛料名	浓度	嗜酸乳酸杆菌
小豆蔻油树脂	0.5%	121.3%
肉豆蔻油树脂	0.5%	115.8%
斯里兰卡肉桂油树脂	0.5%	105.6%

　　香辛料对有益菌的促进而又同时对有害菌的抑制，还能提升风味，这三者的关系是研究的新领域。

参考文献

[1] N Skovgaard. Natural antimicrobials for the minimal processing of foods. Woodhead Publishing Limited，2003.

[2] E. 吕克. 食品抗菌添加剂. 韦光果等，译. 上海：上海翻译出版公司，1988.

[3] C Martínez-Gracia. Use of herbs and spices for food preservation：Advantages and limitations. Current Opinion in Food Science，2015，6：38-43.

[4] E Säde. Lactic acid bacteria in dried vegetables and spices. Food Microbiology，2015，53（Pt B）：110-114.

第九章

香辛料的抗氧性

　　食品随着存放时间的增长会逐渐腐败变质，原因之一是食物中所含油脂类成分的氧化。许多食物中都含有脂肪，它是人体的主要能源来源之一，但如果存放的方法不当，这些油脂类成分会与空气中的氧气发生反应，生成过氧化物，这些过氧化物进而降解为分子量较低的自由基。常见的并且与人类活动有关的自由基可分为氧自由基、碳自由基和羟基自由基等多种。这些自由基活性很大，存在于人体中可破坏 DNA，加速人体器官的老化甚至发生癌变。现代科学证明，多种疾病的产生都与自由基有关；另一方面，这些自由基可转化为低分子的不饱和醇和醛，这类化合物一般表现为食物腐败、回味、变质时的气味，从而影响食品的风味。当然，过氧化物的生成也降低了食品的营养价值。鉴于此，油脂和与油脂有关的食物包括肉类等动物性食物是抗氧化作用研究的重点。

　　对于袋装食品来说，可采用包装时灌入氮气或进行真空包装的方法；由于光、高温和某些金属会加速油脂的氧化，也可采用在油脂中除去那些金属、避光保存和低温保存等方法。但这些方法有局限性，最常用的方法是在食品中加入抗氧剂。常用的抗氧剂有 BHA、BHT、没食子酸丙酯、抗坏血酸、抗坏血酸酯、维生素 E 等，较新的有茶多酚等。BHA 和 BHT 是两种最普通的化学合成抗氧剂，它们是低毒的，可用于多种食品中，但它们在高温时极易挥发和分解，因此不适合用于煎烤类食品的保鲜，另外，它们对肝脏和肺等器官的毒性也日益受到关注，有些国家已经限制它们的使用。维生素 E 是天然抗氧剂，在食品工业中应用较广，但该物质在油品中的抗氧性较 BHA 和 BHT 差很多；茶多酚和没食子酸丙酯有变色因素。因此香辛料在食品中的抗氧性研究引起更多的注意。

第一节　香辛料的抗氧性研究

　　早在 20 世纪 30 年代，就香辛料对花生油的抗氧性研究已经开始进行，并发现有一些香辛料可延缓花生油过氧化物的生成。如 Chipault 等将 6 种粉碎了的香辛料加到食品中考察它们的抗氧性，以抗氧指数作表征。抗氧指数是加了香辛料和不加香辛料食物的稳定性之比。见表 9-1。

表 9-1　粉碎香辛料的各种食物中的抗氧指数

食物名	猪油	馅饼	O/W 乳液	猪肉糜		蛋黄酱	沙拉调料	
香辛料浓度 香辛料名	0.2%	0.2%	0.1%	0.25% (−5℃)	0.25% (−15℃)	0.2%	1.0% (37℃)	1.0% (63℃)
众香子	1.8	1.1	16.7	5.3	10.0	1.4	1.1	1.2
丁香	1.8	1.3	85.8	5.3	10.0	2.0	2.0	1.2
牛至	3.8	2.7	7.9	7.2	3.7	8.5	2.6	2.4
迷迭香	17.6	4.1	10.2	5.3	10.0	2.2	—	—
鼠尾草	14.2	2.7	7.8	5.3	10.0	2.4	2.2	2.2
百里香	3.0	1.9	6.8	6.0	3.2	1.8	—	—

注：抗氧指数越高越好。

　　而香辛料的抗氧性系统研究是近二三十年的事，对食物的类别如植物油、动物油、肉制品等分别进行香辛料的抗氧研究，研究的重点在食用油。

一、香辛料对植物油的抗氧性

　　以花生油为对象，6 种香辛料与 BHT 的过氧化值（POV）的比较见表 9-2。除辣椒外，其余 5 种香辛料对花生油都有抗氧作用，以生姜效果最显著，优于 0.005% 添加量的 BHT。

表 9-2　添加不同香辛料花生油的 POV　　　　单位：meq/kg

香辛料名　　　时间/天	0	1	3	5	7
空白	2.12	8.19	22.04	36.74	61.7
BHT	2.12	3.04	15.41	24.76	41.4
丁香	2.12	8.54	20.37	31.67	49.58
生姜	2.12	3.51	7.49	12.76	25.03
桂皮	2.12	5.21	14.07	25.74	46.8
茴香	2.12	7.18	18.54	32.77	55.78
辣椒	2.12	7.81	22.56	38.85	62.59
胡椒	2.12	7.03	18.56	31.08	50.39

注：1. meq 为旧制单位，现过氧化值的单位是 mmol，两者的比例为 meq∶mmol=2∶1，下同。
　　2. 香辛料的加入量为 2.5%，BHT 的加入量为 0.005%，烘箱储存实验法测试。

　　迷迭香是近来研究较多的抗氧剂，Kanda 将迷迭香的提取物用于大豆油和菜籽油，与 BHA 和维生素 E 的抗氧性比较，结果见表 9-3。由表可见，BHA 和维生素 E 在浓度 200mg/kg 时几乎没有抗氧性，而迷迭香提取物在相同浓度下已具有抗氧性，这一结果用烘箱储存实验法得到验证，表示迷迭香提取物可较好地抑制植物油的氧化。

表 9-3 迷迭香提取物对大豆油和菜籽油的抗氧性

油料	抗氧剂	POV/(meq/kg)				
		0 天	3 天	5 天	7 天	9 天
大豆油	空白	2.1	4.8	15.5	27.5	44.7
	维生素 E(200mg/kg)	—	5.5	14.8	23.9	42.4
	BHA(200mg/kg)	—	6.7	19.7	30.1	48.1
	迷迭香提取物(100mg/kg)	—	7.6	6.8	13.1	31.6
	迷迭香提取物(200mg/kg)	—	3.3	5.4	8.8	16.6
菜子油	空白	0.6	1.3	2.8	10.3	17.0
	维生素 E(200mg/kg)	1.9	1.2	3.4	9.5	18.2
	BHA(200mg/kg)	2.6	1.2	2.1	9.1	15.8
	迷迭香提取物(100mg/kg)	0.6	1.0	1.7	5.1	11.5

注：迷迭香提取物为市售品，商品名为 HSE：SP-100。

迷迭香提取物的另一个优点是它的抗氧性随着浓度的增大而提高，其 AOM 值也相应成比例的提高；而维生素 E 的抗氧性与浓度不成比例。维生素 E 在到达一定浓度后，无论再加入多少维生素 E，其抗氧性不再有变化，见图 9-1。另外，迷迭香提取物与维生素 E 复配使用时，有明显的协同效应，而 BHA 和维生素 E 复配时却无此效应。

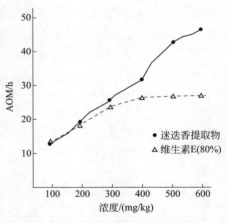

图 9-1 维生素 E 和迷迭香提取物的浓度和 AOM 值变化图（97.8℃）

二、香辛料对动物油脂的抗氧性

动物油的不饱和程度较植物油低，因此 POV 值也较小。在猪油中加入常用的香辛料，都有抗氧化作用。表 9-4 显示生姜和丁香的抗氧性最好，优于 0.005% 的 BHT。其中辣椒的情况较特殊，前 9 天的 POV 值高于空白值，而第 14 天的 POV 值又小于空白值，有研究者认为辣椒在前期有促氧化作用，可能是所含的醌类成分的影响。

表 9-4 添加不同香辛料猪油的 POV 值　　　　单位：meq/kg

香辛料名　时间/天	0	1	3	6	9	14
空白	0	1.05	1.18	2.47	8.24	72.59

续表

时间/天 香辛料名	0	1	3	6	9	14
BHT	0	0	0.94	1.43	2.80	6.94
丁香	0	0	1.18	1.24	1.96	6.17
生姜	0	0	0	1.04	1.32	2.57
桂皮	0	0	0	1.34	3.24	30.89
茴香	0	0	0	2.3	5.16	42.49
辣椒	0	1.16	1.18	3.59	9.44	44.52
胡椒	0	0	0	1.95	3.46	19.41

　　斋藤横进行了更广泛的香辛料抗氧研究，同时分别测定各种香辛料石油醚可溶部分和石油醚不溶部分对猪油的抗氧性。表 9-5 数据显示叶类香辛料的抗氧化性更能有效地抑制猪油氧化；迷迭香和鼠尾草与 BHT 使用浓度相同时，抗氧活性比 BHT 高出许多；其他香辛料如肉豆蔻衣、百里香、甘牛至、牛至、丁香和生姜都比维生素 E 有较强的抗氧性。有人将香辛料对油脂抗酸败性的能力作了排列，认为迷迭香最好，其次是鼠尾草，以后依次为生姜、肉豆蔻、百里香、丁香、肉豆蔻衣和牛至。也有许多例外，如黑胡椒在猪油的抗氧性试验中活性并不很好，但将黑胡椒加入蛋黄酱或沙拉中时，它的抗氧性却比迷迭香还好。

表 9-5　香辛料对猪油的抗氧化性（POV 值）　　　　单位：meq/kg

部位	香辛料名	粉碎香辛料	香辛料石油醚 可溶部分	香辛料石油醚 不溶部分
叶类香辛料	罗勒	254.8	453.1	55.6
	月桂叶	345.8	366.9	51.4
	甘牛至（叶）	23.9	5.1	28.7
	牛至（叶）	38.1	21.9	316.0
	迷迭香	3.4	6.2	6.2
	鼠尾草	2.9	5.0	5.0
	龙蒿	202.0	503.0	46.2
	百里香	18.3	7.3	22.0
其他形式香辛料	众香子	298.0	37.4	494.9
	小豆蔻	423.8	711.8	458.6
	黑胡椒	364.5	31.3	486.5
	红辣椒	108.3	369.1	46.2
	花椒	430.2	485.1	340.7

续表

部位	香辛料名	粉碎香辛料	香辛料石油醚可溶部分	香辛料石油醚不溶部分
其他形式香辛料	肉桂	324.0	36.4	448.9
	丁香	22.6	33.8	12.8
	生姜	40.9	24.5	35.5
	姜黄	399.3	430.6	293.7
	茴香	341.0	53.9	462.3
	葛缕子	396.3	589.1	293.7
	芹菜子	347.2	54.0	430.0
	芫荽	364.8	64.8	528.6
	枯茗	600.0	59.8	479.4
	莳萝子	355.2	364.0	429.7
	小茴香	331.9	104.9	529.0
	肉豆蔻衣	13.7	29.0	11.3
	肉豆蔻	205.6	31.1	66.7
对照物	空白	356.5	—	—
	BHA	12.2	—	—
	维生素 E	58.4	—	—

注：加入的浓度均为 0.02%。

渡部康男则对粉碎了的香辛料的水溶液部分和乙醇溶解部分的猪油抗氧性进行研究，测定到达 POV 为 100meq/kg 所需时间（即 AOM），以此来比较它们的抗氧性，并与 α-维生素 E 作对照和复配测试。表 9-6 说明许多香辛料的水萃取物与 α-维生素 E 均有协同效应。同样，当 α-维生素 E 和维生素 C 的钠盐与香辛料一同用于食品时，也有较好的协同效应，见表中混合物一栏的数据。天然维生素 E 由近十个结构类似的化合物所组成。其中 α-维生素 E 的抗氧性最好。

表 9-6 香辛料的水溶部分和乙醇溶部分对猪油的抗氧性

香辛料名	粉碎香辛料/(AOM/h)	蒸馏水溶部分			乙醇溶部分		
		α-维生素 E/(AOM/h)		混合物/(AOM/h)	α-维生素 E/(AOM/h)		混合物/(AOM/h)
		0mg	10mg		0mg	10mg	
空白	5.7	5.7	21.9	—	5.7	21.9	—
众香子	11.8	9.7	32.8	27.5	8.7	15.5	26.7
黑胡椒	7.7	5.8	28.9	16.8	6.4	24.7	18.6

续表

香辛料名	粉碎香辛料 /(AOM/h)	蒸馏水溶部分			乙醇溶部分		
		α-维生素 E /(AOM/h)		混合物 /(AOM/h)	α-维生素 E /(AOM/h)		混合物 /(AOM/h)
		0mg	10mg		0mg	10mg	
辣椒	8.0	6.8	31.7	56.5	7.0	21.8	50.1
丁香	19.6	13.9	33.4	53.6	18.9	27.5	52.8
生姜	14.7	6.7	30.8	37.9	11.7	24.7	14.6
肉豆蔻衣	24.0	6.3	27.1	34.9	21.7	34.6	96.9
肉豆蔻	21.7	6.1	27.3	15.7	18.5	21.7	35.2
迷迭香	67.0	8.2	29.7	46.7	58.5	58.1	41.9
鼠尾草	54.8	6.9	26.6	47.1	42.1	42.7	33.6
姜黄	16.8	7.0	27.7	17.1	12.4	24.5	19.2

注：AOM 值越大越好。

鱼油富含二十二碳六烯酸和二十碳五烯酸等 ω-3-烯多不饱和脂肪酸，有重要的生理作用，但多烯不饱和脂肪酸极易氧化，氧化了的鱼油不仅没有生理活性，而且对人体有害。吴克刚等以不同的大蒜提取物对鱼油进行抗氧性作用研究。提取物 A 是将大蒜煮沸和真空干燥后的萃取物；提取物 B 是大蒜在室温中捣碎后的萃取物；提取物 C 是大蒜室温捣碎蒸馏萃取物。鱼油的起点 POV 为 4.82meq/kg，在加入大蒜提取物的初期 POV 会下降，经过一段时间后才重新恢复到起点 POV，这一段时间称为 POV 低落期；POV 达到 11.8 meq/kg 所经历的天数为诱导期。实验结果见表 9-7，数据显示大蒜提取物均具有降低 POV 的作用，特别在低温时效果更显著，提取物 B 和提取物 C 降低 POV 的效果优于提取物 A；维生素 E 对鱼油无降低 POV 的作用。

表 9-7 大蒜提取物不同温度时对鱼油的抗氧化作用

大蒜提取物	温度 60℃		温度 25℃		温度 −10℃	
	POV 低落期/天	POV 诱导期/天	POV 低落期/天	POV 诱导期/天	POV 低落期/天	POV 诱导期/天
A	<1	6	2	27	15	86
B	1	10.5	7	54	45	160
C	1	9	7	50	47	165
空白	0	4	0	16	0	39
维生素 E	0	7.5		35		92

注：大蒜提取物和维生素 E 的加入比例均为 0.04%。

三、香辛料对肉类食品的抗氧性

肉类食品的抗氧性研究以保存期长的咸肉和灌注类食品为主，此中原因不难理解。Iriarte 以 POV 和脂肪酸酸价两项数据作评估标准，比较了若干香辛料在阻止咸肉脂肪氧化酸败的效果，并与常用的合成抗氧剂作比较。他的研究结果是迷迭香提取物（300mg/kg）的抗氧性比没食子酸丙酯、BHA 和它们两者的混合物更有效。在较高的保管温度（23～24℃）下，与合成抗氧剂比较，阻止氧化的效果更明显。

第二节　香辛料对自由基的消除

所谓自由基，是指游离存在的，带有不成对电子的分子、原子或离子，或极易自行分解出自由基的分子。

自由基的种类相当多，与食品和人体密切相关的含氧自由基主要包括以下5 种：

① 超氧自由基（SOD，*superoxide anion* ），是人体中最先产生也是最多的一种自由基，这种形态的自由基更会诱发其他种类的自由基。

② 过氧化氢（*hydrogen peroxide*），由超氧化物自由基代谢后产生，也有可能是由身体其他的吞噬细胞经氧化还原作用而产生，过氧化氢的活性比其他的自由基都低，但会通过细胞膜到达身体的各部位。

③ 羟基自由基（*hydroxyl radical*），是破坏力最强的自由基，其产生来源是过氧化氢的代谢以及各种辐射线的辐射所导致，羟基自由基会攻击细胞膜造成细胞的死亡，也会造成不饱和脂肪酸油脂的过氧化而变质。

④ 单线态氧（*singlet oxygen*），单线态氧的活性比氧气高，更容易破坏细胞。

⑤ 过氧化脂质（*hydroperxide ROOH*），是自由基破坏脂质后的产物，但此物质对细胞有毒性，同时它也可以作为细胞氧化后受伤害的指标。香辛料对自由基的消除及更进一步的基础研究见表 9-8～表 9-11。

表 9-8　香辛料对超氧自由基的消除（香辛料提取后浓缩至干的产品）

香辛料产品名	提取溶剂	浓度	效果说明
丁香花蕾提取物	30%酒精	5μg/mL	消除率:85%
葫芦巴子提取物	水	50μg/mL	消除率:16.0%
茴香提取物	酒精	12.5μg/mL	消除率:79%
生姜提取物	酒精	100μg/mL	消除率:33.9%
辣根根提取物	50%酒精	0.1mg/mL	消除率:17.5%

续表

香辛料产品名	提取溶剂	浓度	效果说明
留兰香提取物	甲醇		消除 EC_{50}:440μg/mL
欧芹提取物	水		1mg 相当于 12.6 单位的 SOD
啤酒花提取物	水		消除 EC_{50}:3.70μg/mL
桂皮提取物	50%酒精	50μg/mL	消除率:81.1%
大蒜瓣提取物	水	100μg/mL	消除率:24.5%
洋葱提取物	乙酸乙酯	100μg/mL	消除率:22.62%
脱脂芝麻子提取物	甲醇	50μg/mL	消除率:8.9%
白芷根提取物	70%酒精	1mg/mL	消除率:23.40%
草果精油		2.0mg/mL	优于同浓度的没食子酸丙酯
枸杞子提取物	50%酒精	20μg/mL	消除率:78.7%
灵香草提取物	水		消除 EC_{50}:0.065mg/mL
香茅草提取物	50%酒精	0.5%	消除率:88.3%
香蜂草精油		0.5mg/mL	消除率:23.9%
阴香叶提取物	甲醇	50μg/mL	消除率:52.8%
鱼腥草提取物	酒精		消除 EC_{50}:50μg/mL
紫苏叶提取物	50%酒精		消除 EC_{50}:0.152mg/mL

表 9-9　常见香辛料对羟基自由基的消除

香辛料产品名	提取溶剂	浓度	效果说明
甘牛至提取物	水	0.04%	消除率:53.58%
葫芦巴子提取物	水	50μg/mL	消除率:26.3%
啤酒花提取物	水		消除 EC_{50}:0.39mg/mL
洋葱提取物	乙酸乙酯	100μg/mL	消除率:15.32%
白芷根提取物	70%酒精	1mg/mL	消除率:69.35%
草果精油		0.1μg/mL	优于同等浓度的没食子酸丙酯
枸杞子提取物	50%酒精	1%	消除率:9.6%
黑种草子提取物	50%酒精	1mg/mL	消除率:96.6%
韭菜子提取物	80%甲醇	110μg/mL	消除率:41.0%
灵香草提取物	水		消除 EC_{50}:0.113mg/mL
香蜂草精油		0.5μg/mL	消除率:93.7%
紫苏叶提取物	50%酒精		消除 EC_{50}:0.130mg/mL

表 9-10　香辛料对 DPPH 自由基的消除

香辛料产品名	提取溶剂	浓度	效果说明
甘牛至精油		5mg/mL	消除率:90%

续表

香辛料产品名	提取溶剂	浓度	效果说明
甘牛至鲜叶提取物	水		每克鲜叶相当于 0.72μmol 的 Trolox
胡椒子提取物	95%酒精		消除 EC_{50}:0.33μg/mL
花椒提取物	沸水	10μg/mL	消除率:71.1%
茴香子提取物	水	12.5μg/mL	消除率:53.2%
生姜精油		1%	消除率:54.4%
姜黄精油		1%	消除率:61.6%
枯茗精油		100mg/mL	消除率:90%
小米椒提取物	酒精		消除 EC_{50}:0.56μg/mL
留兰香提取物	甲醇	16.7μg/mL	消除率:61.11%
罗勒精油		5mg/mL	消除率:90%
迷迭香精油		1%	消除率:63.4%
牛至精油		100mg/mL	消除率:90%
牛至鲜叶提取物	水		每克鲜叶相当于 0.65μmol 的 Trolox
啤酒花提取物	水		消除 EC_{50}:0.62mg/mL
肉豆蔻精油		25mg/mL	消除率:90%
莳萝油		4μg/mL	消除率:95.6%
鼠尾草鲜叶提取物	水		每克鲜叶相当于 13.28μmol 的 Trolox
大蒜瓣提取物	70%酒精	0.1%	消除率:92%
夏香薄荷提取物	80%甲醇		消除 EC_{50}:0.62mg/mL
小豆蔻子提取物	甲醇		消除 EC_{50}:681.5μg/mL
葛缕子精油		100mg/mL	消除率:90%
芫荽精油		100mg/mL	消除率:90%
月桂树叶精油		5mg/mL	消除率:90%
众香子精油		5mg/mL	消除率:90%
阿魏提取物	甲醇		消除 EC_{50}:380mg/mL
草果精油			消除 EC_{50}:5.12mg/mL
春黄菊提取物	酒精		消除 EC_{50}:2.6mg/mL
川芎精油		40μg/mL	消除率:95%
独活提取物	酒精	500μg/mL	消除率:43.99%
甘草提取物	甲醇		每克生药相当于 5.459μmol 的 Trolox
枸杞子提取物	70%酒精	100μg/mL	消除率:92.38%
海索草提取物	甲醇		消除 EC_{50}:0.82mg/mL
黑种草精油			消除 EC_{50}:515μg/mL±20.1μg/mL
良姜提取物	水		每克干药相当于 7.868μmol 的 Trolox

续表

香辛料产品名	提取溶剂	浓度	效果说明
灵香草提取物	水		消除 EC_{50}:2.72mg/mL
欧当归提取物	水		每克新鲜草药相当于 $1.54\mu g/mL\pm0.35\mu mol$ 的 Trolox
山奈提取物	甲醇	$500\mu g/mL$	抑制率:87.17%±0.42%
土荆介精油			消除 EC_{50}:6.9mg/mL
香荚兰提取物	酒精	200×10^{-6}	消除率:43%
香茅草精油		1%	消除率:59.9%
香桃木叶提取物	甲醇		消除 EC_{50}:9.54$\mu g/mL$
依兰精油		1.0mg/mL	消除率:63.8%
五味子精油			比同浓度的维生素 E 略好
鱼腥草提取物	80%甲醇		每克干生药相当于 $3.593\mu mol$ 的 Trolox
芸香提取物	水		每克干叶相当于 $83.9\mu mol$ 的 Trolox
紫苏叶提取物	50%酒精		消除 EC_{50}:0.032mg/mL

表 9-11　香辛料对脂质过氧化的抑制

香辛料产品名	提取溶剂	浓度	效果说明
茴香子提取物	水	20mg/mL	抑制率:99.1%
留兰香提取物	50%酒精	1%	抑制率:37%
冬香薄荷提取物	丁醇	5mg/mL	抑制率:89.21%
海索草提取物	甲醇	0.1%	抑制:>90%
韭菜子提取物	80%甲醇	$110\mu g/mL$	抑制率:23.9%
香荚兰提取物	酒精	200×10^{-6}	抑制率:26%
香桃木叶提取物	甲醇		每克提取物相当于 0.39g α-生育酚
香蜂草精油		2.0mg/mL	消除率:25.7%

第三节　香辛料中的抗氧成分

上两节说的是香辛料的抗氧活性，随着许多香辛料中有效化学成分的分离和鉴定，它们各自的抗氧性成为研究的重点。鉴于迷迭香的强抗氧性，对迷迭香中抗氧成分的分离较为彻底。最早是 Brieskorn 从迷迭香中分离出鼠尾草酚并鉴定其有抗氧性后，Nakatani 等又发现了 5 种抗氧活性更强的物质，它们全都是含酚的双萜类化合物，分别为迷迭香酚（Rosmanol）、异迷迭香酚（Isorosmanol）、表迷迭香酚（Epirosmanol）、迷迭香二酚（Rosmaridiphenol）和迷迭香醌（Rosmariquinone），它们的结构见图 9-2。

鼠尾草酚在许多香辛料中都存在，其抗氧活性比合成的 BHA 和 BHT 高出 4 倍多，表迷迭香酚、异迷迭香酚和迷迭香酚的抗氧性相似，见图 9-3。

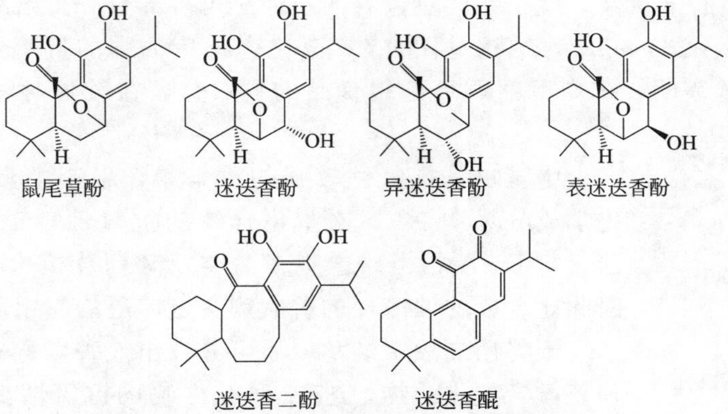

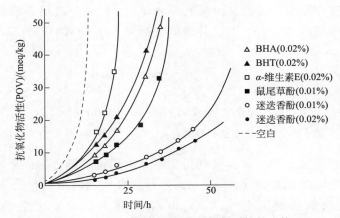

图 9-2　迷迭香中有效抗氧成分的结构

图 9-3　迷迭香酚和鼠尾草酚抗氧活性的比较

　　迷迭香二酚和迷迭香醌是迷迭香中最新发现的物质，它们的抗氧活性比BHT 低，但比 BHA 高，见表 9-12。

表 9-12　迷迭香中新发现的两个成分的抗氧性

加入物 （0.02%）	猪油的过氧化值（60℃）			
	7 日	14 日	21 日	28 日
迷迭香二酚	1.57	2.30	3.10	4.09
迷迭香醌	3.28	3.81	4.52	5.10
BHT	1.26	1.86	2.71	3.37
BHA	2.72	6.54	12.10	17.01
空白	4.70	10.08	29.93	119.67

　　肉豆蔻和肉豆蔻衣都有很好的抗氧性，虽然两者的化学成分基本相同，但在延缓猪油氧化方面肉豆蔻衣比肉豆蔻更有效。肉豆蔻衣的石油醚可溶部分和不溶

部分都有较强的抗氧性，现在在肉豆蔻衣的石油醚可溶部分分离出晶体物质苯肉豆蔻酮（*Myristphenone*），结构见图 9-4。该化合物猪油中的抗氧性是 BHA 的 2～4 倍，实验表明，苯肉豆蔻酮可延缓食品的自氧化，在较长时间内保持原有风味。

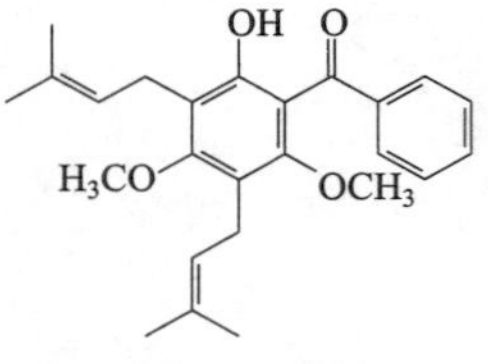

牛至也是抗氧性较强的香辛料，牛至中具抗氧活性的化学成分见图 9-5。这些化合物的抗氧性都比维生素 E 强烈，与 BHA 相当。这些多酚类及其糖苷衍生物可溶于水，因此比合成的油溶性的抗氧剂有更广泛的应用面。

图 9-4　苯肉豆蔻酮
的结构

干姜用二氯甲烷萃取后可分离出 5 种姜醇类化合物和 7 种姜黄素类化合物，这 12 化合物的抗氧性都优于维生素 E。这些成分抗氧活性的高低与其苯环上侧链的结构和取代的形式有关。姜中抗氧的主要成分结构见图 9-6。生姜中的抗氧成分在受热情况下仍有很好的抗氧能力，并且与抗坏血酸和维生素 E 等有协同效应。

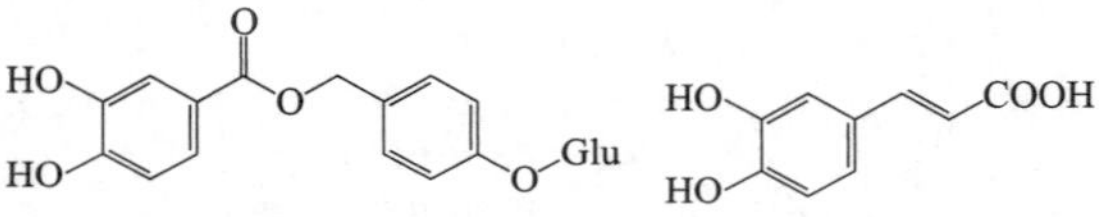

图 9-5　牛至中抗氧活性化学成分的结构　　　图 9-6　生姜中的一抗氧成分的结构

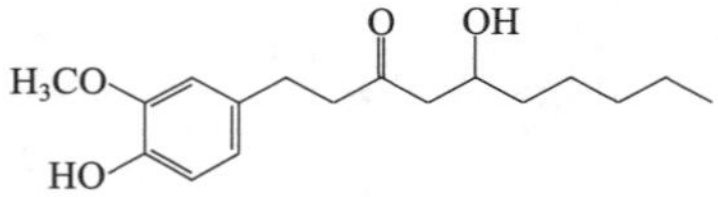

姜黄中的抗氧成分为姜黄素及其衍生物，它们是姜黄色的色素，结构可见香辛料的着色功能一章的姜黄条。表 9-13 为姜黄素及其两个衍生物在亚油酸体系中抑制 50％时抗氧剂的浓度（即 IC$_{50}$ 值），并将它们与 α-维生素 E、BHA 和 BHT 比较。由表可知，这些化合物的 IC$_{50}$ 值都比 α-维生素 E 小，也就是说它们是比 α-维生素 E 更强烈的抗氧剂；虽然没有 BHA 和 BHT 好，但也与原儿茶酸相近。原儿茶酸是牛至中发现的高活性抗氧剂。

表 9-13　姜黄中抗氧成分在亚油酸体系中的 IC$_{50}$ 值

测定项目 抗氧成分	抑制率 50％时的浓度（IC$_{50}$）	
	TBAV/％	POV/％
姜黄甲醇提取物	0.0122	0.0121
姜黄素	0.0183	0.0115
脱甲氧基姜黄素	0.0188	0.0279
脱二甲氧基姜黄素	0.0280	0.0317
咖啡酸	0.00563	0.00530
阿魏酸	0.00895	0.00541
原儿茶酸	0.0185	0.0154

续表

抗氧成分 ＼ 测定项目	抑制率50％时的浓度（IC$_{50}$）	
	TBAV/%	POV/%
香豆酸	0.0201	0.0183
BHA	0.00337	0.00375
BHT	0.00192	0.00224
dl-α-维生素 E	0.195	0.248

注：TBAV 指硫代巴比妥酸试剂法测定。

辣椒也有抗氧性。有研究认为辣椒素和二氢辣椒素是辣椒中主要的抗氧成分；但也有人认为辣椒中的抗氧成分是黄酮类化合物。Lee 等报道了 12 种新鲜辣椒果皮中类黄酮化合物对亚油酸氧化的抑制率，见表 9-14。辣椒中平均含黄酮类化合物 249.7mg/kg，可溶性酚 290.8mg/kg，对亚油酸氧化的抑制率范围为50.1％～81.5％，显示其有很强的抗氧活性。

表 9-14　新鲜辣椒果皮中类黄酮和酚类物质的含量及抗氧性

辣椒品种	槲皮素/(mg/kg)	毛地黄黄酮/(mg/kg)	总类黄酮/(mg/kg)	总酚/(mg/kg)	抗氧化性/%
1	—	—	—	178.2	50.1
2	39.57	13.67	53.24	179.1	59.0
3	17.6	9.77	27.37	234.7	51.5
4	151.20	37.50	188.70	348.7	62.7
5	45.33	6.07	51.40	244.3	67.0
6	783.83	67.70	851.53	384.9	79.5
7	446.67	103.50	550.17	354.3	81.1
8	288.33	26.83	325.16	381.2	70.0
9	125.67	50.57	176.24	253.9	71.6
10	210.23	51.53	261.76	320.3	76.6
11	276.60	33.63	309.63	305.1	81.5
12	159.80	41.40	201.20	295.5	71.5

芝麻油有较强的抗氧性，是植物油中最稳定的抗氧剂。芝麻油中已知的抗氧成分是 γ-维生素 E，但现在发现芝麻油中存在许多比维生素 E 抗氧性更强的成分，它们是芝麻酚、芝麻酚的二聚物、丁香酸、阿魏酸以及木质素类化合物如芝麻酚林（sesamolin）和芝麻素（sesamolinol）等成分，这些化合物的结构见图9-7。据分析，芝麻酚林的抗氧性比 γ-维生素 E 更强，它在芝麻中的含量是维生

素 E 的 4 倍。一般的共识是芝麻油有较强抗氧性是由于这些木质素类化合物与 γ-维生素 E 相互协同的结果。但 Fukada 等认为芝麻酚林这一活性物质是在分离和纯化过程中由芝麻酚林的葡萄糖苷（APG）异构而来，芝麻酚林的葡萄糖苷却是没有抗氧活性的化合物。

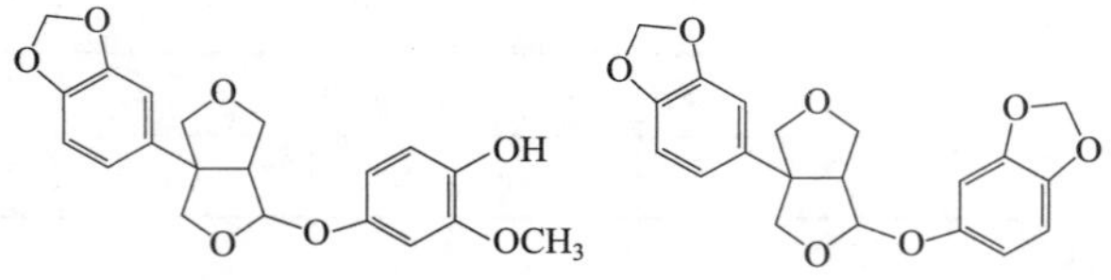

芝麻酚林   芝麻素

图 9-7 芝麻中有效抗氧成分的化学结构

综上而知，香辛料中抗氧成分大多是酚类化合物，正是由于它们的存在，使香辛料显示出优越的抗氧性能。

在本章的开始部分已经提到，常见的且与人类活动有关的自由基可分为氧自由基、碳自由基和羟基自由基等多种。我们也已发觉以上进行的研究似乎仅局限于动物油、植物油类食品，对这些产品进行抗氧研究的理由主要是延长保质期，如此众多的文献既说明此问题的重要性，也可反映此类研究分析方法较为简单。那么在人体中的自由基如何排除？同样，上述研究也没有解释为什么维生素 E 在许多油品中的抗氧性都不好的问题，而维生素 E 是目前大家公认的最好的抗氧剂。如与 BHA、BHT 和没食子酸丙酯等规模生产的抗氧剂比较的话，香辛料仅仅作为抗氧是没有经济效益优势的，但它们的抗氧作用和捕获自由基的能力无可取代，因此有必要将香辛料的抗氧作用进行更深层的理解和研究。

人体中主要存在的自由基是羟基自由基，它可溶于水，对人体的危害也最大。BHA、BHT 和没食子酸丙酯等油溶性的抗氧剂对它无捕获作用，有效果的是茶多酚、维生素 E 和香辛料中的酚类和黄酮类化合物。因为它们可供氢给自由基，而自身形成的自由基由于有多个共振结构十分稳定，见图 9-8。

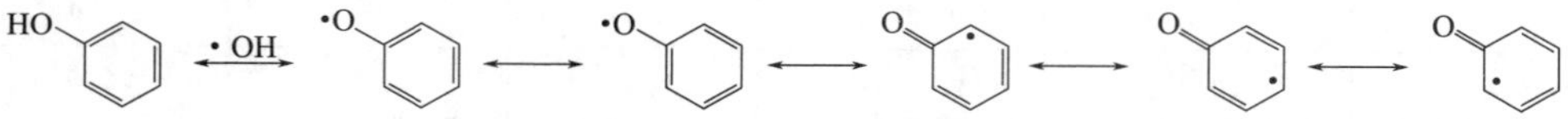

图 9-8 维生素 E 与自由基作用的共振结构

相对于维生素 E 等抗氧剂而言，香辛料中的成分与羟基自由基作用后自身形成的共振结构更稳定，也容易被人体中的酶还原。

第四节 香辛料的光防护

研究表明，单一的光线由于其能量低，一般不会引起食物基本成分的变化，不易使食品变质。但当光线和氧气同时存在时，极易引起光氧化反应，破坏食品的安全，导致食品变质。

光氧化破坏食品的机理主要是强光产生的过量光能能够激发一些物质（特别是光敏物质如叶绿素、核黄素等）到高能状态。高能状态的光敏物质活性很强，易与基态氧 $^3O_2$ 生成单线态氧 $^1O_2$，单线态氧比一般自由基厉害，是超强的自由基。

单线态氧对食品的营养物质、蛋白质、脂肪酸的不饱和键、维生素以及色香味等都有影响。

食品在加工或存储过程中有许多环节要有光照，更有超市中的食品在紫外光下的消毒。但有些香辛料可以用作光氧化抑制剂。

香辛料枸杞子的提取物对单线态氧有消除作用，枸杞子 50％酒精的提取物，其浓度在 1％时，对单线态氧的消除率为 76.4％。

椒样薄荷的 50％乙醇提取物，可抑制柠檬汁在光照下柠檬醛的损失降低，并保持风味。试验表明，加入 $3 \times 10^{-6} \sim 0.1$％的上述提取物，在紫外照射下测定，与空白相比，柠檬醛含量是空白试验的 1 倍以上。

加入香辛料可减少光照下食物中类胡萝卜素的损失。在番茄酱中加入 0.2％的新鲜或干燥的甘牛至或迷迭香，可使总胡萝卜素的含量减少损失 20％～28％，茴香油也有类似的作用。

参考文献

[1] KV Peter. Handbook of Herbs and Spices. UK：Woodhead Publishing，2004.
[2] ME Embuscado. Spices and herbs：Natural sources of antioxidants——a mini review. Journal of Functional Foods，2015，18：811-819.
[3] U Gawlik-Dziki. Modification of enzymatic and non-enzymatic invitro oxidative defence system by bioaccessible phytonutrients of selected spices. LWT-Food Science and Technology，2014，57（1）：434-441.

第十章

香辛料与保健食品

香辛料的摄入对人体有明显的生理影响，这些生理影响包括它们的药理作用、对人体的营养生化效果等方面。本章主要介绍香辛料与保健膳食相关的药理研究情况。

第一节　香辛料的医疗保健作用

中国是最早记录和使用香辛料来治病保健的国家之一，《神农百草》中已对桂皮、生姜等香辛料的药用价值作了介绍；在《本草纲目》中，列入了所有的香辛料，许多香辛料被李时珍评为"可蔬、可和、可果、可药"，"和"是调和香辛料之意。香辛料传统的药用价值见表 10-1 和表 10-2。

表 10-1　主要香辛料的主要药用价值

香辛料名	药用价值
八角	抗菌、散寒、理气
百里香	抗菌、驱虫、祛痰
薄荷	疏风、散热、辟秽、解毒、治局部头痛
藏红花	活血化瘀
丁香	抗菌、驱虫、健胃、止痛、降压
甘牛至	抗风湿、抗痉挛、抗菌开胃、消毒通经
胡椒	治疗腹泻、肾炎、慢性气管炎、气喘、神经衰弱、失眠、头痛和多种皮肤病（神经性皮炎、湿疹、牛皮癣、过敏性皮炎）
葫芦巴	补肾阳、祛寒湿、治腹胀
花椒	芳香健胃、温中散寒、除湿止痛、杀虫解毒、止痒解腥
茴香	健胃、整肠、驱风、祛痰
姜	发散风寒、化痰止咳、温中止呕、解毒
姜黄	利胆、抗菌、降血压

续表

香辛料名	药用价值
芥菜子	利气化痰、抗菌止痛
枯茗	醒脑通脉、降火平肝
辣根	利尿、兴奋神经
辣椒	健胃、抗菌、杀虫、散寒
留兰香	疏风、理气、止痛、治感冒咳嗽、治头痛、治腹胀、治痛经
龙蒿	治胸腹胀满、消化不良
罗勒	疏风行气、化湿消食、活血解毒、治外感头痛
迷迭香	治月经失调、治胆囊炎、抗惊厥、催眠、抗菌、降压
牛至	利尿、发汗、治感冒、促消化
欧芹	安定情绪、降血压
啤酒花	健胃、治消化不良、镇静、抗结核、治失眠
芹菜	清热、利水、治暴热烦渴、治黄疸、治水肿、治淋病、治带下
芹菜子	温中散寒、利气通痰、通经络、消肿毒、治胃寒吐食、治心腹疼痛、治肺寒咳嗽
肉豆蔻	温中、下气、消食、固肠、治心腹冷痛、治寒泻冷痢
肉豆蔻衣	健胃、祛风
莳萝	温脾胃、开胃散寒、行气、解鱼蟹毒
鼠尾草	在改善大脑和肌肉方面有显著的效果
斯里兰卡肉桂	温中健胃、治消化不良、泄泻腹痛
蒜	抗菌、抗原虫、治疟疾、治感冒
细香葱	通气、除寒、解表
细叶芹	刺激循环、缓解关节疼痛
夏香薄荷	抗菌、舒缓消化不良
小豆蔻	行气、暖胃、消食、治气滞、治疟疾
小茴香	驱风、抗菌
洋葱	降胆固醇、血管软化、提高胃肠功能、杀菌
葛缕子	平喘、健胃、驱风、抗菌
芫荽子	健胃、抗真菌、促进胆汁分泌
月桂叶	健脑、和胃、润肠、发汗解表、消炎止痛
芝麻	补肝肾、润五脏
中国肉桂皮	抗菌、抗病毒、利尿
众香子	治气胀、消化不良、腹泻

表 10-2 区域用香辛料的药用价值

香辛料名	药用价值
阿魏	消积、气喘、健胃、杀虫

续表

香辛料名	药用价值
凹唇姜	治感染、风湿、祛咳和肌肉痛
巴西胡椒	抗流感、解痉、止痛、抑郁
菝葜	利尿、解毒
白豆蔻	化湿、行气、温中、止呕
白芷	祛风、治燥湿、消肿、止痛
荜拔	抗菌、散寒
荜澄茄	温暖脾肾、健胃消食
波耳多	消食、抗炎、利尿
草豆蔻	治心腹冷痛、寒湿吐泻
草果	燥湿除寒、祛痰截疟、消食化积
陈皮	理气健脾、燥湿化痰
川芎	活血祛瘀、祛风止痛、治头风头痛、风湿痹痛
大风	治胃部不适、心脏疾患
冬青	治疗蜂窝织炎
独活	治风寒湿痹、腰膝酸痛、手脚挛痛、慢性气管炎、头痛、齿痛
杜松	抗胃肠胀气、利尿、抗风湿
番石榴	健脾消积、涩肠止泻
甘草	促肾上腺皮质激素、抗炎、治脾胃虚弱、镇咳、镇痛、解毒、抗肿瘤
甘菊	镇静、抗惊厥、驱风、止痛、抗炎
甘松	理气止痛、开郁醒脾
枸杞子	滋阴补血、补肾、降胆固醇、软化血管、降低血糖、保护肝脏
广木香	驱肠虫、治糖尿病、抗肿瘤、护肝
海索草	镇咳护肺、驱风止痛
黑种草	治心悸、失眠、体虚、风寒感冒、咳嗽
藿香	芳香化湿、和胃止呕、祛暑解表
九里香	治糖尿病、抗氧、抗肿瘤、妇科调理
韭菜子	补益肝肾、壮阳固精
良姜	抗菌、散寒、温胃、治食滞
蓼	行气化湿、散瘀止血、祛风止痒
灵香草	散风寒、辟秽邪、治感冒头痛、胸闷腹胀等
芒果姜	祛风湿、生肌愈伤、护肝、降血脂
欧当归	治经闭、痛经、头晕、头痛、肢麻、水肿
砂仁	和胃消食、治寒泻冷痢、提神

续表

香辛料名	药用价值
山柰	温中、消食、止痛、治心腹冷痛、治牙痛、治跌打损伤
甜没药	消食、解毒
土荆芥	止痛解热、治肠胃疾患
香豆蔻	健胃、止吐、护肝、壮心、利胆
香蜂草	抗抑郁、解痉、抗病毒、抗组胺
香旱芹	抗菌、驱虫
香茅草	止痛、抗抑郁、解热、抗炎
香桃木	护肝、驱风、抗肿瘤、抗病毒
辛夷	散风寒、通鼻窍
续随子	驱风、抗痉挛、利尿、驱肠虫
胭脂树	收敛、治胆病、止吐、血液净化
印蒿	降血糖、驱肠虫
罂粟子	消食、通便、治腹泻、止痛
鱼腥草	抗菌、利尿、增强免疫系统
芸香	清热解毒,凉血散瘀
紫苏	解热、抗菌、解鱼蟹毒、治伤风感冒

上述是针对香辛料的一些传统疗法,世界各国对本地产香辛料的使用还有许多类似的经验,在此不一一细述。

第二节　香辛料中的药用成分

众所周知,香辛料之所以有药效,是由于含有某些特种药效成分。这些药效成分的多寡和种类与香辛料的产地、品种和加工方法有很大关系。香辛料中药用成分的发现、分析、鉴别和药理研究是食疗保健的一个长期课题,与此有关的书籍和专论很多。一些香辛料主要药效成分及药理见表 10-3。

表 10-3　香辛料中药效成分及药理

药效成分名	香辛料来源	药理作用
蒜素(Allicin)	大蒜	抗阿米巴剂($30\mu g/mL$)、抗生素、抗攻击素、抗肿瘤、杀菌($500\mu g/mL$)、抑白色念珠菌、杀真菌、治胆固醇过少、治低血糖、治血脂肪过少症、杀虫、治胰岛素缺乏症、杀螨虫、脂氧合酶抑制剂(IC_{50}:$25\mu g/mL$)杀毛滴虫
蒜碱(Alliin)	大蒜	抗攻击素、抗生素、治肝毒性、抗氧、杀菌
烯丙硫基二烯丙基二硫醚(Ajoene)	洋葱	抗攻击素、防血栓、杀真菌(IC_{100}:$100\mu g/mL$)

续表

药效成分名	香辛料来源	药理作用
蒜制菌剂(Allistatin)	大蒜	杀菌、杀真菌
异硫氰酸烯丙酯(Allyl isothiocyanate)	芥菜	治气喘、防腐、防癌、抗刺激剂
茴香脑(Anethole)	茴香、小茴香、八角	杀菌、防癌、驱风、祛痰、杀真菌、胃兴奋剂、杀虫、催乳
大茴香醛(Anisaldehyde)	茴香、小茴香	杀虫
芹黄素(Apigenin)	芹菜	抗攻击素、抗过敏、治心律不齐、抗组胺、抗炎、抗氧、解痉(EC_{50}:1~5μg/mL)、杀菌、防癌、促胆汁分泌、镇静剂
芹菜脑(Apiole)	欧芹	解热、利尿、通经、杀虫、增效剂
抗坏血酸(Ascorbic acid)	辣椒	治水肿、抗氧(100mg/mL)、抗败血症、防腐、防癌、解毒、利尿
苯甲醛(Benzaldehyde)	玉桂、肉桂	麻醉、抗胃蛋白酶剂、解痉、抗肿瘤、杀虫(50mg/kg)
小檗碱(Berberine)	肉豆蔻	抗阿米巴剂、止痛、治霍乱、抗惊厥、止泻、治贾第虫病、治利什曼病、抗疟、抗结核病、抗肿瘤、治溃疡、收敛剂、杀菌、抑白色念珠菌、心脏抑制药、驱肠风药、促胆汁分泌、洗眼剂、退热、杀真菌、止血、治低血压、免疫促进剂、杀原生生物剂、RNA抑制剂、镇静剂、促胃、杀锥虫、子宫强壮剂、血管收缩剂、杀病毒(MLD=24.3)
香柠檬烯(Bergapten)	白芷	抑制食欲、抗惊厥、抗组胺、抗炎、治牛皮癣、抗肿瘤、治低血压、杀虫、种软疣、解痉
冰片(Borneol)	小豆蔻、芫荽、生姜、肉豆蔻、迷迭香、鼠尾草、百里香	止痛、抗炎、退热、肝保护剂、杀虫、解痉
乙酸龙脑酯(Bornyl acetate)	芫荽、百里香	对离体蛙有强心作用、杀虫
杜松烯(Cadinene)	薄荷	对离体蛙有强心作用
咖啡酸(Caffeic acid)	百里香、陈皮	抗肝毒性、抗氧、解痉、抗肿瘤、杀菌、防癌、促胆汁分泌、护肝利肝、抑组胺、白细胞三烯抑制剂、脂肪氧合酶抑制剂
莰烯(Camphene)	迷迭香	杀虫
樟脑(Camphor)	迷迭香	异株克生性、麻醉、对离体蛙有强心作用(IC_{50}=5000mg/kg,喂食)、止痒、防腐、防癌、驱风、催吐、中枢神经系统兴奋剂、引搐剂、治谵妄药、催产、杀虫、引赤药
辣椒素(Capsaicin)	辣椒	止痛、抗炎、治神经病、降低痛感刺激、抗氧、抑溃疡、防癌、强心、发汗、降温、刺激性剂、治神经毒性、消肿、防呼吸道过敏、催涎
蒈烯(δ-3-Carene)	山奈	抗炎、杀菌、杀虫
胡萝卜素(β-Carotene)	辣椒	治粉刺、抗老化、抗孕马血清激素、抗肿瘤、防止鼻臭病、治畏光症、抑溃疡、防癌、免疫功能促进剂

续表

药效成分名	香辛料来源	药理作用
香芹酚(Carvacrol)	甘牛至、香薄荷、百里香	麻醉、抗炎($IC_{50}=4\mu mol/L$)、抗鼠疫、防腐、杀菌($MIC=39\sim625\mu g/mL$)、杀真菌、杀线虫、前列腺抑制剂、解痉、气管弛缓剂、驱肠虫药
香芹醇(Carveol)	葛缕子	中枢神经系统兴奋剂
香芹酮(Carvone)	莳萝	防癌、驱风、中枢神经系统兴奋剂、杀虫、驱虫、杀肠虫
石竹烯(Caryophyllene)	众香子、肉桂、丁香、百里香	杀虫、解痉
佳味酚(Chavicol)	胡椒	杀真菌、杀线虫
氯原酸	龙蒿	抗过敏原、对离体蛙有强心作用、抗肝毒性、抗氧、防腐、防癌、促胆汁分泌、抑组胺、保幼生物素、白细胞三烯抑制剂
胆碱(Choline)	葫芦巴	治肝硬化、抗胱氨酸尿症、抗糖尿、护肝、治低血糖、抗脂肪肝
桉叶素(1,8-Cineole)	众香子、小豆蔻、丁香、月桂叶、迷迭香	强壮肝剂、麻醉、治支气管炎、治喉炎、治咽炎、治鼻炎、镇静、镇咳、杀菌、促胆汁分泌、中枢神经系统兴奋剂、祛痰、杀虫、镇静、解痉
肉桂醛(Cinnamaldehyde)	玉桂、肉桂	抑交互化学反应、抗攻击素、治溃疡、防癌、促胆汁分泌、促循环剂、退热、杀真菌、治低血糖、治低血压、杀虫、镇静、解痉
肉桂酸(Cinnamic acid)	玉桂	麻醉、防癌、促胆汁分泌、杀真菌、轻泻剂、驱肠虫
柠檬醛(Citral)	生姜	抗组胺、杀菌、防癌、抑畸变
柠檬酸(Citric acid)	陈皮	抗凝血、协同抗氧
香茅醛(Citronellal)	花椒	抑胎毒、驱虫、抑毒
香茅醇(Citronellol)	在大多数香辛料中存在	治白色念珠菌疹、杀真菌剂
黄连碱(Coptisine)	茴香	抗炎、抗肿瘤
紫堇块茎碱(Corytuberine)	当归	强壮药、抗癌、中枢神经系统抑制剂
广木香内酯(Costulonide)	月桂叶	抗诱变剂、抗肿瘤、防癌、抗胞毒性、杀虫、杀原生生物剂、杀血吸虫
香豆酸(p-Coumaric acid)	香荚兰豆	抗肿瘤、杀菌、防癌、促胆汁分泌、前列腺合成抑制剂
4-甲基愈疮木酚(Creosol)	罗勒	祛痰
对甲酚(Cresol)	八角、龙蒿	防腐、杀寄生虫
藏花酸(Crocetin)	番红花	促胆汁分泌(100mg/kg)、治胆甾醇血减少症
藏花素(Crocin)	番红花	促胆汁分泌(100mg/kg)
姜黄素(Cureumin)	姜黄	抗攻击素、治胆囊炎、治水肿、抗炎、治淋巴组织瘤、抗诱变、治前列腺症($8.8\mu mol/L$)、抗肿瘤、杀菌、防癌、心脏抑制药、利胆、促胆汁分泌、环氧合酶抑制剂、抗胞毒、杀真菌、护肝、治低血压、解痉
对伞花烃(p-Cymene)	肉桂、枯茗、香薄荷等	治流行感冒、杀真菌、杀虫、抗病毒

续表

药效成分名	香辛料来源	药理作用
二烯丙基二硫醚（Diallyl disulfide）	大蒜	杀菌、防癌、治胆固醇血减少症、治低血糖、杀虫
二烯丙基硫醚（Diallyl sulfide）	大蒜	防癌
二烯丙基三硫醚（Diallyl trisulfide）	大蒜	防腐、治胆固醇血减少症、治低血糖、杀虫、杀螨虫
榄香素（Elemicin）	细辛、紫苏、胡椒	对离体蛙有强心作用、抗组胺、杀虫、杀真菌
鞣花酸（Ellagic acid）	在多种香辛料中存在	抗诱变、抗肿瘤、防癌、止血、保幼生物素
芥酸（Erucic acid）	芥菜	抗肿瘤
蒿脑（Estragole）	龙蒿、八角、茴香、罗勒	抗攻击素（IC_{50}：$320\mu mol/L$）、防癌、防肝癌、杀虫、杀真菌
丁香酚（Eugenol）	众香子、丁香、肉桂、月光叶、罗勒	止痛、麻醉（$200\sim400mg/kg$）、抗攻击素（IC_{50}：$0.3\mu mol/L$）、治水肿、对离体蛙有强心作用、抗炎（$11\mu mol/L$）、抗氧、前列腺抑制剂（$11\mu mol/L$）、防腐、治溃疡、防癌、治白色念珠菌疹、抑促胆汁分泌、抑胞毒、退热、杀真菌、驱虫、保幼生物素、杀螨虫、抑溃疡原
阿魏酸（Ferulic acid）	洋葱、川芎、阿魏	止痛、解痉、抗肿瘤、杀菌、防癌、抑促胆汁分泌、利肝、防腐
糠醛（Furfural）	葛缕子、肉桂	防腐、杀真菌、杀虫
没食子酸（Gallic acid）	在多种香辛料中存在	抗癌（ED_{50}：$3\mu mol/L$）、抗氧、防腐、收敛剂、杀菌、止血
芫花素（Genkwanin）	甘草	止血、止泻
香叶醇（Geraniol）	芫荽、月桂叶、肉豆蔻等	防癌、治白色念珠菌疹、抑胞毒、杀真菌、防腐
6-姜二酮（6-Gingerdione）	生姜	前列腺抑制剂
10-姜二酮（10-Gingerdione）	生姜	前列腺抑制剂
姜醇（Gingerol）	生姜	止痛、解热、镇咳、利胆、抑压、护肝、治低血糖、前列腺抑制剂、镇静
甘草亭酸（Glycyrrhetic acid）	甘草	抗变应性、抑气喘、治肝硬变、抗雌激素、治疱疹、抗炎、抗氧、抗风湿、镇咳、抑溃疡、抗病毒、杀菌、防癌、护肝、治高血压、免疫功能激发剂、抑制干扰素生成、杀病毒
甘草甜（Glycyrrhizin）	甘草	抗变应性、抑气喘、护齿、治肝硬变、抗雌激素、治疱疹、抗炎、抗氧、抗风湿、镇咳、抑溃疡、抗病毒、杀菌、防癌、解毒、祛痰、护肝、治高血压、免疫功能激发剂
愈疮木酚（Guaiacol）	芹菜	抗结核菌、杀菌、祛痰、杀虫

续表

药效成分名	香辛料来源	药理作用
7-甲氧基香豆素（Herniarin）	陈皮	利胆
橙皮苷（Hesperidin）	陈皮	脱氧核糖核酸抑制剂、抗氧、核糖核酸抑制剂、治口炎、抗病毒、抗毛细管炎、促胆汁分泌、血管加压剂
六氢姜黄素（Hexahydrocurcum）	姜黄	促胆汁分泌、利胆
前胡素（Imperatorin）	当归、白芷	抑惊厥剂、抗炎、治白斑病、抗诱变、抑肝毒性、软体动物杀灭剂
肌醇（Inositol）	在多种香辛料中存在	治脱发、抗肝硬变、抗胆固醇沉着症、抗脂肪肝
异甘草根亭（Isoliquiritin）	甘草	抗炎、杀真菌剂、MAO-抑制剂
异茴芹灵（Isopimpinellin）	茴芹	对离体蛙有强心作用、抗炎、利尿、杀虫、软体动物杀灭剂、抗诱变
山奈酚（Kaempferol）	山奈	抑制生育力、抗组胺、抗炎、抗氧、解痉、抑溃疡、防癌、促胆汁分泌、利尿、抗诱变、促尿钠排泄、镇静、抑畸变
卵磷酯（Lecithin）	芝麻	抑肝硬变、治湿症、抗吗啡瘾、治牛皮癣、治硬皮症、抑制皮脂溢出、治口炎性腹泻、护肝、治血胆甾醇减少症、抑脂肪肝
藁木内酯（Ligustilide）	芹菜	抑气喘、解痉
柠檬烯（Limonene）	小豆蔻、葛缕子、芹菜等	可溶性乙酰胆碱酶抑制剂、抗癌、防癌、杀虫、驱虫、刺激兴奋剂
芳樟醇（Linalool）	芫荽、生姜、肉豆蔻等	防癌、驱虫、解痉
甲基胡椒酚（Methyl chavicol）	八角、茴香、罗勒	杀虫
甲基丁香酚（Methyl eugenol）	月桂叶	麻醉、引擤剂、对离体蛙有强心作用、防腐、杀菌、防癌、杀真菌、抑真菌、杀虫、肌肉松弛剂、镇静
水杨酸甲酯（Methyl salicylate）	龙蒿	止痛、抗炎、解热、抗风湿性、防癌、抑刺激
月桂烯（Myrcene）	龙蒿	杀菌、驱虫、解痉
肉豆蔻醚（Myristicin）	肉豆蔻、欧芹	中枢神经系统兴奋剂、麻醉、防癌、利尿、致幻觉剂、杀虫、使心跳加快
烟酸（Niacin）	在多种香辛料中存在	抑肢端痛、治弱视、抗咽峡炎、治难咽症、治神经痛、治糙皮症、治盲点症、抗眩晕症、防癌、护肝、治血糖减少、血管扩张剂
异硫氰酸苯乙酯（Phenethyl isothiocyanate）	芥菜籽	抗肿瘤、防癌
α-蒎烯（α-Pinene）	月桂叶、欧芹、薄荷	抑交互化学反应、抗炎、防癌、驱虫
呱啶（Piperidine）	胡椒	CNS-抑制剂、驱虫、脊髓引擤剂

续表

药效成分名	香辛料来源	药理作用
胡椒碱(Piperine)	胡椒	复原药、抑制麻醉、退热、防腐、杀菌、防癌、强心、驱风、CNS-抑制剂、肝再生剂、增血压剂、治低血压、杀虫、驱虫、抑畸变、肌肉收缩剂、肌肉松弛剂、解痉、增生精子、刺激剂
薄荷酮(Piperitone)	薄荷	止喘、杀菌
槲皮素(Quercetin)	洋葱等	抑交互化学反应、抗攻击素、抗过敏、抗过敏素、治皮肤炎、对离体蛙有强心作用、抑胃炎、抑肝毒性、治疱疹、抗组胺、抗炎、白细胞三烯抑制剂、抑脂肪过氧化、抗氧、抑渗透剂、治神经根炎、解痉、抗肿瘤、抗病毒、杀菌、防癌、作毛细血管保护剂、抗胞毒性、人类免疫缺陷病毒-抵抗力转移抑制剂(HIV-RT)、保幼生物素、杀螨虫、脂氧合酶抑制剂、肥胖细胞稳定剂、抑诱变、抑畸变、血管扩张剂
槲皮苷	洋葱	醛糖还原酶抑制剂、抗心率失常、治白内障、对离体蛙有强心作用、止血、抗炎、解痉、防癌、强心、CNS-抑制剂、利尿、治低血压、麻醉、提升血压、抗病毒
迷迭香酸(Rosmarinic acid)	迷迭香	抑性激素、抗肝毒性、抗炎、白细胞三烯抑制剂、抑脂肪过氧化、抗氧、抑神经根痛、抑甲状腺亢进、杀菌、防癌、杀病毒
芦丁(Rutin)	陈皮	防脑卒中、抗动脉粥样硬化症、抑毛细管脆弱症、治皮肤炎、治水肿、祛痰、对离体蛙有强心作用、治血尿、抗组胺、抗炎、治肾炎、抗氧、治紫癜病、防血栓形成、抗肿瘤、CAMP-磷酸二酯酶抑制剂、防癌、毛细血管保护剂、治低血压、保幼生物素、杀螨虫、解痉、升血压
藏花醇(Safrole)	肉豆蔻、八角	麻醉、镇静、防癌、抑癌、肝再生剂、灭虱
东莨菪亭(Scopoletin)	白芷	抑交互化学反应、止痛、止喘、治水肿、对离体蛙有强心作用、抗炎、白细胞三烯抑制剂、解痉、抗肿瘤、防癌、治血糖过少、治低血压、植物型抗毒素、子宫镇静剂
蛇床烯(Selinene)	芹菜	祛痰
芝麻素(Sesamin)	芝麻	抗氧、杀菌、细胞抑制剂、杀昆虫助剂、保幼生物素
生姜酚(6-Shogaol)	生姜	止痛、退热、治咳、CNS-抑制剂、护肝、治低血压、前列腺抑制剂、镇静、拟交感神经作用、血管紧缩剂
黑芥子硫苷酸钾(Sinigrin)	芥菜	防癌、吞噬细胞激发剂
β-谷固醇(β-Sitosterol)	在香辛料中普遍存在	抑腺瘤、对离体蛙有强心作用、治白血病、抑诱变、抑前列腺炎、抗肿瘤、杀菌、防癌、雌样激素作用、治血胆固醇过少症
茄啶(Solanidine)	辣椒	对离体蛙有强心作用
4-松油醇(4-Terpinen-4-ol)	百里香	抗过敏、止喘、防腐、治咳、杀菌、利胆、驱虫
松油烯(α-Terpinene)	芫荽	驱虫
松油醇(Terpineol)	八角、月桂叶、肉豆蔻、甘牛至	抗过敏、止喘、防腐、治咳、杀菌、利胆、驱虫
守酮(Thujone)	鼠尾草	脑病抑制剂、引搐剂、抑癫痫

续表

药效成分名	香辛料来源	药理作用
百里酚（Thymol）	牛至、百里香	麻醉、驱虫、治气管炎、抗炎、治神经炎、抑溃疡、治风湿病、防腐、杀菌、杀真菌、杀螨虫、解痉、气管松弛剂、尿防腐剂、杀肠虫
生育酚（Tocopherol）	在多种香辛料中存在	治咽峡炎、抑小动脉硬化、治白内障、抑舞蹈病、抑多发性硬化、抑纤维组织炎、治狼疮、抑冠状动脉症、治眼炎、抗氧、抑孕马血清激素、治不育症、抗毒血症、防癌、护肝
姜黄酮（Tumerone）	姜黄	促胆汁分泌、强肝、驱虫
徽形酮（Umbelliferone）	芥菜	抑交互化学反应、抑组胺、防腐、促胆汁分泌、杀真菌、抑脂肪氧化酶、防晒
熊果酸（Ursolic acid）	栀子	抗炎、抑白血病、抗肿瘤、防癌、CNS-抑制剂、抑细胞毒性、利尿、护肝
香草酸（Vanillic acid）	香荚兰	驱虫、治镰状细胞贫血、杀蛔虫、杀菌、防癌、促胆汁分泌、缓泻药
香兰素（Vanillin）	香荚兰	抑交互化学反应、防癌、杀真菌
香兰醇（Vanillyl alcohol）	香荚兰	解痉、促胆汁分泌
姜油酮（Zingerone）	生姜	治低血压、治瘫痪、作血管扩张剂

第三节 香辛料的产热效应

众所周知，摄入辣味的香辛料能引起体温升高，这是由于某些香辛料的辣味成分可加速脂类物质的分解代谢而产生的热量，这些成分中以辣椒素的作用最大。

研究表明，辣椒素经胃部和肠部吸收后，所吸收的辣椒素能使神经介质释放出来，这神经介质即来自脊髓的物质P，依靠原生传出神经的活化，再激活交感传出神经，以加速肾上腺儿茶酚胺尤其是肾上腺素的分泌。

Watanabe以白鼠为实验对象，在给白鼠服用辣椒素后观察发现，肾上腺素的分泌明显增加，因此以定量法注射辣椒素后，血清中葡萄糖水平迅速增加，同时血清中单一脂肪酸的含量也显著增加，而肝糖原含量却减少，见图10-1和图10-2。笔者认为，引起上述情况的原因是儿茶酚胺分泌到肾上腺静脉触发器、β-肝脏肾上腺的接收器以及脂肪组织上，这些都是体内的主要器官，儿茶酚胺的进入加速了脂肪分解为糖，以及单脂肪酸的形成，然后这些化合物通过血液被输送到永久性组织（如肌肉）中燃烧从而引起体温的升高。Watanabe等还研究了其他辣味成分的影响，结果发现，胡椒碱和姜油酮也能刺激延髓肾上腺上儿茶酚胺的分泌，但两者引起的儿茶酚胺的分泌要比辣椒素要小一点，这说明胡椒碱和姜油酮也能使体温升高。而有一些挥发性香辛料辣味成分，如在芥末中存在的烯丙基芥子油和大蒜中存在的二烯丙基二硫醚却不能增加儿茶酚胺的分泌。

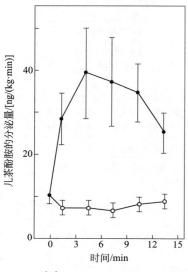

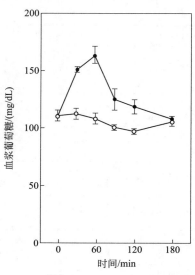

○ 空白
● 注射辣椒素/[200μg/(kg·min)]

图 10-1　白鼠注射辣椒素后
肾上腺素的分泌变化

○ 空白
● 注射辣椒素/(4mg/kg)

图 10-2　白鼠注射辣椒素后
血清中葡萄糖含量的变化

　　摄入香辛料后，实际的体温并没有显著增加，但体表温度却能迅速上升。应注意香辛料以及摄取方式的不同，体表温度上升的幅度也不同。因此人吃了辛辣食物，体表温度会逐渐升高，人体有热的感觉，并开始出汗。如果香辛料化合物的摄入过量，待出汗后，体表温度会最终降得比正常吃过饭后还要低。一般情况下，吃的食物中香辛料越多，出汗前的最高体表温度和出汗后的最低体表温度相差就越大，这个现象被称作导冷现象，如图 10-3 所示。

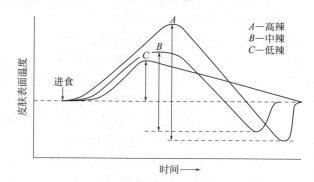

A—高辣
B—中辣
C—低辣

图 10-3　食用辣椒素后体表温度的变化

　　由于炎热、潮湿气候，热带和亚热带居民的体热不易散发，正基于这个原因，当地居民在烹饪时在各种食物中加入红辣椒以让体内积累的过量热量通过体表散发出去；而在寒冷地区，香辛料则用来驱寒。但必须控制香辛料的用量，不至于使体表温度在出汗后降得过低而引起疾病。

第四节　香辛料与醒酒

人体对酒精的分解代谢是正常的生理现象，但若有过量的乙醇残留在体内，不能及时并且完全地代谢出去，易造成器官损伤、引起机体功能紊乱，其中对肝脏的影响最大。

有研究认为，人体内少量乙醇可通过人身体中的醇脱氢酶和乙醛脱氢酶作用，代谢而分解为二氧化碳和水排出。然而酒精在人身体内的分解过程远较此复杂。

加速人体内酒精的分解称为醒酒——当然适量地饮酒最好。

我们都知道好的酒不容易醉，所谓好酒即酒的风味成分十分和谐。从化学的角度看，似乎好的合适的风味成分将有助于酒精的分解，防止酒精的积累。

有的香辛料或香辛料中的成分经动物实验证实确有此效果。

姜黄素是香辛料姜黄中的主要风味成分，在小鼠的实验中，增加饲料中姜黄素的含量，可促进醇脱氢酶和乙醛脱氢酶的活性，见表 10-4。

表 10-4　姜黄素对醇脱氢酶和乙醛脱氢酶活性的促进（与空白 100％比较）

饲料中姜黄素的含量	醇脱氢酶活性	乙醛脱氢酶活性
0.02％	111.7％	117.1％
0.05％	115.6％	127.2％

注：小鼠饲料以 5g/kg 比例供给。

月桂叶的提取物可以明显降低试验小鼠体内的酒精浓度。将月桂叶的甲醇提取物浓缩至干，以 250mg/kg 的比例喂食注射了酒精的实验小鼠，半小时后测定其血液中的酒精含量，与空白组对照，喂食组的酒精浓度为空白组的 10％。

香辛料中的海索草、甘草、紫苏、陈皮、辣椒、甘菊、五味子等均有一定醒酒作用。

第五节　香辛料与减肥

肥胖症一般是由营养过剩而体内脂肪积累过多、内分泌等失调等因素引起的。肥胖症可引发多种疾病，是一种所谓富裕社会的社会病。

减肥分两个方面，一是食用香辛料对已肥胖者减肥效果的研究；二是对食品进行香辛料性的修饰，以减少能量的摄入，防止肥胖。

先是食用香辛料对已肥胖者减肥效果的研究。

Kawada 等认为由于摄入香辛料而导致的生热现象，是脂肪新陈代谢加快的结果，最终导致体内所积累的类脂类物质的减少，而使体重降低。因此他们首先研究喂食辣椒素对实验白鼠体重的影响。

在研究中，他们用主要由猪油组成的高脂肪饲料来喂养，其中的一组加入了0.014%的辣椒素，给白鼠喂养10天后，观察和比较喂食辣椒素和不喂食辣椒素的两组白鼠对脂类代谢的影响。结果发现，食有辣椒素的白鼠体内脂肪组织的百分比和血清中甘油三酯的浓度相对于不食辣椒素的白鼠组有明显的降低；并且发现肾脂蛋白脂肪酶的活性由于饮食中辣椒素的摄入而增强；并且随着辣椒素加入量的增加，肾脂肪组织的百分比和血清中甘油三酯质量减少的幅度越大，见图10-4和图10-5。所以可认为，辣椒素通过脂类代谢的加强而使肾脂肪组织和甘油三酯的含量减少。

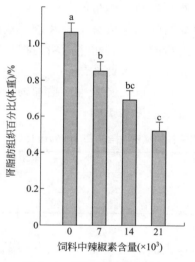

图 10-4　饲料辣椒素含量与
肾脂肪组织百分比对应关系

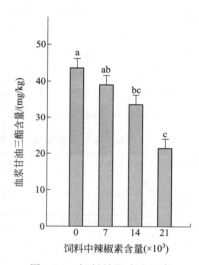

图 10-5　饲料辣椒素含量与
血清中甘油三酯含量对应关系

Herry 和 Emery 以人为对象研究了香辛料对新陈代谢的影响，选择12个习惯于食用香辛料的20岁左右的青少年组成的专门小组参与该项研究，代谢速度由氧消耗量来表征。剩余代谢速度（RMR）测定后，给此小组中的一半人供应的早餐中不含有任何香辛料；而另一半则供应相同量的早餐，但不同的是这些早餐中加入了辣椒番茄酱和芥末汁，每天早餐后，在3h内间断一段时间后测定RMR值。这样连续给志愿者供应数天早餐，结果发现3h内，食用香辛料的一半人平均的RMR值为153%，而另一半人的则为128%，也就是说，前者的代谢速度由于香辛料的加入而比后者多了25%，见图10-6。

棕色脂肪细胞（BAT）在人体饮食后温度会升高，这就是BAT的生热现象，是它分解类脂化合物的正常反应。如BAT在人体饮食后并不生热或程度不够，则称为BAT功能性变异而导致肥胖症。Yoshida等的研究课题是香辛料是

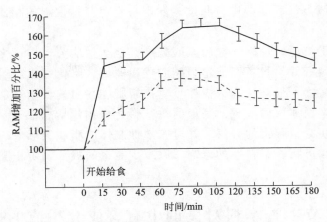

图 10-6　餐后 RMR 值增加百分比的比较

否能刺激 BAT 生热。他们给白鼠注射了辣椒素、异硫氰酸酯和其他香辛料物质后，测定肩胛棕色脂肪细胞（IBAT）温度和白鼠体内 BAT 上线粒体氧消耗量，同时给另一组白鼠注射麻黄定作比较。麻黄定是已知能刺激 BAT 体内生热的药品，有减肥效果但因有副作用而不用。他们发现，相同剂量的辣椒素和异硫氰酸酯均能提高 BAT 温度，见图 10-7。同时注射有辣椒素和异硫氰酸酯的白鼠 IBAT 内的氧消耗量同注射有麻黄定的一样均有增加。这说明香辛料确能刺激 BAT 功能，并能被用于控制肥胖。

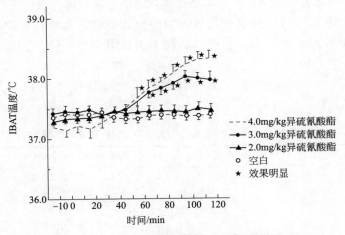

图 10-7　注射辣椒素后 IBAT 的温度变化

　　上述研究可见，香辛料引起的发热效应和减肥是同一问题的两个方面。那么也许有人会认为使用了香辛料辣椒素后，由于能量的消耗可能会对人体的持久力有影响。Kim 等研究了辣椒素对白鼠耐力性的影响，在给一组白鼠喂养 6mg/kg 的辣椒素后，发现比不喂养辣椒素的白鼠明显能多游泳 3h；而另一次研究表明，当给白鼠喂养辣椒素后立即进行测试，发现与不喂养辣椒素的相比，其对耐久力没有多大影响。

从上可得出结论，辣椒、异硫氰酸酯或其他辛辣成分，对过度肥胖的动物和人类有明显的减肥效果，不但能增强脂肪代谢速度，降低肾脂肪组织质量，而且可以增强其耐久力，最终达到减少体重、控制肥胖的目的。当然这需要减肥者长期摄入这些香辛料才可以实现。其他的香辛料化合物包括胡椒碱、生姜和姜黄精油等，均能加快肾上腺素的分泌，并可有效抑制体内脂肪的形成。

其次对食品进行香辛料性的修饰，以减少能量的摄入，防止肥胖，其实这是最根本的。

第六节　香辛料对烹调中有害成分生成的抑制

蛋白质含量较高的鱼肉、畜禽肉类在高温加工过程中经美拉德反应与自由基复合，产生低分子有机多环胺类物质。

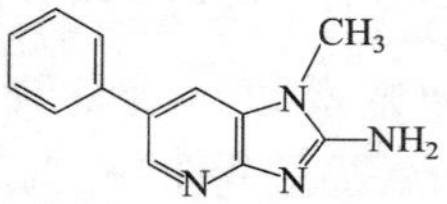

图 10-8　多环胺类
PhIP 的结构

常见的多环胺类有 PhIP、IQ、MeIQx 和 3，8-diMeIQx 等，这些多环胺类已被科学家证明对人体是有致癌性与致突变性的化合物。其中对 PhIP 的形成机制、检测、毒性等研究较多，PhIP 的全称为 2-氨基-1-甲基-6-苯基咪唑 [4,5-b] 吡啶，PhIP 的结构见图 10-8。

在烹调中有多种方法可用于来降低多环胺类的生成，这里只讨论香辛料的作用。

香辛料中含有大量的抗氧化物质，如酚类化合物具有清除自由基、淬灭单线态氧和螯合金属离子的能力，与肉制品在加工过程中多环胺类物质的形成有一定的相关性。

对香辛料在煎烤牛肉中减少多环胺类的研究较集中。表 10-5 是香辛料对煎烤牛肉饼中 PhIP 生成的测定。

表 10-5　香辛料对煎烤牛肉饼中 PhIP 形成的影响

香辛料名	浓度	对 PhIP 形成的影响（以空白值为100）
百里香	0.5％ 0.2％	80.8 67.7
夏香薄荷	0.5％ 0.2％	61.4 76.2
迷迭香	0.2％	120.5
甘牛至	0.5％ 0.2％	101.6 105.2
牛至	0.5％ 0.2％	63.0 57.5

香辛料名	浓度	对 PhIP 形成的影响（以空白值为 100）
罗勒	0.2%	192.1
芫荽子	0.5% 0.2%	74.8 130.7

注：在 200℃时煎烤牛肉饼 20min。

　　大蒜中的含硫化合物和大蒜素对多环胺类物质的形成有明显的抑制效果，100g 牛肉饼中加入 15g 大蒜，对 PhIP 形成的抑制在 60% 以上；3% 的高良姜对煎烤牛肉饼中 PhIP 形成的抑制在 100%；陈皮也有同样的效果，如采用 40mg/mL 的陈皮提取物在处理牛肉干后，对 PhIP 形成的抑制为 79.5%。另外姜黄也有不错的效果。

　　生姜、大蒜、洋葱和柠檬对羊肉饼中 PhIP 形成的抑制分别为 35.9%、49.7%、52.7% 和 55.7%。

　　从表 10-5 中可看出，有些香辛料反而在煎烤肉类饼中促进 PhIP 的形成，如桂皮、罗勒、甘牛至等。因此在煎烤肉类时尽量避免使用这些香辛料。

第七节　香辛料与增强消化

　　有些香辛料有增强消化的功能，因为从生理角度来看，它可通过刺激消化液的分泌而加速化学消化；可通过刺激和加强消化道的蠕动而加速食物的消化；可通过增加消化道内的血液循环而加快消化吸收。

　　首先香辛料的摄入能加速唾液的分泌。人每天唾液的正常分泌量为 1～1.5L，唾液主要由水（大于 99.9%）、蛋白质（包括 α-淀粉酶和黏蛋白）、电解质以及极少量的免疫球蛋白等组成。据研究，非挥发性香辛料化合物（如胡椒碱等）对唾液的分泌的影响最大，可使唾液的分泌增加 10%。

　　有些香辛料对胆汁的分泌有促进作用，见表 10-6。

表 10-6　香辛料对胆汁分泌的促进

香辛料名	分泌的速度/(mL/h)	胆汁中固形物的含量/%
空白	0.463± 0.031	3.30±0.04
枯茗	0.580± 0.017	3.55± 0.04
芫荽	0.533± 0.033	3.78± 0.03
香旱芹	0.584± 0.038	3.70± 0.03
小茴香	0.516± 0.048	3.53± 0.02
薄荷	0.450± 0.029	4.09± 0.19
大蒜	0.559± 0.031	3.15± 0.11

香辛料不但使胆汁的分泌量增加，而且内含物也有提高。

香辛料可促进人体多种消化酶的活性。姜黄、辣椒、胡椒、生姜、葫芦巴和阿魏可大大促进脂肪酶的活性；姜黄、辣椒、胡椒、生姜、枯茗和阿魏可提高 α-淀粉酶的活性；姜黄、辣椒、胡椒、生姜和枯茗也可显著地促进胰蛋白酶的活性。表 10-7 为姜黄素对主要消化酶的促进数据。

表 10-7　饲料中姜黄素的添加对主要消化酶的促进

姜黄素的添加量 消化酶名称	0(空白)	1g/kg	5g/kg
胰蛋白酶	0.86±0.17	0.99±0.19	1.25±0.15
脂肪酶	1539.0±24.0	1602.0±21.8	1720.0±23.3
淀粉酶	836.0±21.4	861.0±22.2	1043.0±37.9

蠕动是食道、胃和小肠的主要运动，这种运动由迷走神经（Vagus nerve）所控制。迷走神经的兴奋则加强上述消化道的蠕动。研究表明，有些香辛料成分能影响消化道的蠕动，尤其是辣椒素。前面已经提到，辣椒素可使 P 物质得以释放。P 物质这类神经介质可直接作用于小肠肌肉来影响迷走神经并使其兴奋。除辣椒素外，胡椒素和姜油酮均能通过上述途径而使迷走神经兴奋，最终加强消化道的蠕动。

前面已经提到，非挥发性的香辛料组分（如辣椒素）可加速降肾上腺素的分泌。该物质能引起血管的收缩，从而导致消化道中血液循环加速而有利于吸收。

参考文献

[1] Abuettner.Flavour Development，Analysis and Perception in Food and Beverages. Woodhead Publishing，2015.

[2] K Srinivasan. Spices as influence of body metabolism：An overview of three decades of research. Food Research International，2005，38（1）：77-86.

[3] JC Peters. The influence of herbs and spices on overall liking of reduced fat food. Appetite，2014，79（4）：183-188.

[4] S Jinap. Effect of selected local spices marinades on the reduction of heterocyclic amines in grilled beef（satay）. LWT-Food Science and Technology，2015，63（2）：919-926.

[5] J Damasius. Assessment of the influence of some spice extracts on the formation of heterocyclic amines in meat. Food Chemistry，2011，126（1）：149-156.

第十一章

香辛料质量标准及
相关法规条例

　　香辛料是农作物，它们的香气、色泽等特征在很大程度上受种植地域、生长气候、收获季节等因素的影响，一些加工手段（如粉碎、分离）的不同也不同程度地影响香辛料的质量。更重要的是，虽然香辛料的消耗量并不是很大，但却能体现很高的经济价值。鉴于此，在世界范围内建立香辛料统一的质量标准和法规，是各国香辛料行业协会努力的方向。

　　但除了少数十几个香辛料外，大多数香辛料的种植和采集的规模都很小，有许多还是家庭和个人的行为；大多数香辛料生长在南亚、东南亚、中国、坦桑尼亚、马尔加什和牙买加等地，这些国家很难保证这种小规模的种植、采集、分离、晒干、储存和运输能符合发达国家的卫生标准。不过现在，香辛料出口国大多都建立各自的质量标准以维护本国产品的信誉；而香辛料进口国为了自身的利益也制定相应的法规，各国均不相同。

　　本章对各国在香辛料上的质量标准和相关法规条例等方面作简略的介绍。

第一节　国际香辛料标准化现状

　　国际上负责有关香辛料事务的专门机构为国际标准化组织（ISO）农产食品委员会（TC34）香辛料分会（SC7）。ISO 下设 14 个分技术委员会和 1 个工作组，TC34/SC7 是其中的一个分技术委员会，全称是香辛料和调味品分技术委员会。它负责日常管理、协调世界香辛料标准化工作，接受各成员国的各项档案，下达制标计划，批准、发布、实施和废止 ISO 标准，主持召开每两年一届的成员大会。

　　1997 年经 ISO 确认的香辛料品种有 110 个，有产品标准 48 项，其他标准 23 项。形成了配套的标准体系，每年制修订约 10 项标准。

　　与之对应的是各国相关协会，有美国香辛料贸易协会（ASTA，American Spice Trade Association）、欧洲调味品协会（ESA，European Spice Association）、

国际香辛料贸易协会组织（IOSTA，International Organization of Spice Trade Associations）、全日本香辛料协会（ANSA，All Nippon Spice Association）等，中国则归口于国家食品药品监管总局。

中国是 ISO/TC34/SC7 的 P 成员国，国内技术归口单位是全国供销合作总社南京野生植物综合利用研究所，负责接受和登记 ISO/TC34/SC7 技术文件，并组织力量对这些文件进行分析、研究、验证、翻译 ISO 香辛料标准，及时向国内有关单位传送技术文件，并向主管部门提出中国采标意见和建议。从 1994 年开展归口工作以来，已审议了近 40 项 NP、WD、CD、DIS 草案，提出意见，按时进行投票表决。这对了解香辛料发展趋势，推进国标国际化，全面掌握香辛料市场行情，制定标准化发展战略，及时调整香辛料产业结构具有重要的意义。

目前，世界上已知的香辛料多达 500 种，2009 年经国际标准化组织确认并列入标准的香辛料达 109 种（可详见 ISO 676—2009），列入中国国家标准的品种有 68 个（可详见 GB/T 12729.1—2008）。应注意的是，ISO 676—2009 中罗列的 109 种并不全部包括中国的 68 种，即中国标准的若干品种并没有在 ISO 的名录内。

这些标准主要是针对其外观、湿度、总灰分、精油含量和一些化学成分含量等粗略的几项。西方国家的各国标准要更苛刻一些，如英国依据 ISO 订立了英国香辛料标准，增加了对酸不溶物和挥发油的含量指标作的规定；对一些粉碎了的香辛料则规定了粗纤维的量。加拿大的香辛料法规只限于 ISO 规定中的几十种，标准项目同英国标准，但增加了对调味品和作料的要求。日本是所有香辛料进口国中条例最严格的国家，其标准与美国相同，但对环氧乙烷对香辛料的消毒和黄曲霉毒素在香辛料及其相关产品中的含量也有所限制。另外，各国也加强了香辛料农药残留、有害微生物、香辛料辐射处理等限制。

与国际先进水平相比，中国的香辛料标准化工作仍处于起步阶段，差距也较大。具体表现为产品品种升级乏力，产品质量标准缺乏，对标准化工作的投入不足，重视程度不够。同时，由于多数产品没有相应的质量标准，以及香辛料来源的特殊性，多数产品为小农场种植和收获，有些甚至是野生的，普遍存在洁净度不够、湿度大、昆虫污染并夹杂啮肉类动物咬痕等。大多数产品仍以粗加工为主，储存和保管手段落后，从而导致香辛料产品质量难以有效控制。质量分等也不易做到合理准确，随意性和偶然误差较大，难以体现优质优价的原则，不利于调动生产经营者积极性和市场的健康发展。因此迫切需要加强香辛料标准化工作，制定切实可行的标准化法规和产品质量标准，以提高和规范香辛料产品质量，用完善、科学、可靠的质量检验方法，程序监控各个环节中的产品质量。

从国标 GB/T 12729.1—2008 中可知，中国列入此标准的香辛料品种仅 68 项，其中仅 38 个品种有质量标准，其他方法标准和基础标准也只有 15 项，与国际水平相比标准数少一半以上，与中国香辛料主产国和出口大国的地位很不相称；另一方面，现有标准时效不强，制定年代较早，所定参数较低，急需进行修订。

为了尽快扭转香辛料标准化局面，促进香辛料产品质量的提高，必须强化对香辛料标准化工作的领导，加大人、财、物的投入，深入开展对香辛料的开发研究工作，以科技为先导，以良好的市场潜力和投入为动力，加速标准化进程、提高标准化水平。尽快制定标准化发展规划，研制完善的标准体系。有计划地下达产品质量标准制定任务，广泛采用国际标准和国外先进标准，以现有各产区内控标准、企业标准、地方标准、专业标准、行业标准为基础，制定出既符合中国产品质量状况、又能与国际标准接轨的国家标准，并同步完善其他配套标准，如卫生标准等。在标准内容方面，应统一感官检验术语、方法、程序；完善理化检测检项，增加功能特色成分的检项，对那些与香辛料质量密切相关的参数，如水分、灰分、洁净度、挥发油等的含量以及卫生指标等都应实事求是地制定出精确可靠的定量标准，从根本上提高行业质量水平，增强质量意识，为发展中国香辛料产业作出应有的贡献。

第二节　香辛料的进出口操作

以下简单介绍进出口国香辛料的法规和条例，希望这对处理香辛料及其制品的进出口事务时有所帮助。

一、香辛料进口国法规和操作

用作国际间指导性意见的香辛料质量标准经常是 ASTA（美国香辛料贸易协会）和美国联邦法规，这是因为香辛料在美国本土生长的品种不多，美国是世界上香辛料进口量最大的国家，因此对香辛料的进口法规制定得特别详细。

ASTA 的工作是协调美国和香辛料出口国在进行香辛料方面贸易时双方的标准和文本工作，若干 ASTA 的标准可见第二章。对美国香辛料的出口尚涉及海关、FDA（美国食品和药品管理局）、USDA（美国农业管理局）等部门。美国海关仅负责货物的进出口手续、税收和货物标签、通知 FDA 并在等待 FDA 作出决定的期间保管货物。FDA 则根据香辛料的品种和出口地点决定是否抽样检查，这意味着并不是每批香辛料都需要抽样检查。如果 FDA 决定不予检查，即发出"放行通知"给海关，由海关再转给出口商；但是这并不排除 FDA 在认为必要时对这批货物再行检查的可能。

如 FDA 决定检查，FDA 将发出"抽样通知"给海关和出口商。样品送至 FDA 专用化验室，如所测结果符合 ASTA，则发出"放行通知"；如不符合，则发出"暂扣和听候申诉通知"，此通知上将明确列出与美国法规不符之处，要求出口商在 10 个工作日内提供资料说明与美国法规一致的理由。这是给出口商唯一的维护其产品法律权利的机会。如出口商没有回复，FDA则发出"拒绝进口通知"到海关，海关负责就地销毁或监督出口商转运他国。许多情况是出口商对此通知有所回应，在FDA的主持下听证；或请求FDA同意对此产品作整缮或修正以求符合标准。之前出口商需向FDA提出"允许整缮申请"，此申请要详细列出可行的整缮步骤和细节，在FDA同意后进行。在出口商认为符合要求后再报关，以后程序如前。

FDA对香辛料的关注点为杀虫剂残留量、微生物含量和黄曲霉毒素等，但FDA最注意的是香辛料的洁净度，其中重要的一项即昆虫和啮齿类动物的数量。香辛料是农产品，要想杜绝昆虫和啮齿类动物的侵害是困难的，FDA的条例中为此设立了这一数量标准。但要注意FDA的洁净度标准还包括储存地点是否卫生、一起储存的货物是否对香辛料产生不利影响等。

与FDA相配合的美国的民间机构是美国香味料和萃取物制造者协会（FEMA），是根据美国食品卫生法于1962年成立的一专家组，负责对上报的各个食用香料进行评价，评价的范围包括该物质的化学结构、纯度、感官特征、天然存在情况、在食品和饮料中可使用浓度，然后给出可否安全使用的结论，对可使用的食用香料给予FEMA编号。到2002年，经过评价取得一般可安全使用（GRAS）编号的食用香料品种已达2200多个。凡具FEMA编号的食用香料都得到FDA的认可，并予以公布。书后附录三列出具FEMA编号的香辛料品种。按美国食品法，有FEMA编号的香料可直接用于食品。

USDA还关注与香辛料相伴的一些有害种子、有害昆虫及其虫卵，其中最引人注意的是象鼻虫，它曾给美国农业造成巨大灾难。象鼻虫的危害主要发生在印度和其周边地区。

二、香辛料出口国的等级标准

大多数香辛料出口国都有自己的出口法规、产品等级以及相关的测试方法。如中国除了对中国产若干香辛料制定标准外，一般还采用优级、普通级和等外级来区分香辛料，首先是色、香、味鉴别，直接观察其颜色、嗅其气味和品尝其滋味。良质香辛料具有该种香辛料所特有的色、香、味。次质香辛料为色泽较深或较浅、香气和特异滋味不浓。劣质香辛料具有不纯正的气味和味道，有发霉味或其他异味。其次进行组织状态鉴别，靠眼看和手摸，以感知其组织状态。如粉状香辛料，良质香辛料呈干燥的粉末状；次质香辛料则有轻微的潮解、结块现象；劣质香辛料为潮解、结块、发霉、生虫或有杂质。后一种方法简单易行，也为许多香辛料生产国所采用。

如马来西亚以颜色对其特产胡椒进行分类。棕色品牌是黑胡椒中质量最好的一个级别，其次是黄色，然后是黑色和紫色，灰色的品牌最差；白胡椒的颜色级别是奶色最好，其次是绿色，然后是蓝色和橙色，也是灰色级别最低。

　　印度是香辛料的生产大国，对其特长芹菜子、芫荽子、枯茗、大茴香、小茴香、葫芦巴、姜黄等都制定了标准，但标准都较简单，重点是湿度、挥发油、总灰分、酸不溶灰分、淀粉含量的测试方法和取样方法。印度的香辛料级别是以香辛料的产地来划分的，如 Alleppey Finger 姜黄、Sannam 辣椒等，并以此作为品牌和等级。

　　其他国家的各种香辛料等级都有不同的规定，在此不一一叙述。

第三节　香辛料常规检查

　　由于香辛料来源于世界各地，并且是由许多小农场种植和收获的，有些是野生的，所以控制香辛料的质量十分困难，香辛料质量的等级标准难以确定。一般表现在卫生条件不合格、杂质含量较多等，特别是微生物污染程度较严重。香辛料的常规检查一般有以下数项：外观、挥发油、湿度、总灰分、酸不溶灰分、特殊成分的测定、昆虫数量和细菌数量等。常规检查的具体操作方法可参考各种香辛料的标准，以下仅是将这些常规测定的相关内容作说明。

一、外观

　　香辛料的外观往往涉及到香辛料的等级。对香辛料外观有影响的是内含瘪子、颗粒异常、害虫啮坏物、石块、泥块、茎秆、果荚、昆虫排泄物、色泽等，对上述各项都有数量上的要求，如月桂叶的英国标准是如其中茎秆超过 3%，其等级降低一级。另如肉豆蔻的印度尼西亚标准是如每磅肉豆蔻数超过 80 个，即为等外品。另外需注意的是，虽然美国对不饱满的黑胡椒果荚没有明文的规定，但总的原则是不超过 4%。色泽指标是针对若干特定的香辛料如欧芹等，它需要明亮的绿色。

　　外观不达标的应在进一步加工前处理。

二、挥发油含量

　　挥发油含量的测定是香辛料最重要的分析之一，因此进出口香辛料的国家都订立了某些香辛料的最低挥发油标准。许多香辛料公司对那些没有订立标准的香辛料也订立各自的标准；对已有标准的，各公司仍有自己的内标，一般而言，公司的标准比官方的高。对大多数香辛料来说，挥发油的量是其风味的最重要的指标，通过挥发油数值也可反映出该香辛料是否新鲜、加工过程是否科学。因为储存时间过长或高温粉碎都会大大减少挥发油的量。

　　常规分析挥发油含量的方法为水蒸气法，它是以蒸馏法蒸出挥发油后计量的，计量单位是 mL/100g 香辛料。对某些香辛料则需对此法略作修订，如肉桂挥发油的密度与水十分接近，精确分离较难，可在馏出物中加入一定比例的二甲苯，在计量出油相的体积后扣除加入的二甲苯体积，即为挥发油体积。

有些香辛料无挥发油标准如辣椒等，香草或叶类香辛料的挥发油含量要比种子类的低得多。

三、湿度

香辛料的湿度一般采用在加热下测定其失去水的质量来确定。但此简单地加热失重法并不精确，因为在干燥中香辛料的挥发油也将失去，因此大多数香辛料采用的是共蒸馏法，用甲苯将香辛料浸泡其中，加热到甲苯沸腾，水将随甲苯蒸发，计量蒸发得到的水量。

有些香辛料不适合用此法测定，如辣椒和菜椒，因为它们在用甲苯蒸馏时会焦糖化而产生多量的水，辣椒香辛料仍采用传统的烘箱法测定湿度。

需说明的是，虽然可采用 Fisher 非水滴定法来测定含水量，但化验费用大，滴定操作需一定的化学知识，另外，测定的量较小的话，测定结果误差较大，因此此方法不为一般化验室采用。

湿度是判断香辛料微生物是否得到控制的一个重要指标。每个香辛料的湿度要求并不相同，但已足以很好地控制住微生物的生长。需指出的是，在大批量堆放香辛料的仓库，若该地昼夜温差较大，水汽的蒸发和凝结会使堆放在上层的香辛料湿度偏大，这也是上层香辛料易霉变的原因。

湿度对香辛料的粉碎加工有影响，以月桂叶为例，如过干，月桂叶则脆而细粉多；湿度过大则韧而细粉少。有研究表明，同样经过粉碎，干的香辛料比湿度大的香辛料失去风味更快。另外干燥度对有些香辛料的色泽有关系，如干透的菜椒将很快失去色泽，因此菜椒如要保持其色素，必须将其湿度严格控制在 $9\% \sim 12\%$。

对香辛料的新品种，一般初定的湿度最高值是 12%。

四、总灰分和酸不溶灰分

总灰分和酸不溶灰分主要是用来测定香辛料中沙土含量的。将一定量的香辛料置于马福炉中高温（550℃）燃烧尽所有的有机物后的残留物即为总灰分；将总灰分用 2N 盐酸处理以后的残留物为酸不溶灰分。酸不溶灰分可相当可靠地反映出香辛料中沙土的含量。但需指出的是，即使是非常干净的香辛料中也含有一些无机物作为酸不溶物存在。

总灰分和酸不溶灰分相结合是判断香辛料是否用石灰水处理的一个标准。生姜在干燥中用石灰处理可使其外表色泽变淡而显得新鲜，这时加入的石灰在总灰分中显示出来。

有一些粉状的香辛料混合物中经常加入抗结块剂以保证流动性，辣椒和菜椒中有时可加入二氧化硅，那么此产品的总灰分和酸不溶灰分就高。

酸不溶灰分也可用来判断一些香辛料是否以次充好，如使用一些香辛料的种子壳代替，如花椒果皮的酸不溶灰分就相当高。

五、粗纤维、 淀粉和不挥发的二氯甲烷萃取物含量

这三项测试主要是检测粉状香辛料中是否掺假。很多国家并不把这三项列入常规检查，香辛料进口国特别是美国很重视此项工作，认为对防止掺假非常有效。

粗纤维的测定方法与食品中测定粗纤维的方法相同。检查发现辣椒粉和姜粉中的粗纤维含量偏高，说明其中掺入了非香辛料的纤维类物质，如木屑等。

淀粉含量的测定是为了检测香辛料中是否掺入面粉类物质。

有一些放久了的香辛料显得色泽干竭，加入一些植物油可使其外观有所改善。用二氯甲烷萃取香辛料然后除去二氯甲烷，残留物即为不挥发的二氯甲烷萃取物。残留物偏多就意味着加入了植物油。也可用其他有机溶剂来代替二氯甲烷，二氯甲烷的优点是不易燃烧。

六、特征成分的测定

有一些香辛料中的特征成分关系到该香辛料的品质，因此都建立了详细的化学分析方法，具体操作可见附录，在此仅作概述性的说明。

1 姜黄色素

姜黄主要用于食品的着色，姜黄素是其主要成分。用溶剂萃取出姜黄素，然后以分光光度法在 425nm 处测定其含量，此方法已为 ASTA 接受。在国际上姜黄是以姜黄素的多寡而定价的。

2 肉豆蔻和肉豆蔻衣中的酚含量

肉豆蔻在印度东西部都有生长，虽然风味相仿，但在烹调时的作用大不相同，它们之间是不能互换的。可以通过测定其中的酚含量来确定其产地。印度东部产肉豆蔻的酚含量较西部高。

3 辣椒中的胡萝卜色素

菜椒和辣椒中的辣椒色素即胡萝卜类化合物的含量测定方法与姜黄素的测定方法相同。用丙酮萃取出色素，然后以分光光度法在 460nm 处测定其含量。在美国菜椒也是以色素的含量定价的。

4 辣椒的辣度

辣椒的辣度有两种方法测定，最经典的是 Scovitte 法。Scovitte 法的基本操作步骤是将辣椒素配成醇稀溶液，把此溶液给由训练有素的五人组成的小组品尝，当五人中有三人感觉到辣味，则辣度即以稀溶液为基准计算。Scovitte 法在

上世纪早期即已成立，现在也已为 ASTA 采纳为官方的辣度测定方法，也为众多公司接受，原因是分析仪器和理论简单，缺点是需要长时间地对品尝师进行训练；另外，品尝师的状态对结果有很大影响，因此即使是同一样品，各小组之间的差别也大，正负误差可达 50%。

另一被 ASTA 认可的方法是 HPLC 法，它以测定其中的辣椒素的含量而确定辣度。一般而言，将以 HPLC 法测得的辣度单位乘以调整系数 15 即可换算为 Scovitte 辣度单位。与 Scovitte 法相比，HPLC 法有很好的重现性，不足之处是仪器较贵，处理样品较费时，但即便如此，HPLC 法还是比训练品尝师的开销低。然而辣度是辣椒内所有辣味成分的综合反映，辣椒素并不是辣椒中最辣的成分，因此 HPLC 法测得的辣度要转变为更直接的辣味 Scovitte 单位，各公司的品尝小组都根据自身的感受，有各自的转换系数。

除上述两种以外，有应用研究的还有比色法。比色法是利用钼蓝反应原理，三氯-氧化钼能与辣椒碱或辣椒碱中的羟基反应而生成蓝色来测定其含量。也可用紫外分析法。对紫外分析结果进行校正后发现，与 Scovitte 法测定的结果重合性很好。20 世纪 70 年代还进行气相色谱法的研究分析，并与比色法对比，发现气相色谱法的结果偏低。

5　黑白胡椒中的胡椒碱

胡椒碱是黑白胡椒中的主要风味特征化合物。作为胡椒而言，其胡椒碱含量的重要性远大于挥发油含量。特别是在油煎和烘烤食品加工中，高温下大部分挥发油都不存在了。

ASTA 规定的胡椒碱的测定方法是分光光度法。其他分析方法有气相色谱法、红外分析、Kjeldahl 法、比色法等。Kjeldahl 法原理是测定胡椒中的含氮量，因为胡椒碱中有氮元素，但这种分析方法分析的结果偏高，因为香辛料中的氨基酸中的氮会干扰分析。比色法测定生成的甲醛，在浓硫酸作用下，胡椒碱与络变酸和甲酸反应，然后在 343nm 处进行紫外分析，此方法既简单又迅速，对胡椒碱有很高的专一性，其他物质如黑椒素和胡椒碱异构体对此也没有影响。气相色谱法也利用了释放出的甲醛进行测定，但会受到一些糖类成分的影响。近来也在研究高压气相色谱法，研究报告称此法的分析结果比紫外分析法低，原因可能是胡椒碱的溶解性不理想。

6　芥菜子的挥发油

芥菜子中的强烈辣根样的风味与其他香辛料的挥发油完全不同，因为芥菜子风味物质异氰酸酯在常规下是被固定住的，只有在酶的作用下才会释放出来。测定方法为加入一特定酶，然后用水蒸气蒸馏法将异氰酸酯蒸馏出来，用氨水溶液将其捕获，以标准的硝酸银溶液滴定。

芥菜子中的异氰酸酯也可用气相色谱法定量。ASTS 采用的方法为烯丙基异硫氰化物比色法，但此方法不适用于对羟基异硫氰化物及其他同类物质的定量分析。由于此类辣味成分在储存过程中是稳定的，所以芥菜子不像辣椒和其他辣味香辛料那样需要进行常规的定量分析，以测定其中异氰酸酯的含量。

参考文献

[1] KV Peter. Handbook of Herbs and Spices. UK：Woodhead Pub，2001.
[2] 中国标准出版社. 食品添加剂通用标准汇编. 北京：中国标准出版社，2015.
[3] 陈仕荣. 国际香辛料产品加工标准化现状（二）. 中国野生植物资源，2006，25（2）：20-22.

第十二章

香辛料在调味料和
作料中的应用

本章主要介绍各种调味料中香辛料和其他配料的应用配方，以质量份计量，仅作参考。介绍的主要目的是加深对本书涉及的香辛料的了解，文中所用香辛料原料均以主产地为主，除非另有说明。

第一节　香辛料强化剂

香辛料强化剂是以某个香辛料为主，辅以其他香料（均为食用香料）或香辛料来增强其香气强度或留香能力，弥补这些香辛料在加工过程中易挥发成分的损失，以增加仿真程度和降低成本的一种较简单的香辛料混合物。

其中所用香辛料大都采用精油或油树脂形式。

香辛料精油和香辛料油树脂是相当昂贵的产品。这里的介绍也提醒一下，香辛料精油和油树脂的掺杂就是用类似的方法进行的。除极个别香辛料外，要识别掺杂产品并不难。

1　生姜类

（1）姜油强化剂-1

姜油	10.0	橙叶油	0.5
乙酸乙酯	3.0	茶油	84.0
丁香油	0.5	合计	100.0
丁酸戊酯	2.0		

（2）姜油强化剂-2

姜油	35.0	姜黄精油	10.0
β-倍半水芹烯	10.0	红没药烯（奇华顿产品）	8.0
莰烯	6.0	β-水芹烯	3.0
桉叶素	2.0	乙酸龙脑酯	0.5
芳樟醇	0.5	香叶醇	0.3

橙花醛	0.2	2-壬酮	0.2
癸醛	0.1	合计	75.8

（3）生姜粉强化剂

生姜粉	90.0	食用纤维素	5.0
姜黄色素	0.1	姜油	0.5
汉生胶	0.3	抗坏血酸	1.0
柠檬酸	0.5	食用淀粉	2.599
合计	99.999		

2　花椒油强化剂

花椒油	10.0	芫荽子油	1.0
大茴香油	0.25	芳樟醇（90%）	1.25
姜油	0.25	月桂叶油	0.25
食用酒精（96%）	87.0	合计	100.0

3　小茴香油强化剂

小茴香油	84.5	肉桂皮油（中国）	2.5
辣椒油树脂	3.75	众香子油	2.5
丁香油	2.5	月桂叶油	1.25
芥菜子油	1.25	合计	100.0
蒜油	1.75		

4　蒜油类

（1）蒜油强化剂-1

蒜油	18.0	二烯丙基硫醚	1.75
二甲基硫醚	0.04	醋酸（纯，食用级）	0.06
烯丙基硫醇	0.1	硫氰酸丁酯	0.1
橘皮油	80.0	合计	100.0

（2）蒜油强化剂-2

蒜油	25.0	二烯丙基三硫醚	30.0
二烯丙基二硫醚	30.0	合计	100.0
二烯丙基硫醚	15.0		

5　众香子粉风味强化剂

众香子粉	19.0	众香子叶油树脂	1.0
姜粉	2.0	抗结块剂	0.5
抗氧剂	0.01	合计	22.51

6　芫荽子油强化剂

芳樟醇	74.0	γ-松油醇	6.0

2-莰酮	5.0	α-蒎烯	3.0
对伞花烃	2.0	柠檬烯	2.0
乙酸香叶酯	2.0	2-癸烯	10.0
芫荽子油	16.0	合计	120.0

>>> 7　肉桂油类

（1）肉桂油强化剂-1

肉桂油	7.6	石竹烯	3.0
乙酸肉桂酯	5.0	α-松油醇	0.7
桉叶素	0.6	香豆素	0.7
肉桂醛	76.0	4-松油醇	0.4
丁香酚	4.0	合计	100.0
芳樟醇	2.0		

（2）肉桂油强化剂-2

肉桂油	5.0	肉桂醛	3.0
丁香酚	80.0	异丁香酚	2.0
石竹烯	6.0	芳樟醇	2.0
乙酸香叶酯	2.0	合计	100.0

（3）斯里兰卡肉桂油强化剂

肉豆蔻油	3.4	月桂叶油	2.05
小豆蔻油	1.0	众香子油	4.0
斯里兰卡肉桂油	5.0	丁香油	11.4
苯丙醇	1.35	肉桂醛	56.0
苯甲醇	11.4	愈疮木油	0.7
姜油	0.7	合计	100.0
黑胡椒油	3.0		

>>> 8　莳萝子油强化剂

莳萝子油	15.0	柠檬烯	25.0
α-水芹烯	25.0	合计	100.0
香芹酮	35.0		

>>> 9　肉豆蔻油强化剂

肉豆蔻油	12.0	桧烯	22.0
α-蒎烯	21.0	β-蒎烯	12.0
肉豆蔻醚	10.0	4-松油醇	8.0
γ-松油醇	4.0	香叶烯	3.0
柠檬烯	3.0	桉叶素	3.0

| 黄樟素 | 2.0 | 合计 | 100.0 |

>>> 10　迷迭香油强化剂

迷迭香油	14.0	2-莰酮	18.0
桉叶素	20.0	β-蒎烯	6.0
莰烯	7.0	香叶烯	5.0
龙脑	5.0	α-松油醇	2.0
乙酸龙脑酯	3.0	合计	100.0
α-蒎烯	20.0		

>>> 11　八角精油强化剂

八角油	2.7	大茴香醛	1.0
柠檬烯	8.0	甲基黑椒酚	0.5
芳樟醇	0.8	合计	100.0
茴香脑	87.0		

第二节　辣椒制品

辣椒制品是以辣椒风味为主的调味料和作料，有辣椒粉、辣椒油、辣椒酱、辣椒糊等。

辣椒粉是以粉碎的辣椒末为主，配以其他辅料经粉碎而得的制品。辣椒粉为主体的称为辣椒粉，否则称为香辣粉。辅料有花椒、芝麻、陈皮、紫苏等，常见的辣椒粉配比范围见表12-1，可根据各地对辣度的不同选择适当配比。

一、辣椒粉

表 12-1　常见的辣椒粉配比范围　　　　　单位：%

香辛料名	配比范围
辣椒粉	75～95
小红朝天辣椒粉	0～5
盐	0～10
蒜粉	0～5
枯茗粉	1～10
洋葱粉	0～5
牛至粉	1～10
芫荽子粉	0～2

（1）美国风味的辣椒粉

| 辣椒粉 | 85.0 | 蒜粉 | 1.0 |

枯茗粉	8.0	抗氧剂	0.01
牛至粉	4.0	合计	100.01
抗结块剂	2.0		

（2）印度风味的辣椒粉

辣椒粉	78.0	丁香末	2.0
芥菜子（黄）	3.0	芝麻末	5.0
姜粉	8.0	抗结块剂	2.0
肉桂粉	2.0	合计	100.0

二、辣椒酱

辣椒酱是辣椒与酱类制品的混合。

（1）日本风味的梅果辣酱

| 韩国红辣椒酱 | 15 | 红辣椒粉 | 1 |
| 日本新鲜南高梅肉 | 80 | 防腐剂 | 适量 |

注：韩国红辣椒酱的组成是黄豆酱1，红辣椒粉0.2，韩国糖稀0.5。

（2）墨西哥风味的萨尔萨（Salsa）辣酱

红辣椒粉	4200	黄洋葱末	300
墨西哥辣椒（Jalapeno）	80	番茄酱	1200
蒜末	40	盐	40
食用油	适量		

（3）法国普罗旺斯式辣椒酱

新鲜罗勒	160	干罗勒粉	6
胡萝卜	100	番茄酱	142
黄瓜	170	新鲜欧芹	5
蒜头	32	葵花油	300
橄榄油	50	盐	8
黑胡椒	2	哈里萨辣椒粉	28

（4）韩国佐餐风味辣椒酱

辣椒油	40.0	韩国红辣椒酱	15.9
蒜头末	12.0	盐	2.0
牛肉末	5.0	肉脯末	11.2
杏仁	5.8	松子	5.8
芝麻	1.7	迷迭香粉	0.6
合计	100		

第三节　咖喱粉

　　咖喱粉是由十几种香辛料混合粉碎，再经焙炒熟化等工艺制成的粉末料，主要用于肉制品、豆制品和谷物类食品的着色和加香。

　　咖喱粉是世界上使用最广泛的调味料之一，各地销售的咖喱粉在辣度和风味上均有不同，因此，选料和各自的用量也各不相同，制作工艺也有很大区别。一般咖喱粉采用的呈色剂有姜黄（或郁金）、陈皮和番红花；风味料有芫荽子、枯茗、小茴香、小豆蔻、肉豆蔻、众香子、丁香和芹菜子等；辣味料有胡椒、辣椒和姜等。

　　日本、东南亚和印度是世界上咖喱粉的消费三大地区，日本的咖喱粉最甜，辣度最小；马来西亚地区的咖喱粉最辣却不甜；印度的咖喱粉产品居中。日本咖喱粉的风味与中国的类似。与辣椒粉相比，咖喱粉配比的变化较大，见表12-2。

表 12-2　常见咖喱粉配比范围　　　　　　　　单位:%

香辛料名	配比范围	香辛料名	配比范围
芫荽子粉	10～50	肉桂粉	0～5
枯茗粉	5～20	肉豆蔻粉	0～5
姜黄粉	10～35	丁香粉	0～5
葫芦巴粉	5～20	葛缕子粉	0～5
姜粉	5～20	小茴香粉	0～5
芹菜子粉	0～15	小豆蔻粉	0～5
黑胡椒粉	0～10	盐	0～10
小红朝天辣椒粉	0～10		

　　以下是咖喱粉示例。

1　中美洲风味咖喱粉

姜黄粉	22.8	芫荽子粉	20.0
黑胡椒粉	10.0	香旱芹子粉	10.0
姜（牙买加）粉	9.0	葫芦巴粉	9.0
丁香粉	4.5	芹菜子粉	4.5
葛缕子粉	2.25	脱水蒜粉	1.05
肉豆蔻粉	0.9	合计	100.0

2　日本风味咖喱粉（表 12-3）

表 12-3　日本风味咖喱粉配方

香辛料名 ＼ 编号	1	2	3	4	5	6	7	8	9
众香子粉	—	—	—	4	4	—	4	4	2
辣椒粉	1	6	6	4	4	2	5	2	2
肉桂粉	—	—	—	4	4	—	—	—	—
小豆蔻粉	12	12	12	5	5	—	—	—	—
芫荽子粉	24	22	26	27	37	32	36	36	36
丁香粉	4	2	2	2	2	—	—	—	—
枯茗粉	10	10	10	8	8	10	10	10	10
小茴香粉	2	2	2	2	2	4	—	—	—
姜粉	—	7	7	4	4	—	5	2	1
葫芦巴粉	10	4	10	4	4	10	10	10	5
肉豆蔻衣粉	—	—	—	2	2	—	—	—	—
黑胡椒粉	—	—	5	—	4	—	5	—	—
白胡椒粉	5	5	—	4	—	10	—	5	10
芥菜子（黄）粉	—	—	—	—	—	—	5	3	3
姜黄粉	32	30	20	30	20	32	20	28	29

注：配方 1 为印第安普通型；配方 2 和配方 3 为深色印第安热辣型；配方 4 为高档浅色辛辣型；配方 5 为高档深色辛辣型；配方 6 为中档深色热辣型；配方 7 为中档浅色微辣型；配方 8 为低档浅色微辣型；配方 9 为低档深色微辣型。

3　欧式咖喱鱼调味料

姜黄粉	34.0	丁香粉	3.0
芥菜子粉	8.0	斯里兰卡肉桂粉	2.0
姜粉	10.0	红辣椒粉	5.0
葛缕子粉	4.0	葫芦巴粉	4.0
小豆蔻粉	6.0	芹菜子粉	5.0
茴香粉	5.0	肉豆蔻衣粉	4.0
芫荽子粉	10.0	合计	100.0

4　美国风味咖喱粉（表 12-4）

表 12-4　美国风味咖喱粉

香辛料名 ＼ 编号	1	2	3	4
芫荽子粉	32	37	40	25
姜黄粉	38	10	10	25

续表

编号 香辛料名	1	2	3	4
葫芦巴粉	10	—	—	5
桂皮粉	7	2	10	—
枯茗粉	5	2	—	25
小豆蔻粉	2	4	5	5
生姜粉	3	2	5	5
白胡椒粉	3	5	15	—
罂粟子粉	—	35	—	—
丁香粉	—	2	3	—
辣椒粉	—	1[①]	1[①]	5[②]
月桂叶粉	—	—	5	—
众香子粉	—	—	3	—
干柠檬皮粉	—	—	3	—
芥菜子粉	—	—	—	5
合计	100	100	100	100

①为普通红辣椒。

②为牛角红辣椒。

注：1. 配方1为普通型；配方2比配方1的咖喱的风味稍柔和一些；配方3为带甜香的咖喱风味；配方4为热辣型咖喱粉。

2. 配方中的罂粟子为美洲所产，非东南亚品种，无毒性。

5　东南亚风味调料用咖喱粉（表12-5）

表 12-5　东南亚风味调料用咖喱粉配比

配比	1（重型）	2（轻型）
砂糖	2	1
食盐	10	5
味精	0.5	0.1
骨粉	5	5
香辛料混合物	20	10
面粉	0.5	0.2

上述香辛料混合物的配比见表12-6。

表 12-6　香辛料混合物配比

编号 香辛料名	1	2	3
姜黄	150	250	400

续表

香辛料名＼编号	1	2	3
芫荽子	200	100	200
芥菜子	50	70	60
胡椒	50	60	60
众香子	—	10	—
小豆蔻	30	40	50
枯茗	30	40	50
丁香	25	—	30
肉豆蔻	10	—	—
肉桂	10	—	—
月桂叶	10	20	10
芹菜子	—	10	—
红辣椒	8	5	5
姜	—	15	10

注：配方1为浅色，配方3为深色，配方2居中。

6　印度南部风味咖喱粉（Veppilakkatti）

调料九里香粉	100	西印度柠檬草粉	50
罗望子粉（无子）	40	红辣椒粉（无子）	20
葫芦巴粉	2	阿魏粉	6
黑胡椒粉	2	盐	50
芝麻油	10	合计	280

7　印度风味咖喱羊肉作料

生姜粉	20	蒜头末	20
印度香辣粉	6	黑胡椒粉	12
调料九里香	10	芫荽子粉	6
红辣椒粉	24	姜黄粉	3
辣椒粉	7	黑胡椒粉	12
柠檬酸	适量	合计	120

注：上述作料可烧烤羊肉750，烧烤同时放入油、盐、洋葱2个、番茄2个，最后配以适量新鲜芫荽叶、切片柠檬作装饰。

第四节　佐餐盐

所谓佐餐盐是精盐和香辛料粉末的混合物，西方人习惯用它来调节咸度并同时给出风味。

1　芹菜盐

| 芹菜子粉 | 25.0 | 抗结块剂 | 2.0 |
| 食盐 | 73.0 | 合计 | 100.0 |

2　大蒜盐

| 大蒜粉 | 20.0 | 抗结块剂 | 1.0 |
| 食盐 | 79.0 | 合计 | 100.0 |

3　洋葱盐

| 洋葱粉 | 25.0 | 抗结块剂 | 1.5 |
| 食盐 | 73.5 | 合计 | 100.0 |

4　花椒盐

| 花椒粉（温热炒过） | 25.0 | 抗结块剂 | 1.5 |
| 食盐（热炒过） | 73.5 | 合计 | 100.0 |

5　胡椒盐

| 白胡椒粉 | 29.0 | 抗结块剂 | 1.0 |
| 食盐（热炒过） | 70.0 | 合计 | 100.0 |

注：五个配方中的食盐均不可使用加碘盐。

第五节　泡菜用调料

泡菜用调料的目的是给出适度的辣味，赋予浓郁的香气以掩盖发酵气。所用香辛料有肉桂、众香子、芫荽子、芥菜子、生姜、月桂叶、丁香、黑胡椒、肉豆蔻衣、小豆蔻、莳萝、牛至、辣椒等，这些香辛料的要求是香气强烈，又有很好的防腐性和抗氧性，对乳酸菌的抑制作用小。

1　小茴香风味泡菜调味油

丁香油	4.4	黑胡椒油	0.225
辣椒油树脂	0.675	小茴香油	84.385
蒜油	0.325	合计	100.0
众香子油	2.0		

2　甜酸泡菜调味油

姜油	0.25	芫荽子油	3.5
白菖蒲油	0.5	葛缕子油	9.0
芥菜子油	0.5	众香子油	32.0
肉桂油（斯里兰卡）	1.5	丁香油	45.75

玉桂油（中国）	3.5	合计	100.0
黑胡椒油	3.5		

3 泡菜调料（表 12-7）

表 12-7　泡菜调料配比

香辛料名	1	2	3
月桂叶（碎）	25	20	10
牛角红辣椒（整）	3	5	5
芫荽子（整）	45	20	25
莳萝子（整）	7	10	15
生姜（脱水，切片）	3	—	—
芥菜子（整）	17	25	25
众香子（整）	—	5	5
丁香（整）	—	5	5
葫芦巴（整）	—	5	5
黑胡椒（整）	—	5	5
合计	100	100	100

注：配方 1 为普通型；配方 2 和配方 3 为辣味型。

4 传统韩国泡菜调料

红辣椒	0.1	蒜头	1.0
柠檬果肉	1.0	砂糖	2.0～10.0
食用酒精	1.0	水余量	至 100

第六节　沙拉调味料

沙拉调味料有油剂和粉剂两种形式，主要用于凉拌。在给出色泽的同时，提供浓郁香味。

1 美国沙拉调味料

（1）美国风味轻型芥菜子末沙拉调味汁

醋（酸度 4%）	83.3	红辣椒粉	0.2
姜黄粉	0.5	盐	余量
蒜粉	0.02	合计	100.0
黄（或白）芥菜子末	12.5		

（2）美国牛至风味沙拉调味汁

辣酱油（worcestershire sauce）	10.0	番茄酱	5.0
玉米糖浆	10.0	醋	15.0

色拉油（99％大豆油，1％橄榄油）	33.4	红酒醋	20.0
切碎的新鲜蒜头	3.7	脱水蒜粒	0.23
脱碘食盐	1.1	黑胡椒粉	1.11
牛至叶粉	0.17	红辣椒粉	0.001
水	余量	合计	100

2　法国风味芥菜子末沙拉调味料

醋（酸度4％）	79.0	白胡椒粉	0.025
棕色芥菜子末	11.1	红辣椒粉	0.075
黄色芥菜子末	6.2	丁香粉	0.05
蒜粉	0.025	盐	余量
众香子粉	0.05	合计	100.0
龙蒿粉	0.1		

3　德国风味芥菜子末沙拉调味料

醋（酸度4％）	79.01	白胡椒粉	0.03
黄色芥菜子末	6.17	红辣椒粉	0.07
蒜粉	0.03	斯里兰卡肉桂皮粉	0.1
众香子粉	0.05	盐	余量
丁香粉	0.1	合计	100.0
棕色芥菜子末	11.11		

4　瑞士风味芥菜子末调味汁

醋（酸度4％）	24.69	棕色芥菜子末	4.07
色拉油	67.65	糖	2.96
白胡椒粉	0.2	小豆蔻粉	0.17
盐	余量	合计	100.0

5　沙拉调味油

甜橙油	3.0	芫荽子油	2.5
甘牛至油	3.0	姜油	0.5
柠檬油	3.0	生姜油树脂	1.0
芹菜子油（10％）	9.0	斯里兰卡肉桂油	1.0
芹菜子油树脂	4.5	月桂叶油	2.0
肉豆蔻油	1.5	茴香油	1.5
鼠尾草油	3.5	众香子油	1.0
莳萝油	15.0	丁香油	10.0
龙蒿油	3.5	玉米油	32.5

百里香油	2.0	合计	100.0

注：使用时再用玉米油稀释 10 倍。

6 中国沙拉调味汁

中国肉桂皮粉	6.0g	中国桂皮条	6.5g
八角	6.0g	小茴香	3.0g
丁香	1.0g	草果	1.2g
砂仁	0.7g	肉豆蔻	2.5g
花椒	3.5g	山奈	4.3g
生姜	12.5g	辣椒	1.5g
红糖	2.0g	食醋	10.0mL
料酒	10.0mL	酱油	18.0 mL
味精	20.0g	青葱汁	5.0 mL
大蒜汁	15.0mL	食盐	25.0g
水	250.0g		

第七节　调味酱及调味酱油

　　调味酱及调味酱油是产品形式变化最多的制品，有以佐食油腻食物的，有以用于烹调的。制作工艺也有很大不同。

　　酱及酱油很难定义。有许多酱制品以大豆、面粉等发酵而得的产品为主，再从中衍生出酱油；而有的酱与上述发酵物无关，仅在产品形态上如酱一般，也称为酱。但大多数香辛料都可在酱类调味品中发挥作用，但在各具体的酱或酱油类产品中，变化很大。

1 美国风味肉用酱油

黄豆酱油	45.0	明胶	0.1
牛肉精	2.4	焦糖色	5.0
罗望子	2.0	盐	7.6
蜂蜜	3.0	小红辣椒粉	0.7
脱水洋葱末	1.0	丁香末	0.3
菜椒粉	0.6	众香子	0.1
圆叶当归油	0.4	角豆酊剂	0.1
肉豆蔻衣	0.1	水	10.5
苯甲酸钠	0.1	合计	100.0
醋	20.0		

注：混合 2h 后过滤。

2 英国乌斯特夏（Worcestershire）风味辣酱油（表 12-8）

表 12-8　英国乌斯特夏风味辣酱油配比

配料	1	2	3	4
洋葱(新鲜)/kg	15	120	170	15
胡萝卜(新鲜)/kg	2	170	130	6
番茄/kg	—	—	—	18
海带/kg	4	—	—	2
砂糖/kg	4	—	—	3
糖蜜/L	—	1000	720	—
麦芽糖/kg	4	—	—	—
葡萄糖/kg	7.5	—	—	—
氨基酸液/L	36	450	320	—
酱油/L	—	—	50	27
盐/kg	21	360	360	11
冰醋酸/L	2	55	—	0.66
乳糖/L	—	—	10	—
食醋/L	—	—	40	15
琥珀酸钠/kg	—	6	6	—
谷氨酸钠/kg	—	3	2	—
糖精/g	6	1000	1200	—
甜精/g	12	1200	1000	—
乌苷酸钠	2	600	400	—
姜/kg	0.3	—	—	0.4
丁香/kg	—	8	4	0.4
小茴香/kg	—	9	7	—
葛缕子/kg	0.1	2	1	1.0
鼠尾草/kg	0.25	7	4	0.9
百里香/kg	0.25	4	4	0.7
月桂叶/kg	0.15	4	3	0.7
众香子/kg	0.75	—	—	1.2
肉桂/kg	0.75	15	8	0.8
肉豆蔻/kg	0.3	8	2	0.8
胡椒/kg	0.4	8	5	0.2
辣椒/kg	0.75	14	15	1.5
蒜/kg	1.0	5	5	2

续表

配料	1	2	3	4
焦糖/kg	2.0	90	—	4
风味料/L	—	2	2	—
增黏剂/kg	—	60	75	0.67
总量/L	180	3400	3000	180

注：乌斯特夏位于英格兰的中西部。

3 日本式辣酱油（表12-9）

表12-9 日本式辣酱油配比

配料	计量单位	辣酱油	不辣酱油
盐	kg	10	10
糖浆（Brix 30）	kg	40	45
蜂蜜	kg	—	20
焦糖色	kg	1	1
醋	L	10	10
氨基酸液	L	5	5
洋葱汁	L	1	1
番茄汁	L	2	2
甘草和甜叶菊水提取物[1]	g	20	40
洋葱酒精提取物[1]	g	50	60
百里香粉	g	30	—
鼠尾草粉	g	30	—
斯里兰卡肉桂粉	g	30	—
肉豆蔻粉	g	30	—
丁香粉	g	30	—
小茴香粉	g	30	—
红辣椒（去子）粉	g	30	
乳化风味料	g	A型[2]　10	B型[3]　40

[1]指浓缩后的干物质，对等配比。

[2]指组成是百里香油100、鼠尾草油180、斯里兰卡肉桂油250、黑胡椒油20、芫荽子油60、芹菜子油20、大豆磷脂3、蔗糖脂肪酸酯2、汉生胶1和水364份，乳化而成。

[3]指组成是百里香油100、鼠尾草油150、斯里兰卡肉桂油300、黑胡椒油10、芫荽子油50、芹菜子油10、百里香油树脂2、丁香油树脂5、肉豆蔻油2、大豆磷脂3、蔗糖脂肪酸酯2、汉生胶1和水365，乳化而成。

4 中式常规辣酱油用调味料

醋酸	3.0	脱水蒜粉	0.15
盐	21.0	脱水洋葱粉	0.7

味精	0.25	丁香	0.3
蔗糖	4.0	肉豆蔻	0.3
蜂蜜	16.0	中国桂皮	0.3
焦糖色	4.5	百里香叶	0.23
甜精	0.05	月桂叶	0.23
紫苏叶	0.23	五香粉	2.59
辣椒	1.0	葡萄酒	5.0
番茄酱	8.0	合计	100.0
糖精	0.025		

5 英格兰风味干性酱油

水解植物蛋白	11.53	甜菜糖	21.60
盐	4.3	洋葱末	2.88
蒜末	0.36	葡萄糖	34.5
芥菜子末	1.44	生姜末	1.44
众香子粉	1.44	红辣椒粉	0.72
丁香粉	0.72	焦糖色	0.96
味精	0.36	苹果酸	7.45
醋酸	2.48	柠檬酸	0.35
乳糖	7.45	合计	100.0

6 炸猪排辣酱油（表12-10）

表 12-10 炸猪排辣酱油配比

配料	1	2	3
蔬菜汁（煮熟）/L	90	90	50
淀粉/kg	40	35	30
糖蜜/kg	5	—	2
砂糖/kg	3	5	2
氨基酸液/L	30		25
酱油/L	6	30	—
盐/kg	22	25	27
食醋/L	—	20	—
冰醋酸/L	2	—	2
番茄泥/kg	0.8	10	10
斯里兰卡肉桂/kg	0.3	—	0.5
鼠尾草/kg	0.3	—	0.5
丁香/kg	0.3	0.6	0.5

续表

配料	1	2	3
百里香/kg	0.3	—	0.3
肉豆蔻/kg	0.3	—	0.3
月桂叶/kg	0.2	—	0.2
胡椒/kg	0.8	1.4	0.5
蒜/kg	1.0	1.0	1.0
辣椒/kg	0.8	1.0	1.0
焦糖/kg	0.06	0.8	1.0
糖精/g	5.0	5.0	4.0
甜精/g	10.0	5.0	10.0
乌苷酸钠/g	60.0	200.0	100.0
总量/L	180	180	180

7　烤肉（Barbecue）用辣酱油（表 12-11）

表 12-11　巴比烤肉用辣酱油配比

配料	1	2	3
酱油/L	50	10	20
氨基酸液/L	5	35	10
乌斯特夏酱油/L	1	5	—
海带/kg	—	2	—
淀粉/g	60	20	—
麦芽糖/kg	—	1	—
砂糖/kg	2	3	3
冰醋酸/L	0.5	0.1	—
盐/kg	1	—	—
味精/g	60	30	60
琥珀酸钠/g	1	0.5	—
食醋/L	—	—	5
蒜/g	500	300	100
姜/g	100	100	100
丁香/g	100		100
百里香/g	—		100
胡椒/g	300	100	100
辣椒/g	60	20	10

注：烤肉除调味料外，其他可选用的配料有番茄、柠檬、芒果、蜂蜜、红酒、香菇、胡萝卜和橄榄油等。

8 韩国风味酱油（无豆腥味，表 12-12）

表 12-12 韩国风味酱油配比

品名	1	2	3
辣椒酱	19.8	—	—
黄豆酱	—	11.0	—
黄豆酱油	—	—	19.8
醋	19.8	22.0	19.8
红糖	39.6	43.9	39.7
罗勒粉	0.2	0.2	0.2
龙蒿粉	0.2	—	0.2
牛至粉	0.2	—	—
迷迭香粉	0.2	0.1	0.2
生姜粉	0.1	—	—
胡椒粉	—	0.3	—
芫荽这粉	—	0.2	0.2
月桂叶粉	—	0.2	—
丁香粉	—	0.1	—
水	19.8	22.0	19.8
合计	99.9	100.0	99.9

9 法式鱼香酱油（Anchovy sauce）

重盐发酵酱油	70	脱水大蒜末	5
百里香粉	1.5	法国芥末	3～6
红葡萄酒醋	18	黑胡椒粉	18

注：用前加适量橄榄油、水熬制一下。

10 印度芒果风味酸辣酱

苹果肉	31.0	罐头柠檬（去皮剁碎）	10.0
罐头芒果	10.0	红糖	10.0
罐头生姜（剁碎）	10.0	芥菜子末	2.5
西班牙葡萄干	4.5	生姜末	0.3
牛角辣椒（新鲜）	0.6	盐	余量
蒜粉	0.04	合计	100.0
白醋	20.49		

▶▶▷ 11　意大利风味酱

粉盐	19.64	脱水洋葱末	24.26
脱水干酪	26.56	罗勒（整）	3.11
黑胡椒粉	5.20	蒜粉	0.97
欧芹	6.53	牛至粉	2.0
玉米油	0.12	合计	100.0
蔗糖	11.61		

▶▶▷ 12　芥菜子末酱

黄芥菜子粉	12.5	胡椒粉	1.0
白醋	4.0	羧甲基纤维素	0.4
白酒	0.8	多聚磷酸钠	0.2
盐	1.5	柠檬酸	0.2
植物油	2.0	水	25.8
葡萄糖	1.5	合计	51.0
抗坏血酸	0.1		

▶▶▷ 13　日本煎饼用涂抹型风味酱

日本黄豆酱	400	日本花椒粉	100
生姜粉	100	柚子果肉（碎粒）	50
花生（熟，碎粒）	500	蒜头（碎粒）	100

水适量，熬透即可。

▶▶▷ 14　蛋黄酱（表 12-13）

表 12-13　蛋黄酱配比

配料	1	2	3	4	5	6
蛋黄	18.0	9.1	8.0	8.0	10.0	11.0
色拉油	68.0	78.0	80.0	80.0	75.0	78.0
食醋	9.4	10.2	1.0	9.8	10.0	4.0
砂糖	2.2	3.0	2.0	1.0	2.0	2.0
芥菜子粉	0.9	0.4	1.3	0.3	0.8	0.6
盐	1.3	1.0	1.0	0.9	1.3	1.5
辣椒	0.1	—	—	—	0.4	0.1
姜	—	—	—	—	0.6	—
丁香	—	—	—	—	0.8	—
肉豆蔻	—	—	—	—	0.1	—

续表

配料	1	2	3	4	5	6
小豆蔻	—	—	—	—	0.1	—
芫荽子	—	—	—	—	0.8	—
月桂叶	—	—	—	—	0.4	—
白胡椒	—	—	—	—	—	0.1
合计	100	100	100	100	100	100

第八节　肉味料

肉味料是为有效遮盖肉制品肉腥味并赋予特殊风味而采用的香辛料混合物，家庭烹调常以单味香辛料或二三味香辛料共用为主，规模化生产肉制品所用调味料的香辛料种类较多，都是预先混合好的调味料。

此类调味料的种类变化极多，以下仅是示例。

一、牛肉

>>> **1** 德国法兰克福风味牛肉用调味料（表 12-14）

表 12-14　德国法兰克福风味牛肉用调味料配比

配料	1	2
洋葱末	14.685	0.32
蒜末	14.685	0.32
生姜粉	4.258	0.93
白胡椒粉	17.034	3.73
芫荽子粉	17.034	3.73
肉豆蔻衣粉	1.468	0.32
小豆蔻粉	1.468	0.32
辣椒粉	29.368	0.51（油树脂）
盐	—	64.30
葡萄糖	—	24.11
赤藓糖酸钠	—	1.4
合计	100	99.99

2　意大利风味牛肉用调味料（表 12-15）

表 12-15　意大利风味牛肉用调味料配比

配料	1	2
盐	48.54	55.0
葡萄糖	6.83	7.74
赤藓糖酸钠	1.36	1.54
蒜粉	1.56	1.77
芥菜子粉	25.0	28.34
白胡椒粉	6.25	0.37（油树脂）
辣椒粉	4.69	0.43（油树脂）
芫荽子粉	1.56	0.05（油树脂）
肉豆蔻衣粉	1.09	0.06（油）
众香子粉	0.39	0.01（油）
丁香粉	0.39	0.07（油）
磷酸三钙	—	1.96
合计	100	100

3　美国风味牛肉用调味料

麦芽发酵糖浆（90°）	35.0	水解植物蛋白	35.0
脱水洋葱末	1.5	脱水蒜头末	0.5
红辣椒粉	0.5	圆叶当归粉	0.5
丁香粉	0.2	胡椒粉	0.1
醋（4%）	5.0	苯甲酸钠	0.1
水	21.6	合计	100.0

4　日本风味咖喱牛肉调味料

姜黄粉	84	枯茗粉	60
芫荽子粉	28.8	小茴香粉	24
胡椒	16.8	生姜粉	12
丁香粉	7.2	辣椒粉	7.2
脱水葱白	10	合计	250

注：调味料小包装，用于约 250000 的牛肉。

5　韩式牛肉油煎或烧烤料

食用油	90	面包屑	159
洋葱粒	150	蒜末	60
月桂叶粉	90	胡椒粉	6

| 柠檬香蜂草粉 | 15 | 盐 | 45 |

注：烹调前将上述配料与牛肉 2300 混合浸渍半小时。

二、猪肉

1　欧式鲜猪肉烹调用调味料（表 12-16）

表 12-16　欧式鲜猪肉烹调用调味料配比

配料	1	2
盐	65.0	72.222
糖	12.5	13.888
味精	5.0	5.555
白胡椒粉	7.50	5.555
鼠尾草粉	5.0	0.069（油树脂）
生姜粉	1.00	0.050（油树脂）
胡椒油树脂	—	0.427
肉豆蔻衣粉	2.5	0.139（油）
甘牛至粉	1.25	0.007（油）
抗氧剂 Tenox-4	0.05	0.056
柠檬酸	0.20	0.221
磷酸三钙	—	1.811
合计	100	100

2　韩式甜酸猪肉酱

香醋	2400	糖	7500
陈醋	200	焦糖色	200
青梅果肉	200	番茄酱	6500
猪肉酱①	400	伍斯特郡辣酱油②	400
合计③	17600		

①猪肉酱的组成：苹果 2000，洋葱 600，柠檬果肉 450，大葱 1000，生姜 2000，青辣椒 150，香菜（新鲜芫荽叶）200，迷迭香粉 30，丁香粉 10，月桂叶粉 3，新鲜茉莉花瓣 150，粉碎而成。

②伍斯特郡辣酱油，见酱油类调味酱节。

③上述甜酸猪肉酱与配料紫甘蓝菜、洋葱、黄瓜、青椒、葡萄干、樱桃、土豆淀粉、辣椒油等一起用于猪肉的烹调。

3　欧式猪肉冻用调味料

月桂叶	1.65	韭菜或葱	41.65
胡椒	33.35	芹菜子粉	41.65
欧芹	41.65	合计	166.6

丁香粉　　　　　　6.65

▶▶▶ **4**　德国烤肉用调味油

甘牛至油	1.32	辣椒油树脂	9.46
百里香（白）油	2.42	蒜油（或洋葱油）	7.02
黑胡椒油	8.8	杜松油	14.2
月桂叶油	2.42	丁香油	17.82
芫荽子油	3.52	姜油树脂	9.46
众香子油	5.94	木醋	11.66
肉豆蔻油	5.94	合计	100.0

▶▶▶ **5**　北欧熏肉香调味油

杜松油	68.75	辣椒油树脂	18.75
黑胡椒油	12.5	合计	100.0

▶▶▶ **6**　美洲熏肉用调味料（表 12-17）

表 12-17　美洲熏肉用调味料配比

配料	1	2
盐	59.13	63.26
大蒜粉	3.28	3.52
味精	1.42	1.52
芫荽子粉	0.25	0.03
糊精	26.27	21.09
黑胡椒粉	6.57	7.03
味精	3.28	3.52
众香子油	0.025	0.031

三、禽类

▶▶▶ **1**　意大利风味烧鸡调料

脱水细香葱白粉	35.0	黄芥菜子粉	5.0
姜黄粉	125.0	芫荽子粉	205.0
芹菜子粉	3.0	盐	500.0
脱水大蒜粉	5	味精	200.0
白胡椒粉	5.0	合计	1083.0

▶▶▶ **2**　伊朗风味的炸鸡块

柠檬汁	47mL	盐	4.7g
红辣椒	1.4g	剁碎的鲜洋葱	47g

番红花	0.1g	葵花籽油	20mL
鸡块	1000g		

3　美国鸡肉风味卤汁

食用淀粉	0.40~0.70	芹菜子油树脂	0.003~0.007
水解鸡肉蛋白	0~0.02	黑胡椒油树脂	0.003~0.007
盐	0.06~0.10	洋葱粉	0.08~0.15
味精	0.02~0.04	大蒜粉	0~0.005
鸡油	0~0.03	其他香辛料[①]	0.001~0.002
鸡精	0.05~0.15	糖	0~0.10
姜黄粉	0.0005~0.001	糊精	0~0.10

①其他香辛料以鼠尾草和百里香为主，有时有少量的牛至。

4　安徽符离集烧鸡调味料

八角	15.0	小茴香	2.5
高良姜	3.5	砂仁	1.0
肉豆蔻	2.5	花椒	4.0
草果	2.5	山奈	3.5
白芷	4.0	丁香	2.5
陈皮	1.0	合计	100.0
中国桂皮	10.0		

5　韩国卤鸡风味料

硝酸钠	0.02	复合磷酸盐	0.47
D-异抗坏血酸钠	0.09	酱油	8.54
米酒	6.86	白糖	6.37
麦芽糖	9.18	蜂蜜	2.42
黑胡椒	0.99	咖喱粉	1.48
蒜头粉	15.01	洋葱	13.12
可乐果粉	7.89	味精	1.06
牛肉精	0.26	辣椒粉	13.13
青辣椒粉	2.42	辣椒酱	7.28
盐	适量		

第九节　肉灌制品调味料

肉灌制品有香肠、肝肠、腊肠、红肠、茶肠、小肚、香肚、烟熏肠等，品种不同，加工工艺不同，配料也有很大的变化。但有一方面是相同的，即香辛料是其中的主要风味来源，用来提升风味、加强特色、掩盖肉味。采用的香辛料除葱、姜、蒜、洋葱等生鲜香辛料外，"干调"香辛料也广泛使用。一般有八角、花椒、胡椒（西式肉灌制品以白胡椒为主）、肉豆蔻、砂仁、肉桂、茴香、枯茗（牛羊肉用）等。由于这类产品存放时间较长，所以这些香辛料需有良好的防腐性和抗氧性。

有一点需说明的是，芥菜子在西方国家的肉灌制品中的用量是要严格计算的，一般为1%，如风味特别需要，最多也是1.5%～2.0%。这是由于受到肉灌制品中非肉蛋白质含量只允许为1%的限制。这种芥菜子需先行加热杀酶。

1　腊肠用香辛料

胡椒粉	28.0	脱水洋葱末	40.0
姜粉	8.0	月桂叶粉	3.0
斯里兰卡肉桂粉	5.0	脱水蒜末	0.5
肉豆蔻粉	12.0	丁香粉	2.0
甘牛至粉	1.5	合计	100.0

2　意大利猪肉香肠配料 （表 12-18）

表 12-18　意大利猪肉香肠配料

配料	1	2	3
盐	67.777	60.0	57.14
糖	13.111	—	13.81
白胡椒粉	10.555	10.0	—
菜椒粉	2.222	5.0	5.0
肉豆蔻粉	1.111	—	—
肉豆蔻衣粉	1.111	—	—
芫荽子粉	3.333	5.0	—
茴香粉	0.555	—	0.19
丁香粉	0.111	—	—
肉桂皮粉	0.111	—	—
红辣椒粉	—	10.0	3.86
红辣椒粗粉碎物	—	—	11.43
小茴香	—	10.0(粉或整粒)	10.0(整粒)
合计	99.997	100.0	100.0

3　意大利萨拉米香肠（Salami sausage）调味料

| 黑胡椒粉 | 17.0 | 菜椒粉 | 1.0 |
| 白胡椒粉 | 11.0 | 植物蛋白 | 817.0 |

肉豆蔻粉	6.0	盐	227.0
大蒜粉	6.0	淀粉	17.0
姜粉	1.0	合计	1103.0

注：意大利萨拉米香肠是以等量的牛肉和猪后腿肉为主料的肉制品。

4　波兰风味香肠配料（表12-19）

表12-19　波兰风味香肠配料

配料	克拉科夫香肠 （Krakowska sausage）	卡波诺思香肠 （Kabanosy sausage）
芫荽子粉	55.75	—
大蒜粉	2.1	—
肉豆蔻粉	3.2	20.0
黑胡椒油树脂	0.5	—
糖	（葡萄糖）23.45	（蔗糖）20.0
胡椒粉	15.0（白）	40.0（黑）
葛缕子粉	—	20.0
合计	100.0	100.0

5　熏猪肝肠配料

玉米粗粉碎物	54.5	迷迭香粉	0.177
赤藓糖酸钠	1.130	甘牛至粉	1.721
葡萄糖	35.027	肉豆蔻粉	0.396
白胡椒粉	1.085	百里香粉	0.247
黑胡椒粉	1.085	洋葱末	3.442
芫荽子粉	0.882	合计	100.0
生姜粉	0.308		

6　香肠调味油

肉豆蔻油	60.0	芥菜子油	1.7
黑胡椒油	13.5	丁香油	4.0
芫荽子油	10.0	月桂叶油	0.8
辣椒油树脂	10.0	合计	100.0

7　模压火腿用香料

胡椒	30.0	肉豆蔻	11.0
蒜粉	0.5	芫荽子	5.0
肉桂	5.0	众香子	6.0

| 月桂叶 | 7.5 | 合计 | 100.0 |
| 葱白 | 35.0 | | |

8 香肚调味料

葛缕子油	30.0	芫荽子油	11.0
甘牛至油	6.0	莳萝叶油树脂	30.0
芹菜子油树脂	23.0	合计	100.0

9 维也纳风味香肠（Vienna sausage）调味料

胡椒	28.0	洋葱	40.0
姜	8.0	月桂叶	3.0
斯里兰卡肉桂	5.0	肉豆蔻	12.0
蒜	0.5	丁香	2.0
甘牛至	1.5	合计	100.0

10 波洛尼亚大红肠（Bologna sausage）调味料

芫荽子粉	9.9	大豆蛋白	158.1
肉豆蔻粉	4.9	葡萄糖	79.0
红辣椒粉	4.9	砂糖	31.9
姜粉	3.7	合计	194.9
大蒜粉	2.5		

第十节　汤料调味料

　　汤料调味料的种类很多，依据用途不同，原料也有很大变化。主要用料有肉禽类原料熬干物、鲜味剂、盐、色素、香辛料和油脂等。汤料调味料的关键在于风味和口感，所以香辛料的使用十分重要。香辛料的作用之一是提供辣味，常用的有胡椒粉、姜粉、辣椒粉、花椒、芥菜子粉等；其次是提供风味，可用香辛料有蒜、香葱、洋葱、芫荽、芹菜子等；欧芹等可用作着色料。

1 鸡汤调料

葡萄糖	18.25	精盐	15.62
味精	11.56	姜黄油树脂	0.014
菜椒油树脂	0.0015	芹菜子油树脂	0.012
胡椒油树脂	0.0095	水解植物蛋白	17.28
自溶酵母	4.95	脱水洋葱粉	1.31
脱水蒜头粉	0.44	熬制鸡油	30.013
脱水鸡白肉	3.0	合计	100.0

2　美式鸡蛋面汤调料

盐	18.695	葡萄糖	18.826
味精	13.826	糊化淀粉	12.772
脱水蒜头粉	0.522	脱水洋葱粉	1.565
熬制鸡油	2.696	脱水鸡白肉	4.174
欧芹末	0.272	芹菜子油树脂	0.014
姜黄油树脂	0.016	黑胡椒油树脂	0.011
菜椒油树脂	0.002	合计	100.0

注：用前将92g调料和20g冻干切成细条的蛋皮放入47.3L水中煮沸2min即可。

3　方便面汤料

（1）牛肉风味汤料（表12-20）

表12-20　牛肉风味汤料配比

配料	1	2
水解植物蛋白	44.7	
牛肉提取物	4.4	0.2
牛脂肪提取物	3.3	0.55
酵母提取物	4.4	
盐	20.1	0.8
蔗糖	13.1	—
脱水洋葱粉	7.2	0.1
芹菜子粉	1.3	0.015
辣椒粉	0.06	—
焦糖粉	1.44	0.02
5′—肌苷酸钠	—	0.012
5′—鸟苷酸钠	—	0.14
胡萝卜粉	—	0.1
白胡椒粉	—	0.01
黑胡椒粉	—	0.01
蒜粉末	—	0.015
月桂叶粉	—	0.001
欧芹	—	0.01
合计	100.0	—

（2）面汤料（表 12-21）

表 12-21　面汤料配比

配料	1	2
精盐	59.2	67.6
牛肉精	9.9	3.00
核酸系列风味料	0.20	0.20
谷氨酸钠	9.0	12.0
琥珀酸钠	0.50	0.10
柠檬酸	0.30	0.30
焦糖粉	1.70	0.10
粉末酱油	5.50	5.0
黑胡椒	0.15	0.10
豆芽粉末	2.00	3.00
韭菜粉末	0.10	0.10
葱头粉末	0.10	4.40
蒜头粉末	0.05	0.50
姜粉末	0.05	0.50
洋白菜粉末	—	2.00
葡萄糖	11.25	1.1
合计	100.0	100.0

（3）风味方便面调料配方（表 12-22）

表 12-22　风味方便面调料配方

配料	葱味	虾味	鸡蛋味	鸡汁味	香菇味
盐/g	4.4	3.75	4.0	3.5	3.5
味精/g	1.0	1.0	0.5	0.75	1.25
乌苷酸/mg	15	15	6	15	15
白糖/g	1.0	0.5	0.9	1.25	1.0
生姜粉/mg	—	—	—	30	—
白胡椒粉/mg	20	20	12	20	—
柠檬黄色素/mg	—	—	—	0.25	—
焦糖/mg	—	—	—	—	80
香菇干片/g	—	—	—	—	1.0
葱干/g	0.1	0.05	0.1	—	—
虾米粉/g	—	1.5	1.0	—	—
小磨麻油/g	—	0.5	1.0	1.0	0.75

续表

配料	葱味	虾味	鸡蛋味	鸡汁味	香菇味
葱油/g	0.5	—	—	—	—
BHA、BHT 和柠檬酸/mg	各 0.1	各 0.1	—	—	各 0.1
合计	7.0	7.3	7.5	6.5	7.5

第十一节　饮料

饮料中可加入香辛料的并不多，只能在一些特殊的品种中应用香辛料独特的风味和强烈的口感，起矫正口味的作用。

1　美式冰冻西红柿冷饮调料

蔗糖	30.0	辣椒油树脂	0.078
盐	22.0	柠檬油	0.244
姜油树脂	0.078	众香子油	0.015
芹菜子油树脂	0.063	植物蛋白	9.0
大蒜油	0.032	脱水洋葱末	2.50
柠檬酸	2.0	味精	4.5
硬脂酸钙	1.49	合计	100.0
葡萄糖	28.0		

注：每升西红柿汁中加入上述调料 30g，混合均匀，调料全溶后，冰冻 10~15min 后即可。

2　血玛丽番茄汁

番茄汁	1.1L	白柠檬汁	75mL
辣根粉	12g	辣椒酱	10g
伏特加酒	225mL	新鲜粉碎黑胡椒	6g
欧当归根	一支（20cm）	浸渍其中以装饰	

3　清凉苹果汁

洋甘菊提取物[①]	1.0%	番红花提取物[①]	0.01%
苹果汁	10.0%	饴糖	6%
维生素 C	0.2%	水	82.79%

①水提取物均浓缩至干。

第十二节　烹鱼用料

东西方对鱼的烹调用料有很大的不同，如中国无论是淡水鱼或海水鱼均以葱姜为主要香辛料，也有时用到辣椒，配以酒、醋，很少涉及其他香辛料。西式鱼用料就广泛得多。

❭❭ 1 鱼香调味料

丁香油	8.0	众香子油	14.0
中国桂皮油	4.0	姜油树脂	1.0
辣椒油树脂	3.0	丙二醇	21.0
吐温-80	49.0	合计	100.0

❭❭ 2 醋渍鲱鱼片调味料

芥菜子油	0.33	月桂叶油	2.64
黑胡椒油	1.43	肉桂皮油	3.52
众香子油	2.86	牛至油	10.56
丁香油	7.04	小茴香油	65.35
龙蒿油	5.28	合计	100.0
甘牛至油	0.99		

❭❭ 3 咸香鲳鱼调味料

胡椒	0.3	姜粉	0.2
肉桂粉	0.4	甘草粉	1.0
葱头粉	0.5	八角	0.75
蒜头粉	0.5	肉豆蔻	0.25
丁香	0.3	合计	4.5
花椒	0.3		

❭❭ 4 鲑鱼鱼肉肠调味料

白胡椒粉	1	脱水蒜头粉	0.5
肉豆蔻粉	0.3	葡萄酒	1.8
盐	100	砂糖	15
合计	118.6		

第十三节　调味醋

　　所谓调味醋是将香辛料和醋混合制成的传统调味品，中国的调味醋较简单，一般将姜或大蒜加入醋中，成为姜汁醋或蒜汁醋。将混合香辛料而不是单一香辛料浸入醋中，使醋带有香辛料的芳香和辣味，则是欧美等国的常用调味品，也称之为香辣醋。

　　香辣醋的配比见表12-23。

表 12-23　香辣醋配比

配料	1（重辣型）	2（中辣型）	3（轻辣型）
辣椒粉	24.0	—	—
众香子粉	18.0	—	1.8
芫荽子粉	17.0	—	—
丁香粉	12.0	10.0	—
黑胡椒粉	12.0	15.0	23.6（白胡椒粉）
干姜粉	8.5	12.0	—
芥菜子末（黄色）	8.5	—	—
月桂叶粉	—	20.0	1.5
肉桂粉	—	10.0	—
肉豆蔻粉	—	8.0	—
茴香粉	—	8.0	—
鼠尾草叶粉	—	7.0	—
小豆蔻粉	—	5.0	—
罗勒粉	—	5.0	22.0
龙蒿粉	—	—	22.0
香薄荷粉	—	—	3.7
百里香粉	—	—	3.7
脱水细香葱	—	—	3.7
辣根	—	—	3.0
迷迭香粉	—	—	0.2
柠檬皮	—	—	7.4
盐	—	—	3.7
砂糖	—	—	3.7
合计	100.0	100.0	100.0

第十四节　酒用香辛料

　　酒中使用香辛料有两种方法，一是在制酒的原料中加入香辛料，然后经发酵、蒸馏出酒；另一种是将香辛料在酒基中浸渍，最后经过滤成酒。酒中使用香辛料的目的是加强特色风味，同时掩盖酒基的发酵杂味。

　　酒用香辛料见表 12-24。

表 12-24　酒用香辛料

酒品名	香辛料名	示例
橙味酒	苦橙、肉桂、丁香、芫荽、柠檬、肉豆蔻、甜橙、朗姆酒基	君度（Cointreau，法国）、金万利（Crand Marnier，法国）

续表

酒品名	香辛料名	示例
薄荷酒	薄荷、柠檬醛、香辛料	薄荷酒（Creme de Menthe，法国和荷兰）
葛缕子白酒	葛缕子、朗姆酒基、小茴香、柠檬、芫荽	德国甜酒（Kummel）
奶油可可酒	可可豆提取物、丁香、肉豆蔻衣、香荚兰	百利（Baileys，爱尔兰）
苦艾酒	苦艾提取物、当归、甘牛至、紫苏、芫荽、姜、柠檬、蛇鞭菊、鸢尾、肉桂、小豆蔻、缬草、丁香、刺柏、肉豆蔻衣、椒样薄荷、百里香、大茴香、香荚兰	白苦艾酒（Blanche，瑞士）
茴香酒	茴香酒	法国茴香酒（French Pastis）
杜松酒	杜松子、苦橙、柠檬油、芫荽子	金酒（Gin，意大利）

1　茴香甜酒料

八角油	1200.0	小豆蔻油	1.2
冷榨橙油	13.75	冷榨柠檬油	13.72
肉豆蔻油	2.35	玫瑰油	0.5
橙花油	0.03	肉桂油	2.35
丁香油	3.50	酒精（95%）	8762.6
水	1237.4	合计	11237.2

注：放置24h后过滤除去萜烯。

2　姜味啤酒香料

姜油树脂	4.0	蒸馏白柠檬油	1.0
冷榨白柠檬油	1.0	冷榨柠檬油	1.0
冷榨橙皮油	1.0	乙醇（95%）	27.2
水	41.5	合计	76.7

3　查尔特勒士利口酒（Chartreuse）香料

丁香油	2.0	橙花油	0.5
肉豆蔻油	2.5	肉桂皮油	2.5
玫瑰油	0.1	冷榨橙皮油	6.5
冷榨柠檬油	3.4	薄荷油	7.5
当归子油	7.5	当归根油	45.0
苦橙油	20.0	合计	100.0
小豆蔻油	2.5		

4　杜松酒香料

杜松油	12.0	柠檬油	1.6
苦橙油	1.0	芫荽子油	0.6
小豆蔻油	0.2	丁香油	0.2

众香子油	0.2	当归油	1.0
龙蒿油	0.4	肉桂皮油	0.2
肉豆蔻油	0.2	橙叶油	0.2
白兰地酒香基	0.1	合计	17.9

5 干金酒（Dry Gin）香料

杜松油	12.0	丁香油	0.2
柠檬油	1.6	肉豆蔻衣油	0.2
苦橙油	1.0	众香子油	0.2
白芷油	1.0	白兰地酒香基	0.1
芫荽子油	0.6	肉豆蔻油	0.2
虫木油	0.4	合计	17.7
肉桂皮油	0.2		

6 黄康甜酒香料

当归根油	20.0	冷榨柠檬油	16.0
康乃克油（精馏）	4.0	苦艾油	8.0
酸橙花油	2.0	冬青油	2.0
香柠檬油	2.0	肉桂皮油	2.0
肉豆蔻油	2.0	苦橙油	16.0
薄荷油（精馏）	12.0	薰衣草油	4.0
白菖蒲油	4.0	众香子油	2.0
姜油	2.0	丁香油	2.0
乙酸乙酯	20.0	乙醇（95%）	568.0
水	284.0	合计	972.0

7 蓝柑桂酒（Blue Curacao）香料

苦橙皮	47.5	芫荽子	17.5
柑橘花	15.0	当归子	8.75
肉桂	8.75	柑橘皮（库拉索）	15.0
黑香豆	1.0	薄荷	25.0
柠檬皮	17.5	丁香	10.75
姜	15.0	藏红花	1.0
肉豆蔻	2.5	水	500.0
乙醇（95%）	720.0	合计	1427.75
甜橙皮	22.5		

注：浸渍后过滤。

8 阿瓜维特开胃酒（Aquavit）

葛缕子油	12.3	芫荽子油	0.8
橙油（脱萜）	0.3	乙醇（95%）	74.4
水	12.0	合计	100.0

注：放置一段时间后过滤除萜烯。

9 高酒度金酒香料

杜松油（意大利）	8.0	冷榨苦橙油	1.0
柠檬油	1.6	芫荽子油	0.6
当归根油	1.0	小豆蔻油	0.2
苦艾油	0.4	丁香油	0.2
肉桂皮油	0.2	众香子油	0.2
肉豆蔻油	0.2	香柠檬油	0.2
康酿克油	0.1	水	188.4
乙醇（95%）	185.2	合计	391.5
杜松油（俄罗斯）	4.0		

10 法国本尼狄克丁甜酒（Benedictine）香基

柠檬油（除萜）	15.0	薄荷油	0.4
甜橙油（除萜）	24.0	10%百里香油（除萜）	1.5
苦艾油	7.5	橙花油	0.2
康酿克油	30.0	柠檬香蜂草花油	0.4
当归子油	0.2	斯里兰卡肉桂油	0.4
鼠尾草油	1.5	丁香油	0.4
海索草油	0.7	95%乙醇	16.1
肉豆蔻油	0.2	玫瑰香基	1.5
		合计	100.0

第十五节 糕点面食用调味料

香辛料在糕点中的应用一般是将香辛料的油状制品混入糕饼原料中，经加工过程中的烘烤等手段产生风味，提升糕点的风味质量。因此糕点用香辛料需对热稳定，常用的香辛料有肉桂、肉豆蔻、小豆蔻、丁香等。

1 面包用香料

乙基香兰素	3.52	香兰素	17.5
肉桂皮油	11.088	肉豆蔻油	3.52
小豆蔻油	1.76	朗姆香基	1.766

奶油香基	40.072	乙醇（95%）	19.976
丁香油	0.704	合计	100.0

2　磅蛋糕香料

乙基香兰素	2.75	斯里兰卡肉桂皮油	42.0
苦杏仁油	6.6	小豆蔻油	3.3
丁香油	6.9	冷榨柠檬油	19.5
肉豆蔻油	6.6	合计	100.0
香兰素	12.6		

3　蛋糕用香料

乙基香兰素	3.0	肉豆蔻油	3.5
苦杏仁油（无氢氰酸）	3.5	中国桂皮油	12.0
肉桂油（斯里兰卡）	7.0	冷榨橙皮油	30.0
冷榨柠檬油	22.0	合计	100.0
香兰素	19.0		

4　马德拉蛋糕香料

肉豆蔻油	4.4	冷榨柠檬油	13.2
芫荽子油	2.2	苦杏仁油	1.0
丁二酮	2.0	朗姆醚	4.0
香兰素	4.4	乙醇（95%）	55.0
丙二醇	13.2	合计	100.0

5　面团用香料

冷榨柠檬油	15.0	乙基香兰素	1.8
冷榨橙皮油	14.0	洋茉莉醛	0.015
肉豆蔻油	0.25	柠檬醛	0.9
肉桂皮油	0.25	丁二酮（纯）	0.005
芫荽子油	0.475	乙醇（95%）	60.205
香兰素	7.1	合计	100.0

6　杏仁甜饼香料

玫瑰油	0.1	冷榨柠檬油	20.0
小豆蔻油	12.5	杏仁油（无氢氰酸）	36.5
丁香油	15.0	合计	100.0
斯里兰卡肉桂油	15.0		

7　西式南瓜馅饼香辛料建议配方

肉桂粉	40～80	肉豆蔻粉	10～20

| 生姜粉 | 10～20 | 丁香粉 | 10～20 |
| 黑胡椒粉 | 0～5 | | |

8 西式苹果馅饼香辛料建议配方

| 肉桂粉 | 60～95 | 肉豆蔻或肉豆蔻衣粉 | 2～15 |
| 众香子粉 | 2～15 | 大茴香或小茴香粉 | 0～10 |

9 薯条调味料建议配方

盐（细粉）	19～25	酵母	6～15
糖（焙烤专用）	10～20	面粉或玉米粉	10～20
味精	3～8	洋葱粉	2～8
番茄粉	0～5	小红朝天辣椒粉	1～2
大蒜粉	0.5～4	柠檬酸	0.5～1
菜椒粉	1～5	菜椒油树脂（4万～10万色素单位）	
			0.1～0.8
烟熏调味料	0.5～2	肌苷酸二钠	0～0.2
抗结块剂	0～2	糊精	10～20

其他香辛料粉剂（芹菜子、枯茗、众香子、肉桂、黑胡椒、辣椒）0.05～0.5

10 比萨饼用调味配料

番茄酱	65g	鸡精	12.0g
脱水洋葱末	1.7g	脱水大葱白	1.7g
脱水胡萝卜	1.6g	酱油	5mL
醋	10mL	脱水菜椒粒	1.0g
牛至粉	0.12g	罗勒粉	0.15g

11 意大利通心粉调料

橄榄油	40	罗勒粉	26
脱水蒜末	6	松仁	6
奶酪	6	盐	4
调味酱[①]	12	合计	100

①调味酱的制作：Worcestershire酱油30和香菇粉100的混合物。

12 怪味豆类调味料建议配方

盐（细粉）	25～35	糊精等粉剂	10～20
小红朝天辣椒粉	5～15	辣椒粉	5～20
黑胡椒粉	0～5	洋葱粉	4～8
大蒜粉	0.5～3	味精	0～8
菜椒油树脂	0.2～0.5	辣椒油树脂	0～0.8

抗结块剂	0～2

第十六节　肉类腌制料

肉类腌制可以以单纯的盐来进行。但东西方的风味肉类腌制大多采用重香辛料以增味和去膻，而所用香辛料的品种却相差很大。中国腌制肉习惯用的是中国传统香辛料，如茴香、桂皮、八角、花椒、胡椒、生姜、丁香等。西式腌制所用香辛料可见表 12-25。品种虽然不同，但有一点是共有的，即它们都需有很强的抗氧性。

表 12-25　西式腌制肉用香辛料配比

香辛料名	配比范围/%	香辛料名	配比范围/%
整粒芫荽子	10～40	整粒芹菜子	5～10
整粒芥菜子	10～40	整粒黑胡椒	0～10
粗粉丝月桂叶	10～20	整个丁香	0～10
整个小红朝天椒或粉	5～10	粗粒肉桂	0～10
整粒众香子	5～10	细片生姜	0～5
整粒莳萝子	5～10		

1　中国川味腊肉配料

盐	75.0	荜筴	0.83
白糖	15.0	甘草	0.56
复合磷酸盐	3.8	硝酸钠	0.5
花椒	2.0	辣椒粉	1.2
中国桂皮	0.83	合计	100.0
八角	0.28		

2　中国广味腊肉配料

盐	46.0	中国桂皮	0.86
白糖	45.0	白胡椒	0.11
复合磷酸盐	3.5	干姜	0.61
八角	1.82	硝酸钠	0.5
山奈	0.35	味精	1.5
砂仁	0.49	合计	100.0
甘草	0.86		

3　日本牛肉腌制料（对应于 159 的牛肉）

盐	3.965	白砂糖	1.513

葡萄糖	1.513	D-异抗坏血酸钠	0.316
味精	0.316	亚硝酸钠	0.0176
白胡椒	0.057	月桂叶	0.012
百里香叶	0.012		

注：烧煮时的作料配比：腌制牛肉 15 与水 9，白砂糖 1.65，山梨糖醇 1.35，酱油 0.9，鱼露 0.75，味精 0.15，干红辣椒 0.045 和山梨酸钾 0.026。

4　欧式牛肉腌制料（相对于肉类，用量约 5%）

玉米淀粉	46.2	小麦胚芽	26.7
碳酸氢钠	16.18	碳酸钙	12.6
芝麻籽	5.16	柠檬酸	0.2
辣椒	0.5	洋葱	0.5
蒜头	0.5	亚麻子粉	2
芥菜子	1	干姜	0.5
芫荽子	1	脱水野蒜叶	0.125
脱水荨麻叶	0.125		

5　印度尼西亚腌制牛肉配料

良姜	80	芫荽籽	20
蒜末	100	红糖	165
蔗糖	165	罗望子	3
黑胡椒	3	亚硝酸钠	0.3
盐	25		

注：用于牛肉 1000。

第十七节　番茄酱

　　番茄酱是鲜番茄的酱状浓缩制品，呈鲜红色酱体，具番茄的特有风味，是一种富有特色的调味品，一般不直接入口。番茄酱由成熟红番茄经破碎、打浆、去除皮和种子等粗硬物质后，经浓缩、装罐、杀菌而成。为增加番茄酱的风味性，在番茄酱作为基本原料的基础上加入醋、糖、盐、众香子、丁香、肉桂、洋葱、芹菜籽等，常用作鱼、肉等食物的烹饪佐料和调料。

1　风味番茄酱（表 12-26）

表 12-26　风味番茄酱配比

配料	1	2	3
番茄泥/L	18	18	18
砂糖/kg	2	1.5	1.5

续表

配料	1	2	3
食盐/g	500	400	600
冰醋酸/g	50	50	150
淀粉/g	100	50	200
洋葱/g	400	300	500
蒜头/g	200	100	50
肉桂/g	50	20	—
鼠尾草/g	5	5	—
百里香/g	5	5	—
肉豆蔻/g	5	5	10
芹菜子/g	—	5	5
月桂叶/g	—	10	—
众香子/g	—	10	—
胡椒/g	40	20	60
谷氨酸钠/g	40	20	60

2 **辣味番茄酱**（表 12-27）

表 12-27 辣味番茄酱配比

配料	1	2
番茄(去皮)/kg	420	2500
砂糖/kg	4	24
洋葱末/kg	1.2	4
蒜头末/g	250	250
众香子/g	250	—
小红辣椒/g	700	800
肉桂/g	90	1500
丁香/g	300	—
肉豆蔻/g	—	450
食醋/L	80	180
芥菜子/g	—	200
精制油/g	—	200

3 **意大利 Marinara 型风味番茄酱**

蔗糖	3.75～6.25	盐	0.63～1.88
罗勒粉（埃及产）	0.12～0.63	罗勒叶片	0～1.25

洋葱粉	0.12～0.50	欧芹细片	0～1.25
大蒜粉	0.25～1.25	蒜头细粒	0～0.63
牛至粉（地中海沿岸产）	0.12～0.63	牛至叶片	0～1.25

注：与 60～80 番茄酱调和。

▶▶▶ 4　番茄酱调味油

丁香油	57.165	斯里兰卡肉桂皮油	9.9
肉豆蔻油	7.92	众香子油	9.9
肉豆蔻衣油	7.92	芥菜子油	0.495
芹菜子油	6.7	合计	100.0

参考文献

[1] Erich Ziegler. Flavourings. Wiley-VCH publishing，1998.

[2] Kenneth T，Farrell. Spices，Condiments and Seasonings. AVI publishing Co，1990.

[3] Guiseppe Solvodori. Olfactory and taste. Allured publishing，1997.

[4] 郑友军. 调味品生产工艺与配方. 北京：中国轻工业出版社，1998.

附　录

附录 1　香辛料水溶液的 pH 值

众香子（牙买加）4.8

　　（墨西哥）5.4

玉桂（云南）4.53

　　（广西）5.0

肉桂（斯里兰卡）4.6

丁香（马达加斯加）4.6

姜（非洲）6.2

　（中国）6.0

肉豆蔻衣（印度）4.6

肉豆蔻（印度）5.85

黑胡椒　6.4～7.5

白胡椒　5.2～6.02

注：测试样品为 25℃，2g 香辛料置于 25mL 水溶液中。

附录 2　香辛料主要生产国和地区（以英文排名为序）

Albania 阿尔巴尼亚：牛至、鼠尾草

Algeria 阿尔及利亚：葫芦巴、欧芹、迷迭香

American 美国：茴香、罗勒、随续子、红辣椒、葛缕子、芹菜子、细叶芹、细香葱、芫荽子、莳萝、小茴香、葫芦巴、大蒜、酒花、辣根、甘牛至、芥菜子、洋葱、菜椒、欧芹、薄荷、罂粟子、迷迭香、鼠尾草、芝麻、留兰香、百里香

Argentina 阿根廷：茴香、芫荽、枯茗、小茴香、酒花、甘牛至、芥菜、菜椒、薄荷

Australia 澳大利亚：生姜、酒花、薄荷

Austria 奥地利：酒花、芥菜

Balkan 巴尔干半岛：鼠尾草、月桂叶、芫荽、葫芦巴、酒花、辣根、牛至、菜椒、薄荷、罂粟子、迷迭香

Belgium 比利时：罗勒、酒花、欧芹

Brazil 巴西：红辣椒、肉桂、酒花、肉豆蔻、肉豆蔻衣、黑胡椒、白胡椒

Bulgaria 保加利亚：茴香、罗勒、葛缕子、芫荽、小茴香、菜椒、百里香

Cambodia 柬埔寨：斯里兰卡肉桂、黑胡椒

Canada 加拿大：葛缕子、莳萝、芥菜、洋葱、菜椒、欧芹、罂粟子、鼠尾草、香薄荷、百里香

Chile 智利：茴香、芥菜、菜椒

China 中国：茴香、八角、玉桂、芫荽、大蒜、生姜、洋葱、罂粟子、番红花、芝麻、姜黄、花椒、酒花、红辣椒、菜椒、薄荷、留兰香、丁香

Comoros 科摩罗群岛：罗勒

Congo 刚果：红辣椒

Costa Rica 哥斯达黎加：葛缕子

Cyprus 塞浦路斯：茴香、枯茗、葫芦巴、鼠尾草

Czech 捷克：酒花、罂粟子

Egypt 埃及：茴香、肉桂、芫荽、枯茗、小茴香、葫芦巴、大蒜、生姜、洋葱、芝麻

France 法国：茴香、罗勒、月桂叶、随续子、芹菜子、细叶芹、细香葱、芫荽、莳萝、小茴香、葫芦巴、番红花、香薄荷、罂粟子、迷迭香、欧芹、薄荷、龙蒿、百里香、大蒜、酒花、甘牛至、洋葱、牛至

Germany 德国：茴香、细香葱、莳萝、小茴香、葫芦巴、酒花、辣椒、甘牛至、洋葱、欧芹、薄荷、罂粟子、百里香、迷迭香、香薄荷

Greece 希腊：茴香、月桂叶、葫芦巴、生姜、牛至、欧芹、番红花、鼠尾草、芝麻、百里香

Guatemala 危地马拉：众香子、月桂叶、红辣椒、小豆蔻、芝麻

Guyana 圭亚那：红辣椒

Haiti 海地：姜黄

Holland 荷兰：葛缕子、芹菜子、细香葱、芫荽子、莳萝、小茴香、酒花、芥菜子、洋葱、欧芹、罂粟子、留兰香

Honduras 洪都拉斯：众香子、红辣椒

Hungary 匈牙利：罗勒、芹菜子、莳萝、甘牛至、菜椒、罂粟子

India 印度：茴香、罗勒、红辣椒、葛缕子、小豆蔻、芹菜子、肉桂、丁香、芫荽、枯茗、莳萝、小茴香、葫芦巴、生姜、芥菜子、洋葱、薄荷、胡椒、罂粟

子、番红花、芝麻、姜黄

Indonesia 印度尼西亚：罗勒、葛缕子、小豆蔻、玉桂、肉桂、丁香、大蒜、肉豆蔻、肉豆蔻衣、黑胡椒、芝麻

Iran 伊朗：罗勒、枯茗、罂粟子、番红花、龙蒿

Israel 以色列：月桂叶、大蒜、洋葱

Italy 意大利：罗勒、随续子、细叶芹、芫荽、小茴香、葫芦巴、大蒜、甘牛至、芥菜子、洋葱、枯茗、牛至、欧芹、薄荷、迷迭香、鼠尾草、番红花、百里香

Jamaica 牙买加：众香子、丁香、生姜、姜黄

Japan 日本：茴香、红辣椒、芹菜子、小茴香、生姜、酒花、芥菜子、欧芹、薄荷、芝麻、留兰香、姜黄、辣根

Kashmir 克什米尔：番红花

Kenya 肯尼亚：芝麻

Laos 老挝：小豆蔻

Lebanon 黎巴嫩：茴香、枯茗、葫芦巴、洋葱、芝麻

Madagascar 马达加斯加：茴香、罗勒、肉桂、丁香、黑胡椒

Malaysia 马来西亚：丁香、肉豆蔻、肉豆蔻衣、黑胡椒、白胡椒、姜黄

Malta 马耳他：枯茗

Mexico 墨西哥：众香子、茴香、月桂叶、红辣椒、肉桂、芫荽子、枯茗、莳萝、大蒜、生姜、洋葱、牛至、菜椒、芝麻

Moluccas 摩洛加群岛：丁香、肉豆蔻、肉豆蔻衣

Morocco 摩洛哥：月桂叶、葛缕子、芫荽子、枯茗、葫芦巴、甘牛至、迷迭香、百里香

New Zealand 新西兰：酒花

Nicaragua 尼加拉瓜：芝麻

Pakistan 巴基斯坦：茴香、莳萝

Peru 秘鲁：姜黄

Poland 波兰：罗勒、葛缕子、酒花、辣根、罂粟子

Portugal 葡萄牙：月桂叶、葫芦巴、甘牛至、菜椒、欧芹、迷迭香、番红花、鼠尾草、百里香

Romania 罗马尼亚：葛缕子、芫荽子、莳萝、小茴香、辣根

Russia 俄罗斯：茴香、月桂叶、葛缕子、芹菜子、细叶芹、芫荽子、枯茗、莳萝、小茴香、大蒜、酒花、辣根、洋葱、留兰香、龙蒿、百里香

Salvador 萨尔瓦多：小豆蔻、芝麻

Spain 西班牙：罗勒、月桂叶、随续子、芹菜子、细叶芹、芫荽子、莳萝、葫芦巴、酒花、辣根、牛至、甘牛至、菜椒、欧芹、迷迭香、番红花、鼠尾草、

香薄荷、百里香

　　Sri Lanka 斯里兰卡：小豆蔻、斯里兰卡肉桂、丁香、生姜、黑胡椒、白胡椒、姜黄

　　Syria 叙利亚：茴香、葛缕子、枯茗、小茴香

　　Tanzania 坦桑尼亚：丁香、黑胡椒

　　Thailand 泰国：胡椒

　　Tunisia 突尼斯：甘牛至、迷迭香、百里香

　　Turkey 土耳其：茴香、芫荽子、枯茗、牛至、菜椒、罂粟子、鼠尾草、芝麻、百里香

　　Uganda 乌干达：红辣椒

　　UK 英国：葛缕子、芹菜子、细香葱、芫荽子、莳萝、小茴香、酒花、甘牛至、芥菜子、欧芹、薄荷、罂粟子、番红花、留兰香、百里香

　　Vietnam 越南：八角、玉桂、黑胡椒、姜黄

　　Zambia 赞比亚：红辣椒、丁香

附录 3　香辛料及其制品的 FEMA 号码

香辛料名	植物学名	FEMA 号码
众香子	*Pimenta officinalis* lindl.	2017
众香子油	*Pimenta officinalis* lindl.	2018
众香子油树脂	*Pimenta officinalis* lindl.	2019
欧白芷根萃取物	*Angelica archangelica* L.	2087
欧白芷根油	*Angelica archangelica* L.	2088
欧白芷子萃取物	*Angelica archangelica* L.	2089
欧白芷子油	*Angelica archangelica* L.	2090
欧白芷茎油	*Angelica archangelica* L.	2091
茴香	*Pimpinella anisum* L.	2093
茴香油	*Pimpinella anisum* L.	2094
八角	*Illicium verum* Hook L.	2095
八角油	*Illicium verum* Hook L.	2096
阿魏萃取物	*Ferula assafoetida* L.	2106
阿魏树胶	*Ferula assafoetida* L.	2107
阿魏油	*Ferula assafoetida* L.	2108
花椒	*Zanthoxylum* spp.	2110
柠檬香蜂草油	*Melissa officinalis* L.	2113

香辛料名	植物学名	FEMA 号码
罗勒	*Ocimum basilicum* L.	2118
罗勒油	*Ocimum basilicum* L.	2119
罗勒油树脂	*Ocimum basilicum* L.	2120
月桂叶萃取物	*Pimenta acris* Kostel	2121
月桂叶油	*Pimenta acris* Kostel	2122
月桂叶油树脂	*Pimenta acris* Kostel	2123
甜月桂	*Laurus nobilis* L.	2124
甜月桂油	*Laurus nobilis* L.	2125
辣椒萃取物	*Capsicum* spp.	2233
辣椒油树脂	*Capsicum* spp.	2234
葛缕子	*Carum carvi* L.	2236
黑种草种子油	*Nigella sativa* L.	2237
葛缕子油	*Carum carvi* L.	2238
小豆蔻	*Elettaria cardamomum* L.	2240
小豆蔻油	*Elettaria cardamomum* L.	2241
肉桂	*Cinnamomum cassia* Blume	2256
肉桂皮萃取物	*Cinnamomum cassia* Blume	2257
肉桂皮油	*Cinnamomum cassia* Blume	2258
肉桂蕾	*Cinnamomum cassia* Blume	2259
芹菜子	*Apium graveolens* L.	2268
芹菜子萃取物	*Apium graveolens* L.	2269
固体芹菜子萃取物	*Apium graveolens* L.	2270
芹菜子油	*Apium graveolens* L.	2271
德国春黄菊油	*MatrtcarIa chamomtlla* L.	2273
罗马春黄菊净油	*Anthemis nobilis* L.	2274
罗马春黄菊油	*Anthemis nobilis* L.	2275
细叶芹	*Anthriscus cerefolium* L. Hoffm.	2279
斯里兰卡肉桂	*Cinnamomum* spp.	2289
斯里兰卡肉桂皮萃取物	*Cinnamomum* spp.	2290
斯里兰卡肉桂皮油	*Cinnamomum* spp.	2291
斯里兰卡肉桂叶油	*Cinnamomum* spp.	2292
香紫苏	*Salvia sclarea* L.	2320
香紫苏精油	*Salvia sclarea* L.	2321

香辛料名	植物学名	FEMA 号码
丁香花萃取物	*Eugenia* spp.	2322
丁香花油	*Eugenia* spp.	2323
丁香花油树脂	*Eugenia* spp.	2324
丁香叶油	*Eugenia* spp.	2325
丁香	*Eugenia* spp.	2327
丁香茎油	*Eugenia* spp.	2328
芫荽	*Coriandrum sativum* L.	2333
芫荽油	*Coriandrum sativum* L.	2334
广木香油	*Aucklandia lappa* L.	2336
荜澄茄油	*Litsea cubeba* L.	2339
枯茗	*Cuminum cyminum* L.	2340
黑枯茗	*Nigella sativa* L.	2341
枯茗油	*Cuminum cyminum* L.	2342
印蒿油	*Artemisia pallens* wall.	2359
莳萝	*Anethumgraveolens* L.	2382
莳萝油	*Anethumgraveolens* L.	2383
印度莳萝子	*Anethum* spp.	2384
龙蒿油	*Artemisia dracunculus* L.	2412
小茴香	*Foeniculum vulgare* Mill	2481
甜小茴香	*Foeniculum vulgare* Mill Var. dulce(d. c.)alef.	2482
甜小茴香油	*Foeniculum vulgare* Mill Var. dulce(d. c.)alef.	2483
葫芦巴	*Trigonella foenum-graecum* L.	2484
葫芦巴萃取物	*Trigonella foenum-graecum* L.	2485
葫芦巴油树脂	*Trigonella foenum-graecum* L.	2486
良姜	*Alpinia* spp.	2498
良姜萃取物	*Alpinia* spp.	2499
良姜油	*Alpinia* spp.	2500
大蒜油	*Allium sativum* L.	2503
姜	*Zingiber officinale* Rosc.	2520
姜萃取物	*Zingiber officinale* Rosc.	2521
姜油	*Zingiber officinale* Rosc.	2522
姜油树脂	*Zingiber officinale* Rosc.	2523
摩洛哥豆蔻	*Aframomum metegueta*（Rsoc. ）	2529

香辛料名	植物学名	FEMA 号码
酒花萃取物	*Humulus lupulus* L.	2578
固体酒花萃取物	*Humulus lupulus* L.	2579
酒花油	*Humulus lupulus* L.	2578
海索草	*Hyssopus officinalis* L.	2589
海索草提取物	*Hyssopus officinalis* L.	2590
海索草精油	*Hyssopus officinalis* L.	2591
杜松子精油	*Juniperus communis* L.	2604
甘草根萃取物	*Glycyrriza glabra* L.	2628
粉末甘草根萃取物	*Glycyrriza glabra* L.	2629
甘草根	*Glycyrriza glabra* L.	2630
欧当归根油	*Levisticum officinale* L.	2651
肉豆蔻衣	*Myristica fragrans* Houtt	2652
肉豆蔻衣油	*Myristica fragrans* Houtt	2653
肉豆蔻衣油树脂	*Myristica fragrans* Houtt	2654
甘牛至油树脂	*Origanum majorana* L.	2659
甘牛至	*Origanum majorana* L.	2662
甘牛至油	*Origanum majorana* L.	2663
黑芥菜子	*Brassica* spp.	2760
黄芥菜子	*Brassica* spp.	2761
肉豆蔻	*Myristica fragrans* Houtt	2792
肉豆蔻油	*Myristica fragrans* Houtt	2793
洋葱油	*Allium cepa* L.	2817
牛至	*Origanum vulgare* L.	2827
牛至油	*Origanum vulgare* L.	2828
菜椒	*Capsicumannum* L.	2833
菜椒油树脂	*Capsicumannum* L.	2834
欧芹	*Petroselinum* spp.	2835
欧芹油	*Petroselinum* spp.	2836
欧芹油树脂	*Petroselinum* spp.	2837
薄荷油	*Mentha pulegium* L.	2839
黑胡椒	*Piper nigrum* L.	2844
黑胡椒油	*Piper nigrum* L.	2845
黑胡椒油树脂	*Piper nigrum* L.	2846

续表

香辛料名	植物学名	FEMA 号码
椒样薄荷叶	*Mentha piperita* L.	2847
椒样薄荷叶油	*Mentha piperita* L.	2848
辣椒	*Capsicum frutescens* L.	2849
白胡椒	*Piper nigrum* L.	2850
白胡椒油	*Piper nigrum* L.	2851
白胡椒油树脂	*Piper nigrum* L.	2852
罂粟子	*Papaver somniferum* L.	2919
迷迭香	*Rosmarinus officinalis* L.	2991
迷迭香油	*Rosmarinus officinalis* L.	2992
番红花	*Crocus sativus* L.	2998
番红花浸提物	*Crocus sativus* L.	2999
鼠尾草	*Salvia officinalis* L.	3000
鼠尾草油	*Salvia officinalis* L.	3001
鼠尾草油树脂	*Salvia officinalis* L.	3002
西班牙鼠尾草油	*Salvia lavandulea folia* vahl.	3003
菝葜根	*Smilax* spp.	3009
菝葜根油	*Smilax* spp.	3010
夏季香薄荷	*Satureja hortensis* L.	3012
夏季香薄荷油	*Satureja hortensis* L.	3013
夏季香薄荷油树脂	*Satureja hortensis* L.	3014
冬季香薄荷	*Satureja hortensis* L.	3015
冬季香薄荷油	*Satureja hortensis* L.	3016
冬季香薄荷油树脂	*Satureja hortensis* L.	3017
加州胡椒油	*Schinus molle* L.	3018
留兰香	*Mentha spicata* L.	3030
留兰香浸提物	Mentha spicata L.	3031
留兰香油	*Mentha spicata* L.	3032
龙蒿	*Artemisia dracunculus* L.	3043
百里香	*Thymusvulgaris* L.	3063
百里香油	*Thymusvulgaris* L.	3064
白百里香油	*Thymusvulgaris* L.	3065

续表

香辛料名	植物学名	FEMA 号码
姜黄	*Curcuma longa* L.	3085
姜黄萃取物	*Curcuma longa* L.	3086
姜黄油树脂	*Curcuma longa* L.	3087
香荚兰	*Vanilla* spp.	3104
香荚兰萃取物	*Vanilla* spp.	3105
香荚兰油树脂	*Vanilla* spp.	3106
冬青油	*Gaultheria procumbens*	3113
荜拔油	*Piper longum* L.	4266
细香葱	*Allium schoenoprasum* L.	182.10（FDA）
辣根	*Armoracia lapathifolia* Gilib.	182.10（FDA）

附录 4　一些香辛料精油和油树脂的产品规格

一、精油部分（依第二章顺序排列）

香辛料名	相对密度	折射率	旋光度
八角茴香油	0.9773～0.9779	1.5520～1.5540	＋15.5°～＋18°
百里香油	0.915～0.935	1.495～1.505	－3°～0°
薄荷素油	0.888～0.908	1.458～1.465	－35°～－20°
丁香花蕾油₁	1.044～1.057	1.5280～1.5380	－1.5°～0°
甘牛至油₂	0.890～0.906	1.4700～1.4750	＋14°～＋24°
葛缕子油	0.903～0.931	1.4840～1.4930	＋66°～＋88°
黑胡椒油	0.864～0.884	1.479～1.488	－8°～＋4°
花椒油	0.8660～0.8663	1.4670～1.4690	＋7°30′～＋12°54′
茴香油	0.980～0.990	1.5520～1.5590	－2°～＋1°
姜油	0.870～0.882	1.488～1.494	－47°～－28°
姜黄油	0.982～1.010	1.5023～1.5088	＋8°～＋17°
黑芥菜子油	1.014～1.022	1.5268～1.5290	±0°
枯茗油	0.905～0.925	1.5010～1.5060	＋3°～＋8°
龙蒿油	0.914～0.956	1.504～1.520	＋1.5°～＋6.5°
罗勒油	0.952～0.973	1.512～1.520	－2°～＋2°

续表

香辛料名	相对密度	折射率	旋光度
迷迭香油	0.894~0.912	1.464~1.476	−5°~+10°
牛至油(西班牙)₂	0.935~0.960	1.5020~1.5080	−2°~+3°
欧芹油	0.908~0.940	1.503~1.530	−9°~+1°
酒花油	0.825~0.926	1.470~1.494	−2°~+2°5′
芹菜子油	0.872~0.910	1.480~1.490	+48°~+78°
肉豆蔻油	0.866~0.929	1.4750~1.4790	+9°~+41°
肉豆蔻衣油	0.880~0.930	1.474~1.499	+2°~+30°
莳萝子油	0.890~0.915	1.483~1.490	+70°~+82°
鼠尾草油₂	0.903~0.925	1.457~1.469	+2°~+29°
斯里兰卡肉桂皮油	1.010~1.030	1.573~1.591	−2°~0°
斯里兰卡肉桂叶油	1.030~1.050	1.529~1.537	−2°~+1°
大蒜油	1.040~1.090	1.559~1.579	—
香薄荷油(夏)	0.875~0.954	1.486~1.505	−5°~+4°
小豆蔻油	0.917~0.947	1.462~1.466	+22°~+44°
小茴香油	0.889~0.921	1.4840~1.5680	+20°~+68°
洋葱油	1.050~1.135	1.549~1.570	+1°31′~3°53′
芫荽子油	0.862~0.878	1.462~1.470	+5°~+13°
月桂叶油	0.950~0.990	1.507~1.516	−3°~0°
芝麻油	0.916~0.924	1.463~1.474	—
中国桂皮油	1.045~1.063	1.602~1.614	−1°~+1°
众香子油	1.018~1.048	1.527~1.540	−4°~0°

注：下标1为ISO标准；下标2为EOA标准；其余为FCC标准。

二、精油部分（第三章）

香辛料名	相对密度	折射率	旋光度
阿魏挥发油	0.906~0.973	1.493~1.518	−9°0′~+9°18′
草豆蔻精油	0.8400	1.4828	—
大风叶精油	0.80~0.85	1.477~1.577	—
冬青油	1.180~1.193	1.535~1.536	−0°25′~−1°30′
杜松油	0.952~0.961	1.511~1.520	+4°17′~+4°40′
海索草油	0.917~0.965	1.4730~1.4860	—
黑种草种子精油	0.875~0.886	1.4836~1.4844	+1.43°~+2.86°
良姜油	0.913~0.923	1.477~1.481	+3°5′~+6°50′

续表

香辛料名	相对密度	折射率	旋光度
柠檬草精油	0.898	1.491	−0.62°
欧当归根油	0.9427	1.5328	—
调料九里香精油	0.9748	1.502	+4.86°
香豆蔻籽精油	0.9142	1.460	—
香旱芹籽油	0.910~0.930	1.498~1.504	高达5°
续随子精油	1.340	—	—
德国春黄菊油	0.910~0.950	—	—
罗马春黄菊油	0.892~0.910	1.440	—
印蒿花精油	0.9833	1.4898	−25.8°
欧白芷油	0.850~0.880	1.4735~1.4870	0°~+46°

三、油树脂部分

香辛料名	折射率	旋光度	挥发油含量(mL/100g)
姜油树脂	1.4880~1.4970	−60°~−30°	18~35
黑胡椒油树脂	1.4790~1.4890	−23°~−1°	15~35
芹菜子油树脂	1.4800~1.4900	+45°~+78°	10~20
丁香油树脂	1.5270~1.5380	−10°53′	66~88
肉豆蔻衣油树脂	1.4690~1.5000	−2°~+45°	20~50

注：均为 EOA 标准。

附录5 香辛料拉丁文中文对照索引

Allium sativum 大蒜

Allium schoenoprasum 细香葱

Allium tuberosum 韭菜

Alpiniagalanga 良姜；高良姜

Alpiniakatsumadai 草豆蔻

Alpinia officinarum 良姜

Amomum subulatum 香豆蔻

Amomum tsao-ko 草果

Amomum villosum 砂仁

Anethumgraveolens 莳萝

Anethum sowa 印度莳萝

Angelicaarchangelica 欧白芷

Angelicadahurica 白芷

Angelica pubescens 独活

Anthemis nobilis 罗马春黄菊

Anthriscus cerefolium 细叶芹

Apium graveolens 芹菜

Apium graveolens var. *Rapaceum* 块根芹；根芹菜

Armoracia rusticana 辣根

Artemisia dracunculus 龙蒿

Artemisia pallens 印蒿

Aucklandia lappa 广木香

Bixa orellana 胭脂树

Boesenbergia pandurata 凹唇姜

Brassica alba 黄芥菜子

Brassica juncea 棕芥菜子

Brassica nigra 黑芥菜子

Bunium persicum 伊朗布留芹

Calamintha officinalis 风轮菜

Cananga odorata 依兰

Capparis spinosa 续随子

Capsicumannum 甜椒

Capsicum frutescens 红辣椒

Carum bulbocastanum 黑香菜

Carum ajowan 香旱芹

Carum carvi 葛缕子

Chenopodium ambrosiodes 土荆芥

Cinnamomum burmannii 阴香；印度肉桂

Cinnamomumcassia 中国桂皮

Cinnamomum zeylanicum 斯里兰卡肉桂

Citrusmedica 香橼

Citrus sinensis 陈皮

Cola acuminata 可乐果

Coriandrum sativum 芫荽

Crocus sativus 藏红花

Cryptotaenia japonica 鸭儿芹

Cuminum cyminum 枯茗

Curcuma amada 芒果姜

Curcuma longa 姜黄

Cymbopogoncitratus 柠檬香茅草

Cymbopogon flexuosus 枫茅

Cymbopogon nardus 亚香茅；斯里兰卡香茅

Cymbopogon pendulus 垂叶香茅草

Elettaria cardamomum 小豆蔻

Eugenia caryophyllate 丁香

Ferulaassa-foetida 阿魏

Ferula foetida 香阿魏

Ferulanarthex 纳香阿魏

Foeniculum vulgare 小茴香

Fructus Amomi Rotundus 白豆蔻

Garcinia cambogia 柬埔寨藤黄

Garcinia indica 印度藤黄

Gaultheria procumbens 冬青

Glycyrriza glabra 洋甘草

Glycyrrhiza uralensis 中国甘草，甘草

Hemidesmus indicus 印度菝葜

Houttuynia cordata 鱼腥草

Humulus lupulus 酒花

Hyssopus officinalis 海索草

Illicium verum 八角茴香

Indocalamus tessellatus 箬竹

Inula helenium 土木香

Juniperus communis 杜松

Juniperus formosana 刺柏

Kaempferia galanga 山柰

Laurus nobilis 月桂叶

Lepidium sativum 独行菜

Levisticum officinale 欧当归

Ligularia fischeri 蹄叶橐吾

Ligusticum chuanxiong 川芎

Ligusticum sinense 藁本

Lippia graveolens 墨西哥牛至

Litsea cubeba 荜澄茄

Lycium barbarum 枸杞

Lysimachia foenum-graecum 灵香草

Mangifera indica 芒果

Magnolia biondii 辛夷

Matricaria chamomilla 德国春黄菊

Melissa officinalis 柠檬香蜂草

Mentha arvensis 野薄荷

Mentha citrata 柠檬留兰香：留兰香

Mentha officinalis 薄荷；白种薄荷

Mentha piperita 洋薄荷；欧薄荷；辣薄荷

Mentha spicata 留兰香

Mentha vulgaris 椒样薄荷

Murraya koenigii 调料九里香

Myrica gale 大风

Myristica argentea 马卡剌肉豆蔻；长形肉豆蔻

Myristica fragrans 肉豆蔻

Myrrhis odorata 甜没药

Myrtus communis 香桃木

Nardostachys jatamansi 甘松

Nelumbo nucifera 荷叶

Nigella damascena （大马士革）黑种草

Nigella sativa 黑种草

Ocimum basilicum 罗勒

Origanum majorana 甘牛至

Origanum vulgare 牛至

Pandanus amaryllifolius 香兰叶

Papaver somniferum 罂粟子

Pastinaca sativa 欧防风

Perilla frutescens 紫苏

Petroselinum crispum 欧芹

Peumus boldus 波尔多树

Pimentadioica 众香子

Pimpinella anisum 茴香

Piper auritum 墨西哥胡椒

Piper guineense 几内亚胡椒

Piper longum 荜拔

Piper nigrum 胡椒

Polygonum hydropiper 水蓼

Psidium guajava 番石榴

Punica granatum 石榴

Quassia amara 苦木

Rhus coriaria 酸果漆

Rosmarinus officinalis 迷迭香

Rumex acetosa 酸模

Rutagraveolens 芸香

Salvia officinalis 鼠尾草

Satureja hortensis 香薄荷

Schinus molle 加州胡椒

Schinus terebenthifolius 肖乳香

Schisandra chinensis 五味子

Sesamum indicum 芝麻

Siraitia grosvenorii 罗汉果

Suaeda japonica 碱蓬草

Syzygium aromaticum 丁香　前有

Tamarindus indica 罗望子

Tasmania lanceolata 塔斯马尼亚胡椒

Thymus serpyllum 野（欧）百里香

Thymusvulgaris 百里香

Toona sinensis 香椿

Trachyspermum ammi 阿米糙果芹

Trigonella coerulea 卢豆

Trigonella foenum-graecum 葫芦巴
Vanilla fragrans 香荚兰
Vanillatahitensis 塔希提香荚兰
Wasabia japonica 日本辣根
Zanthoxylum ailanthoides 食茱萸
Zanthoxylum acanthopodium 刺花椒
Zanthoxylumbungei 花椒
Zanthoxylumbungeanum 花椒
Zanthoxylum piperitum 日本花椒
Zingiber officinale 姜

附录6   香辛料英文中文对照索引

Ajowan 香旱芹
Allspice 众香子
Anise 茴香
Annatto 胭脂树
Asafoetida 阿魏
Basil 罗勒
Bay leave 月桂叶
Black cumin 黑种草
Boldo 波尔多树
capers 续随子
Capsicum 辣椒
Caraway 葛缕子
Cardamon 小豆蔻
Cassia 中国桂皮
Celery 芹菜
Chamomile 洋甘菊
Chervil 细叶芹
Chinese Angelica 白芷
Chives 细香葱
Cicely 甜没药
Cinnamon 斯里兰卡肉桂
Clove 丁香
Cordata 鱼腥草

Coriander 芫荽

costustoot 广木香

Cubeba 荜澄茄

Cumin 枯茗

Curry leaf 调料九里香

davana 印蒿

Dill 莳萝

Epazote 土荆芥

Fennel 小茴香

Fenugreek 葫芦巴

Galanga 山奈

Galangal 良姜

Garlic 大蒜

Ginger 姜

Guava 番石榴

Hops 酒花

Horseradish 辣根

Hyssop 海索草

Juniperus 杜松

Krachai 凹唇姜

Large cardamom 香豆蔻

Leek 韭菜

Lemon Balm 柠檬香蜂草

Lemongrass 柠檬草

Liquorice 甘草

Long pepper 荜拔

Lovage 欧当归

Magnolia 辛夷

Mango ginger 芒果姜

Marjoram 甘牛至

Mint 薄荷

Mace 肉豆蔻衣

Mustard 芥菜

Myrtle 香桃木

Nutmeg 肉豆蔻

Onion 洋葱

Pandan 香兰叶

Paprika 甜椒

Parsley 欧芹

Patchouli herb 藿香

Pepper 胡椒

Poppy 罂粟子

Pricklyash peel 花椒

Oregano 牛至

Perilla 紫苏

Rosemary 迷迭香

Rue 芸香

Saffron 藏红花

Sage 鼠尾草

Sarsaparilla 菝葜

Savory 香薄荷

Sesame 芝麻

Smartweed 水蓼

Spearmint 留兰香

Spikenard 甘松

Star anise 八角茴香

Sweet gale 大风

Szechuan lovage 川芎

tarragon 龙蒿

Tsaoko Amomum 草果

Thyme 百里香

Turmeric 姜黄

Vanilla 香荚兰

Wasabi 日本辣根

Welsh onion 大葱

White Amomum Fruit 白豆蔻

Wintergreen 冬青

Wolfberry 枸杞